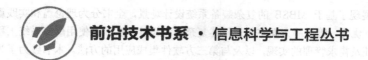

**前沿技术书系·信息科学与工程丛书**

# 基于MBSE的
# 复杂装备系统设计
# 理论与实践

刘继红　　解士昆　　陈建江　　王佐旭　／　编著

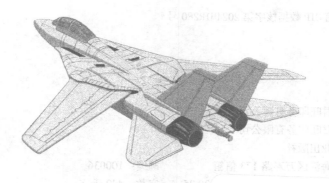

電子工業出版社
**Publishing House of Electronics Industry**
北京·BEIJING

## 内 容 简 介

本书全方位地展现了基于 MBSE 的复杂装备系统设计场景，全书分为理论篇和实践篇两大部分。理论篇从建模、仿真、优化、管理等方面完整地阐述复杂系统设计；实践篇使用蕴象系统工程软件来进行案例的系统建模、验证及需求管理的实现，以及与第三方软件集成应用的方法。本书致力于为读者提供一份综合性的向导：涵盖 MBSE 理论、方法、工具及实例，旨在帮助读者开启 MBSE 应用的大门。本书以实例贯穿始终，通过实例引导读者将理论知识与实际问题相结合，从而更全面而系统地掌握 MBSE 方法和技术，并可作为基于 MBSE 的复杂装备系统研制的基础模板，拾级而上数字化转型之路。

本书适合系统设计工程师、研发团队成员及相关专业的学生和研究人员阅读。

**图书在版编目（CIP）数据**

基于 MBSE 的复杂装备系统设计：理论与实践 / 刘继红等编著. —— 北京：电子工业出版社，2024. 10.

（前沿技术书系）. —— ISBN 978-7-121-48834-4

Ⅰ. N945

中国国家版本馆 CIP 数据核字第 2024M1R280 号

责任编辑：牛平月

印　　刷：三河市君旺印务有限公司

装　　订：三河市君旺印务有限公司

出版发行：电子工业出版社

　　　　　北京市海淀区万寿路 173 信箱　　　　邮编：100036

开　　本：787×1092　1/16　　印张：20.25　　字数：442 千字

版　　次：2024 年 10 月第 1 版

印　　次：2025 年 3 月第 3 次印刷

定　　价：98.00 元

凡所购买电子工业出版社图书有缺损问题，请向购买书店调换。若书店售缺，请与本社发行部联系，联系及邮购电话：（010）88254888，88258888。

质量投诉请发邮件至 zlts@phei.com.cn，盗版侵权举报请发邮件至 dbqq@phei.com.cn。

本书咨询联系方式：niupy@phei.com.cn。

前言

　　进入 21 世纪，随着通信、集成电路、智能化等技术的快速发展，装备的功能、结构、可靠性等都有了质的飞跃，装备的复杂程度越来越高，传统的系统工程方法已经无法满足装备的研制需求，新的研发模式应运而生。

　　基于模型的系统工程（Model-Based Systems Engineering，MBSE）正是在这样的背景下产生的新研发模式，目前已在航空、航天、汽车、船舶等领域得到应用。MBSE 方法通过形式化的建模来支持系统开发过程中的系统工程活动，涵盖了系统的设计、验证和优化等任务。相较于传统的系统工程，MBSE 从以文档为中心转变为以模型为中心，并通过模型的转换与演进实现系统从抽象概念向物理实体的具象化，促进虚拟空间中的模型与物理世界的系统产品共同生长。

　　MBSE 正在被越来越多的行业应用，需要更多的专业技术人员参与其中。相关的理论知识、实践经验，还有工具软件需要更好地得到集成、总结和掌握，从而为专业技术人员提供理论结合实践的指导，这就是编著者编写本书的主要目的。同时，本书可以作为高等院校相关专业的教材，用于培养大批熟悉基于模型的系统工程基本知识，并愿意且积极将这些知识付诸实践的高水平人才。

　　本书共 11 章，分为理论篇和实践篇。理论篇包括第 1 章～第 5 章，介绍基于模型的系统工程概论、系统设计建模、系统仿真验证、系统多学科设计优化和工程化需求管理等内容。实践篇包括第 6 章～第 11 章，结合工程案例和蕴象系统工程软件介绍 MBSE 应用。

　　本书主要内容如下。

　　第 1 章对基于模型的系统工程进行了概述，通过对系统、系统工程、基于文档的系统工程的介绍，引出了基于模型的系统工程，介绍了 MBSE 定义、MBSE 研究现状、MBSE 关键技术及 MBSE 应用。

　　第 2 章对系统化设计方法论与系统建模方法论进行了阐述，介绍了经典的系统化设计方法论与主流的系统建模方法论，介绍了 SysML 系统建模语言的基本概念和视图表现形式。

　　第 3 章对系统仿真验证进行了全面的介绍和梳理，包括系统仿真的概念、特点、应用等方面的内容，进而介绍了联合仿真建模验证及多领域统一建模验证，为后续的具体实现提供指导和支持。

第 4 章阐述了系统多学科设计优化的方法，涵盖了系统多学科设计优化理论、灵敏度分析技术及多学科设计优化算法与策略等核心概念。通过对这些基础概念的详尽介绍和具体示例，构建了 MBSE 操作框架。

第 5 章详细阐述了工程化需求管理的方法论，包括如何有效地获取用户需求、规范化地表述需求、构建需求的追溯体系，以及如何妥善处理和控制需求变更等关键环节，旨在提供一套系统化的需求管理框架。

第 6 章介绍了北京机电工程研究所自主研发的 SysDeSim 系列软件的主要功能及其作用。从系统建模、系统仿真验证、多学科综合优化和需求管理四个方面对实践篇的"滑翔炸弹"案例背景进行了综述。

第 7 章和第 8 章以"滑翔炸弹"系统建模为例，运用 SysDeSim.Arch 系统建模工具，完成了滑翔炸弹的系统建模。该案例覆盖了系统建模的利益相关者需求分析，系统功能分析，系统需求、行为、结构和参数建模，以及需求追溯分析等功能。

第 9 章基于滑翔炸弹系统在完成预期功能过程中的系统参数和系统行为，联合使用 SysDeSim.Arch 和 MATLAB 进行系统仿真，从而验证系统的参数和行为是否符合系统需求和规范。通过系统仿真验证可以帮助设计团队测试系统设计，以确保系统能够在预期的环境中完成规定的需求和功能。

第 10 章建立了滑翔炸弹的优化模型，并结合 MATLAB 优化求解器进行优化求解，完整地展示了系统多学科设计优化的步骤。

第 11 章以滑翔炸弹需求管理为例，详细展示了如何运用需求管理软件实现对滑翔炸弹需求的获取与管理，包括对复杂装备需求的有效收集、深入分析、持续跟踪及需求变更的管理。通过这一过程，确保了需求的一致性和完整性。

本书总结了编著者及其团队在国家自然科学基金、国家"863"计划、国家科技支撑计划及相关部委科技计划项目支持下，长期从事复杂产品工程、基于模型的系统工程方向研究与实践的成果。特别感谢北京机电工程研究所，在国家科技项目的支持下自主开发了基于模型的系统工程系列软件——SysDeSim，成为本书重点应用的工具软件。感谢在本书编写过程中给予了无私支持并提供重要素材的北京机电工程研究所于红艳研究员、付超博士、许文婷高级工程师；感谢中国航天系统科学与工程研究院侯俊杰研究员、中国空间技术研究院刘霞研究员等专家给予的支持和帮助；感谢已从北京航空航天大学毕业的朱玉明博士、李连升博士、李新光硕士、杨国辉硕士、王树德硕士、李林硕士等人在基于模型的系统工程相关方向开展的创新性研究工作；感谢目前仍在北京航空航天大学就读的张强博士研究生、王瑞文博士研究生、陈旭硕士研究生、董新哲硕士研究生、谢艳玲硕士研究生、于恺硕士研究生为本书编写的辛勤付出。

特别感谢电子工业出版社的牛平月老师在本书编写过程中的指导和帮助。

"路漫漫其修远兮",基于模型的系统工程是复杂装备研发的新范式,其影响深远,全面应用难度很大;在从理论到实践的探索过程中,还有许多问题有待深入研究。由于编著者知识水平有限,虽几经修改,书中仍难免存在疏漏之处,敬请各方面的专家批评指正。

编著者

2024 年 5 月于北京航空航天大学

# 目录

**理论篇**

## 实践篇

# 理论篇

第 **1** 章

# 基于模型的系统工程概论

传统的系统设计方法依赖文档形式进行管理，需要手动建立设计与需求之间的联系，对于较复杂的系统来说，需要建立的文档数量就变得相当多。经验表明，在使用文档管理系统设计过程中容易出现许多问题，如周期长、难以验证需求的符合性、系统间接口不明确，以及更改流程复杂、耗时等。

随着全球经济一体化、制造业信息化和数字化的快速发展，CAD/CAM 技术逐渐成熟，基于模型的概念得以不断丰富，并在系统工程的各个子系统中出现了不同领域下的系统模型。虽然模型的利用极大地细化了文档管理的不足，但由于不同子系统模型采用的建模语言和方法各异，仍然无法做到统一协调的管理。因此，国际系统工程协会（INCOSE）于 2007 年提出了基于模型的系统工程（MBSE）概念，以满足系统设计者在产品建模中统一管理的要求。

基于模型的系统工程旨在应对传统基于文档的系统工程工作模式在复杂产品和系统研发时所面临的挑战。它以逻辑连贯、一致的多视角通用系统模型为桥梁和框架，实现跨领域模型的可追踪性、可验证性及全寿命周期内的动态关联。因此，本章从 MBSE 的历史背景、定义、研究现状、关键技术及应用五个层面对其进行概述，为研究基于 MBSE 的系统设计与仿真奠定理论基础。

## 1.1 基于模型的系统工程的历史背景

### 1.1.1 系统

#### 1. 系统的概念

系统是指物质世界中既相互制约又相互联系着的、能够实现目的的一个整体。系统概念是一种广泛应用的概念，包括系统的定义、结构、层次、实体、属性、行为、功能、环境、演化和进化等方面。这些方面都与系统建模有关，尽管如此，人们对系统的定义、实体、属性、行为和环境更为关注。系统论的创始人贝塔朗菲认为，系统是由多个相互作用的元素组成的复合体。在自然界和人类社会中，任何按照某些规律结合起来相互关联、相互制约、相互作用、相互依存的事物总体，均可称之为系统。

由系统论可知，独立的系统通常可以通过其特定的外部表征和内在特性而与其他系统区别开来。这些特征主要涉及构成系统的实体、属性、行为和环境等方面的差异。具体来说，实体是指系统的具体对象；属性是指描述实体特征的信息，通常用状态、参数或逻辑关系等方式来表征；行为是指随时间推移而发生的状态变化；环境是指系统所处的界面状况，包括干扰、约束、相关因素等。

**2．系统的分类**

系统的分类可以基于不同的属性进行划分，下面介绍常见的几种分类方式。

（1）根据系统的性质和特点分类。

- 自然系统：指由自然界中的各种元素和现象组成的系统，如气候系统、生态系统等。
- 人工系统：指由人类设计、建造和控制的系统，如航空系统、交通系统等。
- 混合系统：指自然和人工元素相互作用和结合而成的系统，如城市生态系统、环境管理系统等。

（2）根据系统的规模和复杂程度分类。

- 大型系统：指规模较大、结构较为复杂的系统，如国家经济系统、电力系统等。
- 中型系统：指规模适中、结构相对简单的系统，如工厂生产线、医院管理系统等。
- 小型系统：指规模较小、结构相对简单的系统，如家庭、计算机等。

（3）根据系统的功能和目的分类。

- 控制系统：用于监控、调节和控制某一过程或现象的系统，如工业自动化控制系统、家用电器控制系统等。
- 信息系统：用于处理、储存、传输和管理信息的系统，如计算机信息系统、互联网等。
- 决策支持系统：用于辅助决策者进行决策的系统，如管理信息系统、人工智能决策支持系统等。

（4）根据系统的时间和空间属性分类。

- 静态系统：指系统的状态、属性和结构在时间上保持不变或变化缓慢的系统，如固定物体、建筑物等。
- 动态系统：指系统的状态、属性和结构在时间上不断变化的系统，如机械系统、生态系统等。

- 空间系统：指系统中各个元素的位置、空间关系和空间分布等特性具有重要意义的系统，如城市规划系统、地理信息系统等。

（5）根据对系统的认知和研究现状分类。

- 白盒系统：指我们对系统内部结构和元素的全部信息都了解清楚，并可以对其进行精细的建模、分析和控制的系统，如机械系统、电路系统等。
- 灰盒系统：指我们对系统内部结构和元素的部分信息已经掌握，但仍有一些无法准确地描述和预测的系统，如生物系统、社会经济系统等。
- 黑盒系统：指我们对系统内部结构和元素的信息几乎一无所知，只能通过观察和实验来推断和猜测其行为和特性的系统，如大气系统、地球系统等。

需要注意的是，这种分类方式强调的是对系统的认知和研究现状，同一个系统在不同的人、领域、时间和问题背景下，可能被归为不同的类型。因此，在实际应用中，需要根据具体的问题需求和研究目的，选择合适的系统分类方式进行研究和分析。

## 1.1.2 系统工程

系统工程包括技术过程和管理过程两个层面。技术过程遵循分解-集成的系统论思路和渐进有序的开发步骤，即"V"形，如图 1-1 所示。管理过程包括技术管理过程和项目管理过程。工程系统的研制实质上是建立工程系统模型的过程。在技术管理过程层面，主要是进行系统模型的构建、分析、优化和验证工作。在项目管理过程层面，包括对系统建模工作的计划、组织、领导和控制。因此，系统工程这种"组织管理的技术"，实质上应该包括系统建模技术和建模工作的组织管理技术两个层面。其中，系统建模技术包括建模语言、建模思路和建模工具。

传统系统工程（Traditional Systems Engineering，TSE）自产生以来，建模语言的变化较小。相比之下，基于模型的系统工程具有诸多不可替代的优势，因为它在建模语言、建模思路和建模工具上有重大转变，是系统工程的颠覆性技术。

复杂工程系统的研制包括系统建模工作和组织管理工作两个方面。这两个方面构成了系统工程方法。系统工程作为一种组织管理的技术，不仅包括建模工作的组织管理技术，还包括系统建模的技术。因为在复杂工程中，沟通的基础是系统模型，系统模型必须由人利用系统建模技术来构建，所以系统工程实质上包括系统建模技术和建模工作的组织管理技术。

系统建模工作和组织管理工作相辅相成，以系统建模工作为中心。技术管理过程涉及八个方面（技术规划、技术状态管理和接口管理等），都是围绕系统建模工作展开的，主要关注人与人之间通过系统模型进行的技术沟通。系统建模工作作为核心，决定了技术管理的方向，因为技术管理是服务于技术过程的，系统建模工作的管理是为建模工作服务的。

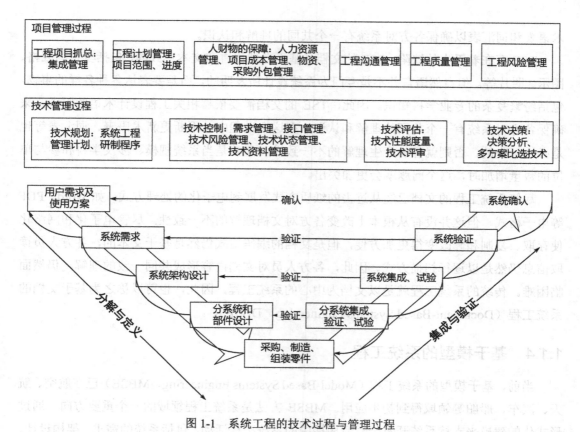

图 1-1　系统工程的技术过程与管理过程

　　纵观系统工程产生和发展的历史，建模工具这一维度发生了巨大的变化，体现在计算机、网络，以及一系列计算机辅助技术（CAX）和产品数据管理（PDM）等方面。CAX 和 PDM 代替了人的手工画图和图纸的传递，但并没有从根本上解决人与人之间的知识沟通问题，也没有很好地改变沟通语言问题。相比之下，工程系统建模语言的变化较小，仍然以自然语言为主（也包括 FFBD、IDEFx 等建模语言），并没有从根本上改变系统工程。系统工程的核心是从用户需求推导出设计方案，核心问题是不同领域人员之间的知识沟通。这种沟通所依赖的建模语言需要满足工程系统建模的需要，如系统模型的多视图集成、软硬件模型的集成和快速的仿真等。

## 1.1.3　基于文档的系统工程

　　在传统的系统工程中，系统工程活动的产出是一系列基于自然语言的文档，主要包括用户需求、设计方案和一些物理模型。这些文档共同组成了系统架构模型，包括火箭总体布局、推进和控制系统的设计方案，以及弹道和分离方案等。这些文档的术语和参数对系统进行了定性和定量描述，并被用于不同专业学科的分析模型公式进行计算。文档管理和配置管理机制在这个过程中非常重要。TSE 的文档是基于自然语言的组合，需要不断更新术语表和词汇表以确保各方对系统有一个共同的理解和认识。

TSE 存在着天生的缺陷。TSE 的文档是基于自然语言和文本形式的，包括少量的表格、图示、照片等。但自然语言并不是专门为系统设计所发明的，而是要表达各种各样的事物，包括纷繁复杂的专业学科知识。因此，TSE 的文档需要依靠相关工程设计术语的组合，来确保各方对系统有一个共同的理解和认识。在这个过程中，不断更新术语表、词汇表等也是必不可少的，否则就容易产生理解的不一致性。尤其是当系统规模、涉及学科和参与单位的数量增加时，这个问题就会更加突出。

尽管系统工程的文档已经从过去的纸质方式发展到电子化的处理方式，如 Word、PDF 等电子格式，但这并没有从根本上改变各方对文档理解的不一致性。尽管电子化和网络化使存取、复制和修改变得更加方便，但是文档的编码格式仍然是基于文本的，各方人员读取信息仍然是以逐行扫描方式。因此，各方人员对文档内容形成共同一致的理解，仍然面临困难。传统的系统工程就是以文档为中心的系统工程，因此，也可以称之为基于文档的系统工程（Document-Based Systems Engineering，DBSE）。

## 1.1.4　基于模型的系统工程

当前，基于模型的系统工程（Model-Based Systems Engineering，MBSE）已在航空、航天、汽车、船舶等领域得到初步应用。MBSE 方法是系统工程领域的一个重要方向，通过形式化的建模来支持系统开发全寿命周期中的系统工程活动，包括系统的需求、架构设计、优化分析、仿真验证等过程。相较于传统的系统工程，MBSE 最大的区别是从以文档为中心转变为以模型为中心。通过模型的不断演进，来实现系统的设计，具有可视化、可执行、无歧义和模型关系显性表示的特点。

随着 MBSE 的推广，企业在设计过程中产生了大量应用系统建模语言（Systems Modeling Language，SysML）建立的系统模型。如何通过 MBSE 来指导新产品的开发成了当前需要解决的问题。

与传统基于文档的系统工程相比，基于模型的系统工程最大的优点在于系统设计研发的全寿命周期中所有的信息都是以模型来表达的。这种方法具有以下几个优点。

（1）高效的信息管理：MBSE 方法通过使用形式化的模型来描述系统的各个方面，包括需求、架构、功能、行为等，以及它们之间的关系。这种模型化方法提供了一种集中管理和维护系统信息的方式，使得各种工程活动可以更加高效地进行。通过对模型的修改和更新，可以自动更新相关信息，减少了手动维护信息的工作量，提高了信息的一致性和准确性。

（2）支持模型集成：MBSE 方法可以在早期阶段就建立系统模型，从而帮助发现和解决系统设计中的问题。通过系统模型与需求分析、仿真验证，以及多学科优化等模型的集成，可以评估不同设计方案的性能、可靠性、安全性等指标，从而提前发现潜在的设计缺陷，并进行优化。这有助于减少后期修改和重构的成本，提高系统设计的质量和效率。

（3）支持多学科协同：MBSE 方法提供了一个统一的平台，促进不同学科和团队之间的协同工作。不同学科的专家可以共享和协同开发系统模型，从而更好地理解和整合各自的设计和需求。这有助于减少跨学科沟通和集成问题，提高团队的协作效率和合作质量。

（4）可追溯性和变更管理：MBSE 方法提供了追溯和理解系统开发过程中各要素之间关系的手段。这些关系包括需求与设计之间的对应关系，设计决策与需求的满足程度，以及变更历史对系统各部分的影响。这有助于更好地管理系统的变更和演化，确保设计的一致性和完整性，并支持审核和验证过程。

总的来说，MBSE 方法通过形式化的建模和模型驱动的方式，提供了一种将系统模型与需求模型、优化分析模型，以及仿真验证模型集中管理、高效协作和全寿命周期支持的方法，有助于提升系统工程活动的效率和质量，减少开发成本和降低风险。

## 1.2 MBSE 定义

MBSE 的概念于 1987 年正式被提出。1993 年，美国亚利桑那大学 A. Wayne Wymore 教授发表了《基于模型的系统工程》一书，提出了通过严格的数学表达式对系统工程中的各个状态和元素进行抽象表达的方法，试图对系统设计的理论进行阐述，并在该书的附录中给出了一种 MBSE 建模语言，但未取得成功。10 年后，工程意义上的 MBSE 崭露头角。1996 年，ISO 和 INCOSE 启动了系统工程数据表达及交换标准化项目，其成果即后来的 STEP AP233。INCOSE 于 1996 年成立了模型驱动的系统设计兴趣组。1998 年，INSIGHT 杂志出版了《MBSE：一种新范式》专刊，探讨信息模型对软件工具互操作性的重要性、建模的技术细节、MBSE 的客户价值、跨领域智能产品模型等议题。

2001 年年初，INCOSE 模型驱动的系统设计工作组决定发起统一建模语言（Unified Modeling Language，UML）针对系统工程应用的定制化项目，SysML 语言便是由 UML 语言转化而来的。2001 年 7 月，INCOSE 和对象管理组织（Object Management Group，OMG）联合成立了系统工程领域专项兴趣组，并于 2000 年发布了 UML 针对系统工程的提案征集。2000 年 9 月 SysML1.0 发布。2007—2008 年，INCOSE 发布了两版《MBSE 方法学调研综述》，从构成一个完整方法学的各个要素之间关系的角度，给出 MBSE 方法学的解释：MBSE 方法学是包括相关过程、方法和工具的集合，以支持基于模型或模型驱动环境的系统工程。2009 年，INSIGHT 杂志在《MBSE：这个新范式》专刊中宣称：MBSE 已经具备一定条件正式登上历史舞台。MBSE 应用领域拓展到体系工程，而应用行业拓展到航空、航天、军工以外的汽车、轨道交通和医疗器械等民用行业。

INCOSE 给出 MBSE 的定义（Systems engineering vision 2020）：MBSE 是建模方法的形式化应用，以使建模方法支持系统需求、设计、分析检验与确认活动，这些活动从概念设计阶段开始，贯穿整个开发过程及后续的全寿命周期阶段。Systems engineering vision 2020 中还提到：MBSE 是向以模型为中心的系列方法转变这一长期趋势的一部分，这些方法被应用于机械、电子和软件等工程领域，以期取代原来系统工程师所擅长的以文档为中心的方法，并通过完全融入系统工程来影响未来系统工程的实践。

　　INCOSE 英国分会在 2012 年发布的 MBSE 的定义（第一版）中除引用了 INCOSE 的标准定义外，还解释：MBSE 使用建模方法分析和记录系统工程全寿命周期的关键方面，它有广泛的适用范围，横向跨越整个系统寿命周期，纵向跨越从体系到单一组件；2015 年发布的定义（第二版）中引用了《系统工程中的 SysML》一书中的定义：MBSE 是由逻辑连贯一致的多视角系统模型驱动，进而实现成功系统的一种方法。

## 1.3　MBSE 研究现状

### 1.3.1　国外 MBSE 的研究与发展

#### 1. 美国

　　国际系统工程协会（INCOSE）空间系统工作组（Space Systems Working Group，SSWG）于 2007 年 4 月成立了 SSWG 挑战团队，使用 SysML 对虚构的 FireSAT 系统进行建模，首次证明了使用 SysML 进行航天系统建模的可行性。2011 年 4 月，SSWG 基于 FireSAT 项目启动了 CubeSat 项目，以验证 MBSE 方法在真实航天任务中的应用。目前，该团队已经完成了三个阶段的工作，包括进行 CubeSat 成本建模分析、使用 SLIM 工具进行产品全寿命周期管理，并向 CubeSat 团队提供最终产出的参考模型。

　　NASA 兰利研究中心在 Materials International Space Station Experiment-X（MISSE-X）项目中试点采用 MBSE 方法并对其成效进行评估。NASA 工程与安全中心（NESC）研究了如何将 MBSE 和 MBE 应用于 NASA 的航天器研发项目中，并认为将 MBSE 统一应用于现有的航天器研发环境是比较困难的。因此，他们提出了"MBSE 模板"作为未来可能的解决方案，并对 MBSE 中的研发和分析相关的工具链进行了评估。

　　在汽车系统设计领域，美国佐治亚理工学院与福特公司探索基于 SysML 定义的汽车系统架构，并将其与 Modelica 和 Simulink 集成进行相应分析。洛克希德·马丁公司潜艇设计团队在进行全新潜艇电子系统设计过程中花费了 1 年时间将原来的文档全部转换为系统模型，建模对象包括来自 20 个项目内的 35 套分系统、3500 条接口需求、500 项服务、5000 个接口实体模型、15000 个模型元素之间的关系，通过模型化描述的方式解决了其过去复杂系统工程过程中变更管理不易开展的问题。

**2. 欧洲**

在其他领域，MBSE 也得到了广泛关注和应用。INCOSE 与欧洲南方天文台合作，在超大型太空望远镜工程中采用 MBSE 解决工程中出现的各领域模型集成设计问题。通过 MBSE 指导系统工程师进行复杂系统的总体设计，涉及机械、光学、电子、软件等学科的问题，包含需求、架构、接口、行为等建模过程。

在 MBSE 标准和全寿命周期应用方面，欧洲航天局（European Space Agency，ESA）也做出了系统性的研究工作。在这方面，ESA 一直致力于保证系统全寿命周期的数据一致性和基于模型的验证性。较典型的 MBSE 应用案例包括虚拟航天器环境工程、数据映射编辑器和空间系统数据库等。此外，在全寿命周期检测、MBSE 标准和方法论的探索研究中，ESA 也进行了系统性的研究工作。ESA 通过引入 MBSE 方法，实现了复杂项目成本和质量的有效控制，保证了系统架构适合领域工程专家使用的属性一致性，在系统项目全寿命周期早期更好地执行验证。ESA 实现了规范的可执行性、完整性、连续性和一致性，同时确保所有分析验证都是基于同样的系统数据。

德国工业软件公司西门子基于 LMS 的相关产品构建了 MBSE 解决方案，适用于开发流程的各个阶段，从先期概念分析直到详细设计和验证环节。MBSE 的主要研究和应用机构包括戴姆勒股份公司、西门子股份公司、大众汽车集团、德国航空航天中心、德国慕尼黑机电系统与 PLM 工程设计研究所，以及德国亚琛工业大学。

在应用方面，德国"工业 4.0 实施规划"中将"利用模型掌握系统复杂性"列为 8 个未来重要活动领域之一。这些数据和信息表明以美国、德国为代表的工业强国充分重视 MBSE，并已经在该领域开展了较为广泛的实践应用和持续创新。德国航空航天中心提出了一种三维状态分解建模方法，该方法从技术需求（Technical Requirements，TRS）开始，将技术需求映射到状态变量，并定义了空间工程的进度、功能、成本三条红线上的状态和关系。德国慕尼黑机电系统与 PLM 工程设计研究所针对不同类型的 V 模型进行了分析，提出了一种将 DevOps 或敏捷产品开发过程与 MBSE 框架相结合的方法，通过将敏捷概念引入 MBSE，提出了慕尼黑敏捷 MBSE 概念。德国亚琛工业大学则提出了一种集成了仿真算法的新型 MBSE 仿真系统体系结构，该方法为不同数字孪生子网络以不同方式（不同系统的网络、组件及其工作环境）仿真提供了虚拟试验台，并已成功应用于多个领域。

法国达索公司的 Cameo System Modeler 和 MODELIOSOFT 公司的 Modelio 软件是目前在 MBSE 系统建模领域较为知名的软件。ESA 在标准化和本体定义方面投入了大量精力，引入基于模型的系统工程（MBSE）来研究系统定义、开发、验证、部署、操作和退役方法。欧洲宇航防务集团（EADS）开发了一种将 SysML 模型与分析模型集成在一起的工业软件，并将该工具应用于飞机推进系统设计中。空客也使用基于模型的系统工程方法与北约体系结构框架（NAF）结合，以确保系统体系的一致性。这些实践表明，欧洲在 MBSE 领域也有着较为广泛的应用和创新。

## 1.3.2　国内 MBSE 的研究与发展

虽然国内起步较晚，但近年来国内各领域研究机构大量引入了国外先进思想和技术，MBSE 已经越来越受到关注，其中最典型的是中航工业成都飞机设计研究所。该所是一个多学科融合的综合性研究所，主要从事飞行器的研究设计，其研究范围覆盖飞行器设计的全寿命周期。该所协同中航工业信息技术中心于 2014 年率先启动了 MBSE 的试点项目，并与 IBM 构建了战略合作关系，使用 IBM Rational Doors 搭建了需求管理平台，采用 Harmony-SE 方法论和 IBM Rational Rhapsody 建模工具，实现了需求、设计、建模、仿真、测试等的集成开发。试点项目取得成功后，中国航空工业集团有限公司将这种开发模式全面推广到其下属各研究所。此外，各高校也相继开展对 MBSE 的实践应用研究。南京航空航天大学的曹云峰团队运用 MBSE 理论，以 Rhapsody 为开发环境，对无人机飞控管理系统展开顶层建模，并与 MATLAB、Petri 网等结合展开联合仿真。电子科技大学的黎业飞副教授将 MBSE 引入北斗接收机的建模仿真开发中，使用 SysML 在 Rhapsody 建模环境中建立了完整的北斗接收机系统模型，并对其进行了动态仿真。

北京航空航天大学基于 MBSE 在飞控系统中设计出了包含三层的飞控系统虚拟环境。周潇雅等人使用 MBSE 进行了运载火箭能源系统开发，设计系统分析和逻辑架构模型。唐小峰等人基于 MBSE 开发了航空装备测试自动化研究，并对所建模型进行了测试分析。赵良玉等人将 SysML 模型与 Simulink 模型进行联合仿真，并运用于民机起飞仿真中。北京航空航天大学的李新光等人提出了一种基于 SysML 的系统设计-仿真模型可视化转换方法，通过对转换规则和转换活动元模型的实例化层次建模，确定了 SysML 源模型与 Modelica 目标模型之间的转换关系，并执行动态转换活动实现转换，并以惯性-弹簧-阻尼器（Inertia-Spring-Damper, ISD）机械系统作为实例进行该方法的可行性验证。北京航空航天大学杨国辉等人提出了一种基于设计结构矩阵和 SysML 的建模与优化方法。先利用 SysML 对复杂产品进行需求分析获得系统初步设计方案，再利用设计结构矩阵对产品研制流程进行层次化分解并优化，通过 SysML 对产品研制流程进行图形化建模表达与分析，以保证模型的一致性和可重用性，提高了建模准确率和效率。北京机电工程研究所也通过基于模型的协同仿真平台，满足了某型号总体方案阶段所需的方案快速响应、快速研发和方案优化需求，助力某型号的研制工作，推动企业数字化转型。

## 1.4　MBSE 关键技术

### 1.4.1　建模语言

#### 1. 发展初期阶段

公认的面向对象建模语言出现于 20 世纪 70 年代中期。1989—1994 年，其数量从不到十种增加到了五十多种。20 世纪 90 年代，一批新方法出现了，其中最引人注目的是 Booch 1993、OOSE 和 OMT-2 等。Booch 是面向对象方法最早的倡导者之一，他提出了面向对象软件工程的概念。1991 年，Booch 将以前面向 Ada 的工作扩展到整个面向对象设计领域。Booch 1993 比较适合系统的设计和构造。Rumbaugh 等人提出了面向对象的建模技术（Object Modeling Technique，OMT）方法，采用了面向对象的概念，并引入各种独立于语言的表示符。这种方法用对象模型、动态模型、功能模型和用例模型，共同完成对整个系统的建模，所定义的概念和符号可用于软件开发的分析、设计和实现的全过程，软件开发人员不必在开发过程的不同阶段进行概念和符号的转换。OMT-2 特别适用于分析和描述以数据为中心的信息系统。

Jacobson 于 1994 年提出了面向对象的软件工程（Object-Oriented Software Engineering，OOSE）方法，其最大特点是面向用例（Use-Case），并在用例的描述中引入了外部角色的概念。用例的概念是精确描述需求的重要武器，但用例贯穿于整个开发过程，包括对系统的测试和验证。OOSE 方法比较适合支持商业工程和需求分析。

1994 年 10 月，Booch 和 Rumbaugh 开始致力于这一工作。他们首先将 Booch 1993 和 OMT-2 统一起来，并于 1995 年 10 月发布了第一个公开版本，称之为统一方法 UM 0.8（Unified Method）。1995 年秋，OOSE 的创始人 Jacobson 加盟到这一工作中。经过 Booch、Rumbaugh 和 Jacobson 三人的共同努力，于 1996 年 6 月和 10 月分别发布了两个新的版本，即 UML 0.9 和 UML 0.91，并将 UM 重新命名为 UML（Unified Modeling Language）。

1996 年，一些机构将 UML 作为其商业策略已日趋明显。UML 的开发者得到了来自公众的正面反应，并倡议成立了 UML 成员协会，以完善、加强和促进 UML 的定义工作。该协会当时的成员有 DEC、HP、I-Logix、Itellicorp、IBM、ICON Computing、MCI Systemhouse、Microsoft、Oracle、Rational Software、TI 和 Unisys。这一协会对 UML 1.0（1997 年 1 月）及 UML 1.1（1997 年 11 月 17 日）的定义和发布起了重要的促进作用。

#### 2. 统一建模语言形成

UML 作为一种统一的软件建模语言具有广泛的建模能力。UML 是在消化、吸收、提炼至今存在的所有软件建模语言的基础上提出的，集百家之所长，它是软件建模语言的集大成者。UML 还突破了软件的限制，广泛吸收了其他领域的建模方法，并根据建模的一般原理，结合了软件的特点，因此具有坚实的理论基础和广泛性。UML 不仅可以用于软件建模，还可以用于其他领域的建模工作。

系统建模语言规定了若干种除自然语言外的符号，包括框图、线条和箭头等。框图就是封闭的线条，可以在框图内分隔出若干个区域，用自然语言填写不同的信息。而且不同的区域也由系统建模语言的抽象语法及计算机支撑工具赋予不同的含义，为数据之间的关联奠定基础；线条包括直线和折线等，也区分实线和虚线；箭头是线条和框图的结合点，表示不同的含义，如泛化、包含等，端口也可以算作箭头的一种。自然语言是非形式化的，由人来处理。框图、线条、箭头是形式化的，由计算机来处理，人可以在计算机及网络上很容易地编辑。

框图、线条、箭头构成了系统建模语言的"骨架"，然后在表示系统的相关信息时，就用自然语言来在规定好的位置填写。例如，在框图中，可以填写块的名字、块的属性和块的动作等，在线条上填写泛化、包含等关系。系统建模语言的"骨架"，把系统工程中的概念"可视化"了，如"导弹包含弹头、发动机和控制等分系统"这句话，用线条和箭头把表示导弹的块和表示弹头、发动机、控制等分系统的块连接起来，就是把它们的关系"可视化"了，一目了然，很容易理解。同理，在活动图中，可以把电源分系统与弹头、控制分系统之间的电流流动表示出来。系统建模语言把传统系统工程下进行功能分析的 FFBD 图、状态机图和表格等表示法规范化、统一化了，纳入整个大体系中。

系统建模语言在知识的表示和处理方面有若干优点：一是相当于在现有的各个学科之间、各类人员之间建立了一门新的通用语言，各个学科的知识都可以"翻译"转换成系统建模语言的形式；二是可以对知识进行图形化、可视化的表示，便于读者理解；三是便于计算机处理（由于系统建模语言形式化、关联化的特点）。因此，系统建模语言便于型号系统研制中知识的理解、继承、重用和集成，便于各方的技术沟通。

当前，系统工程师使用的建模语言、工具和技术种类很多，如行为图、IDEF0、N2 图等，这些建模方法使用的符号和语义不同，彼此之间不能互操作和重用。系统工程正是由于缺乏一种强壮的"标准的"建模语言，从而限制了系统工程师和其他学科关于系统需求和设计的有效通信，影响了系统工程过程的质量和效率。因此，MBSE 在实践落地时，首要问题为建立一套符合行业的建模规范，称之为建模语言。

统一建模语言是面向对象的标准化建模语言[1]，其主要是为了解决软件工程中暴露出的诸多问题而设计出来的，现已被各大标准组织及软件开发商接受。UML 具有很多优点，如简单性、易读性等。

SysML 是一种可视化建模语言[2]，它由一个提供了在"基于模型"的背景环境下多种复杂系统描述方法的工具箱组成。它可以支持包含硬件、软件、信息、制造等多领域系统的描述、设计、分析、验证等。SysML 并不是一个全新的建模语言，而是建立在统一建模语言（UML）的基础之上。

SysML 直接重用 UML 的部分元素，即 UML4SysML 部分；采用构造类型（stereotype）机制对 UML 的部分元素进行扩展，形成 SysML Profile。如图 1-2 所示，SysML 共包含 9 种图，其中用例图（Use Case Diagram）、序列图（Sequence Diagram）、状态机图（State Machine Diagram，STM）及包图（Package Diagram）与 UML 保持一致；需求图（Requirement Diagram）和参数图（Parametric Diagram，PAR）是 SysML 定义的全新的图；模块定义图（Block Definition Diagram，BDD）、内部模块图（Internal Block Diagram，IBD）及活动图（Activity Diagram）是在 UML 的类图（Class Diagram）、组合结构图（Composite Structure Diagram）、活动图基础上分别进行扩展所得的。SysML 的 9 种图可划分为三大类，分别描述系统的需求、结构和行为三个方面。在需求方面，需求图描述系统应满足的需求及需求之间的关系。在结构方面，模块定义图用于定义模块及其属性等，内部模块图用于表示模块内部子模块之间的连接关系，参数图用于详细描述模块属性应满足的参数约束关系，包图用于对模块进行分组从而方便模块的管理。在行为方面，活动图表示系统行为的流程，序列图表示在实现行为过程中模块间的交互，状态机图表示系统的状态转换，用例图表示系统需要完成的功能。

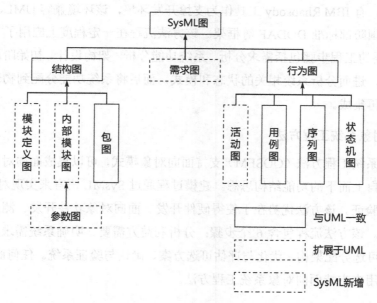

图 1-2 SysML 图的分类

**3. 统一建模语言的意义**

MBSE 实践者可以通过 SysML 来构建系统需求、行为、结构和参数，使其可视化，以帮助解决日益增长的系统复杂性问题。SysML 相对于以前的描述方式（如 IDEF0）是一种更复杂的语言，通过提供描述复杂数据结构的能力支持与分析模型的有效集成。SysML 中建立了一些规范来确保模型的一致性。例如，兼容性规范支持类型检查，用于确定接口是否兼容或单元的不同属性是否一致。

有效的 MBSE 的实施不仅需要如 SysML 一样能够表示系统的建模语言，而且需要有一种定义活动和制品的方法，如实现建模语言和方法的工具。

## 1.4.2 建模方法论

基于模型的系统工程概念出现后，得到了工商业各界的广泛关注，在不同行业都有发展动向，许多世界级企业尤其重视相应方法和支持工具的研发。国际系统工程协会（INCOSE）也最早开展这些方法的调查研究[3]。目前，基于模型的多学科产品系统建模方法几乎都是以经典系统建模方法 V 模型为基础展开的。这种新的系统研发范式集成化表达了产品需求、功能、结构和行为四方面的信息，并作为可追踪的设计信息集成框架为持续的仿真验证和优化提供了一体化环境[4]。

### 1. IBM 公司 Harmony 系统工程方法

Harmony 系统工程方法由 IBM 公司开发，主要面向嵌入式复合系统，它集成了系统开发与软件开发，有 IBM Rhapsody 工具作为支撑开发环境，该环境兼容 UML、SysML 等建模语言及美国国防部标准 DODAF 等框架。该方法流程在一定程度上应用了 Vee 型系统工程方法[5]，主要的工程步骤包括需求分析、系统功能分析、架构设计。初始阶段从需求入手识别系统功能，进而分析系统相关的状态和模式，而后将系统功能分配到物理架构，总体思想是先分解再集成。

### 2. 面向对象系统工程方法

面向对象系统工程方法（OOSEM）支持面向对象模式，可以集成面向对象软件工程的优势，并采用自上而下的功能结构思想。建模过程通过 SysML 语言来实现对系统的说明、分析、设计、验证。该方法优势在于使得硬件开发、面向对象软件开发、测试三者之间更易于集成并行。该方法流程包含 6 个步骤：分析利益方需要、明确系统需求、明确逻辑架构、综合集成可选分配架构、优化与评估可选方案、确认与验证系统。任何商用 SysML 建模工具都可以用来支持面向对象系统工程方法。

### 3. No Magic 公司 MagicGrid 方法

MagicGrid 方法是由 No Magic 公司在 OOSEM 的基础上，结合在相关领域的具体实践，提出的建模方法，是基于 OOSEM 思想在实施过程中的细化，其实施过程由三个阶段组成，每个阶段有四个步骤，最终固化为表格流程的形式，完成从需求分析到功能架构，再到系统组件的完整设计。

#### 4．其他建模方法

通用系统建模方法：将面向对象技术与传统自顶向下系统建模方法有机结合，形成具有模型驱动能力的复杂产品通用的系统建模方法，目的是构建更具柔性和具有可扩展性的系统[6]。

并行建模方法：CHILDERSSR[7]等人针对特定的需求如安全性等提出，目的在于将满足特定需求的设计融入其他主要需求的设计中。对四个主要的建模活动并行地进行建模，分别对应一个领域，即需求域、行为域、架构域及验证与确认域，并通过一个公共的系统设计仓库关联起来。

基于对象-过程的建模方法：DORID[8]在系统地分析复杂产品特点的基础上提出，认为任何事物均可表示为"对象"或"过程"，而每一对象在任何时刻均有一个对应状态，且状态的改变可通过过程的发生来实现。

状态分析法：由美国喷气推进实验室开发，该方法提出了一套全新的工程系统建模理念。模型以状态为核心，状态被定义为时变演化系统的瞬时状况的表示，模型描述状态的演变过程。在该方法中，基于模型的需求可以直接映射到工程系统软件部分的底层[9]。该方法的特点和优势在于，状态被明确定义，并且状态的估计与状态的控制相分离，硬件部分的适配器提供受控系统与控制系统之间的唯一接口，并且在架构中强调目标导向的闭环操作，提供硬件部分到软件部分的直接映射。

## 1.4.3　建模工具

#### 1．建模工具的需求

MBSE 的建模工具主要就是支持系统建模语言画图的计算机和网络环境，当然核心是支持系统建模语言的软件。屏幕上呈现出系统建模语言的各种符号，供建模者阅读，底层利用系统建模语言的语法对相关数据进行了关联，并形成模型库。而且可以构建分布式的建模环境，方便研制团队的协同设计。

形象地说，在 MBSE 下，工程系统模型的相关信息实现了从 Word 文档向 Excel 的转变，因为 Excel 中的数据，可以在不同单元格之间建立关联，这些单元格可以分布在不同的表格间、不同的 Excel 文件中。设计人员在设计、建模时，就不必关注各种模型元素的一致性、同步修改等，可以把主要精力放在创造性思考上。同时，国际系统工程界已经制定了相关数据转换标准，能够和已有的各种软件分析工具进行数据交换。例如，专业的热学分析软件、力学分析软件可以从系统建模语言构建的系统模型中获取数据，进行分析、计算和优化后再把数据写回系统模型中，实现不断的迭代优化，大幅度提高工程分析的效率。

### 2．建模工具的功能

MBSE 建模工具应具备以下功能。

（1）建模功能：提供各种类型的建模功能，如需求分析、结构建模和行为建模，以支持系统的全面设计和分析。

（2）可视化工具：能够将模型可视化，帮助用户更好地理解系统的结构和行为。

（3）协作和版本管理：允许多个用户同时协作设计和分析系统，并管理版本以确保数据的完整性。

（4）仿真和分析：可以进行系统行为和性能仿真，以帮助工程师进行决策。

（5）需求管理：能够跟踪系统需求，并与其他模型元素进行关联。

（6）自动化生成：能够自动生成代码、测试用例和文档等工作，从而提高开发效率和减少错误。

（7）支持多个模型：可以同时支持多个模型，这样用户可以更方便地进行模型间的比较和分析。

（8）扩展性：允许用户自定义模型元素和工具，以满足不同的设计和分析需求。

## 1.5　MBSE 应用

目前，基于模型的系统工程已经在国内外的航空、航天、船舶、汽车等复杂产品工程领域得到初步应用。

### 1.5.1　MBSE 在航空航天领域的应用

NASA 艾姆斯研究中心[10]提出了一种如何利用 MBSE 进行系统研发的方法，并应用到了 SporeSat CubeSat 的研发中，提高了小卫星任务从概念到需求的可追踪性。JPL 研究室与 Quadra Pi R2E 公司合作[11]，通过 MBSE 方法对基于卫星的野火检测器 FireSat 系统进行了研发，整个过程包括构建 200 多个热红外成像传感器模型。JPL（喷气实验室）经过 5 年的应用已经完成了对 MBSE 全过程的初步推广，实现了设计全过程的系统模型表达，并形成了自己的应用经验。其中的总结包括任务分析、方案权衡、需求可追溯性、可靠性分析等方面。中国空间技术研究院[12]探索了模型驱动的卫星总体设计方法，建立了任务、需求、功能、组成等模型，并构建了卫星总体设计本体知识库。

作为系统的需求方和采办方，NASA 的一些机构也开始利用 MBSE 进行招标。例如，一些采办方用 MBSE 来代替原来的用文本陈述的要求，开发了一些模型来定义性能、环境、约束、有效性度量、质量、利益相关者及其角色，以及一些特定的情景，在这些模型中，采办方所想象的、准备研制的系统将会运行起来，所有定义的东西将围绕一个黑盒系统。供应商用自己的模型来代替这个黑盒，用详细的白盒来表示他们的系统方案，包括设计和运行的方案，以及风险减缓的方法。采办方可以根据谁的模型（建议的设计方案）最能满足他们的要求来选择中标对象。NASA 的 MBSE 应用项目如图 1-3 所示。

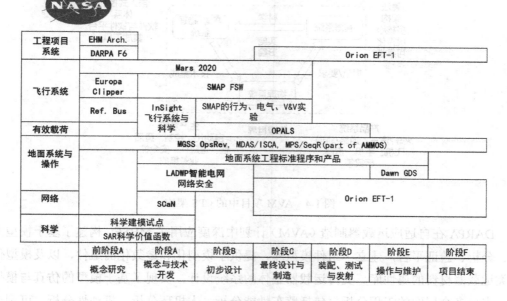

图 1-3　NASA 的 MBSE 应用项目

MCVITTIETI[13]使用 MBSE 方法针对无人驾驶设备的飞行测试过程进行了建模，阐明了如何使用 SysML 定义基础模型，模型如何关联，视图如何解决特定涉众人员关注的问题。Zachary 应用 SysML 快速设计和部署小型无人机系统（SUAS）的方法在美国军方得到应用，该方法通过 SysML 允许描述性、行为性和过程模型的互连，以捕获基本的系统工程过程，包括需求的验证和确认（Validation & Verification，V&V）、系统架构定义、接口规范、组件描述和设计逻辑的排序。中航工业信息中心[14]正在联合型号承制单位，有效结合型号研制方法和信息化技术，推动 MBSE 在航空型号研制中的应用。

2013 年，美国国防部"负责系统工程的助理部长帮办"和"海军航空系统司令部"，联合支持美国国防部系统工程研究中心开展"通过 MBSE 实现系统工程转型"研究，旨在通过 MBSE 对现行研制模式进行全面梳理与重新组织，实现转型升级。

国际系统工程学会与美国国家科学基金会合作开展"曙光探测者号"立方体卫星的论证、设计与研制，提出了一种通过状态机图驱动的、需求-行为-结构-参数联合运行的任务分析模型，并且集成了部分轨道设计模型（STK）及专业计算模型（Simulink），通过设计参数与任务参数的调整能够直接观察到对于系统整体运行情况的影响，极大地提高了系统先期验证能力。美国国防先期研究计划局（DARPA）2014年启动的自适应运载器制造（AVM）项目，通过应用基于模型的系统设计/分析/验证等技术，使项目在研发初期就在模型的基础上快速论证出可行、可靠的总体系统方案，避免了研制过程中的反复迭代，显著压缩了复杂系统的开发周期。AVM 项目中的 CPS 架构如图 1-4 所示。

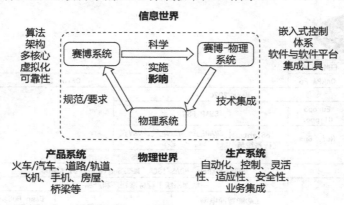

图 1-4　AVM 项目中的 CPS 架构

DARPA 在自适应运载器制造（AVM）计划中深度应用了 MBSE，构建了基于模型的设计、分析、验证平台，建立了组件模型库，提供了模型化和参数化的组件，以及模型化的各类运载器材料的属性库，支持运载器整体的系统设计，实现了基于模型的仿真与模拟验证，支持多个层面的工程分析，包括整车性能分析、人机环分析、机动性分析、可制造性分析、采购分析等，形成了全面、集成的系统工程运行环境，提高了系统工程效率。而 MBSE 可以有效降低复杂产品的研制风险，因为使用 MBSE 可以对正在设计的系统进行早期的性能和行为的精确模拟。MBSE 可以帮助企业按照预期并在生产周期早期发现问题。此外，它还可以全自动化文档生成，因为它始终保持与工程和需求同步。

波音公司提出，MBSE 是开发和维护高质量集成系统的关键。因此，波音公司致力于构建飞机从概念阶段到报废阶段的系统模型，建立需求与功能组件逻辑单元的关系，采用结构化、面向对象的 MBSE 方法，提升复杂系统设计的质量和效率。波音公司采用基于模型的系统工程方法改变了整个公司新产品开发的方式。就波音而言，MBSE 流程包含三种工程模型，其中一种是与分析验证模型交互的系统架构模型。该系统架构模型可以帮助定义关于 NMA 设计开发的各种限制、接口和要求，以及产品本身。

而且，该系统模型可以用于管理绑定数据，以及控制成本和进度。先进的系统架构模型使得 NMA 的开发过程完全不同于波音 787 飞机的开发过程。在波音 787 飞机变频交流供电系统联合验证实验中，从发电配电到用电全部采用真实系统，实现了整个地面电力系统的真实模拟。通过系统环境的模拟验证，波音公司研制团队分析出电力系统产品的实际情况，为设计和研制工作提供了巨大的技术支撑。

此外，洛克希德·马丁公司在产品研发中，也开始采用 MBSE 来代替文本陈述的形式，并且开发了一些模型来定义性能、环境、约束、有效性度量、质量利益相关者及其角色、一些特定的情景等。洛克希德·马丁公司采用 MBSE 来统一进行需求管理和系统架构模型，并向后延伸到机械、电子设备及软件等的设计与分析中，如 System、ANSYS 的软硬件设计与分析、Adams 的性能分析、SEER 的成本分析等，构建了完整的基于模型的航空、航天和防务产品的开发环境，促进了工程全链条的集成。供应商用自己的模型来表示他们的系统方案，包括设计和运行的方案等，采购方可以根据谁的模型最终能满足他们的要求来决定中标对象。

## 1.5.2　MBSE 在其他领域的应用

美国福特公司与佐治亚理工学院合作[15]，探索了一种基于 MBSE 的车辆架构建模框架 VAMF 研发方法。在车辆系统研发过程中将 SysML、Modelica、Simulink 模型通过接口集成到 VAMF 中，然后生成车辆的属性分析模型，该方法便于维护接口的可追溯性和模型的一致性。浙江大学吴朝晖团队[16]利用模型驱动的方法，结合软件工程理论和嵌入式软件设计技术，提出了一套汽车电子软件的开发方法，即 ModaEDA 方法，该方法基于模型驱动，保障了汽车电子控制系统开发的正确性和可靠性。Ford MBSE 的应用，从业务流程上来说，已经实现了从前端用户需求分析，中间系统架构设计、详细设计，到后端系统多级测试验证的端到端打通，已经将 MBSE 嵌入了研发全流程中。福特 MBSE 应用如图 1-5 所示。

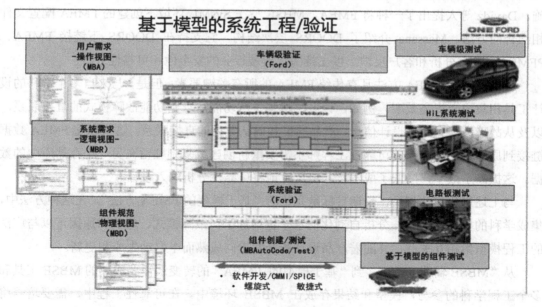

图 1-5　福特 MBSE 应用

PEARCEP[17]利用 MBSE 方法对潜艇子系统进行了设计，使用系统模型对潜艇研制进行需求分析，将具体任务逐层分配给系统、子系统、部件，为使该方法支持变量建模，将故障模式和影响分析（Failure Modes & Effects Analysis，FMEA）技术集成到系统模型，从而使设计活动一致和可追溯。中国船舶工业系统工程研究院[18]利用 MBSE 方法解决了舰船电子对抗系统的研发工作中复杂度、集成度不断增大的问题。

中国电科集团 29 所[19]探索了 MBSE 方法在微系统设计中的应用，对 MBSE 方法论进行扩展，面向微系统提出了四维结构体系（包括时间维、逻辑维、空间维和知识维）。LUKEIM[20]为保证机电产品系统的质量，确保需求被传递到研发过程中，通过 MBSE 方法在研发过程的早期阶段识别和分析系统的需求。AKIMOTOY[21]面向以人为中心设计方法（Human-Centred Design，HCD）提出了一种模型驱动演进的礼仪服务机器人设计流程，减少了研发成本和降低了风险。

### 1.5.3　前沿应用探索

最近的 MBSE 开发包括了可靠性、维修性、保障性等相关领域的工作。Groen 等人讨论了 NASA 使用 MBSE 支持基于模型的任务保证方法，以及从以文档为中心的安全性和可靠性实践转向基于模型的安全性和保证案例建立的策略。Izygon 等人开发了一种建模技术，使用 SysML 将可靠性和可维护性活动与 MBSE 流程合并，可以自动从工程模型中提取 FMEA 和故障树数据，以支持安全性和可靠性分析。Evans 等人对 MBSE 如何支持基于模型的保证需求进行了全面调查，并讨论了 NASA Objective Structure Hierarchies 的开发和实施。Davidz 等人提出了一种将 FMEA、MBSE 与在 SysML 环境下创建的 FMEA 配置文件相结合的方法。Massana 介绍了 DOORS 层次结构，它支持在 DOORS 下链接 FMEA、PFMEA、危害分析和客户反馈，以支持医疗器械行业的安全性和可靠性分析。

MBSE 辅助 FMEA 方法具有传统 FMEA 的所有关键要素；但是，与来自多个学科的设计工具相集成会提高效率。例如，该方法增强了从功能需求到功能故障模式的直接联系，以及从故障原因到产品设计信息、产品验证和确认数据的直接联系。这可以将 FMEA 数据链接到原始数据源，因此可靠性工程师不需要重新创建或复制驻留在另一个存储库中的数据。这提高了效率，降低了成本，并更及时地将可靠性分析纳入设计。

与上述进化方法相反，长期目标是完整的"基于模型的 FMEA 方法"。在这种方法中，集成学科的数量增加了，分析自动化的水平也增加了。故障模式、影响和原因可以与广泛的工程模型集相互关联，并随着产品设计和开发走向成熟而半自动生成和更新。

从"MBSE 辅助 FMEA"到"基于模型的 FMEA"的转变还需要成熟的 MBSE 工具和多个工程学科的参与，模型和结果存放在 MBSE 环境中。在可靠性工程中，需要培养将 FMEA 作为基于模型的工程元素的一部分的思维方式，并且需要定义和开发从模型生成的 FMEA 元素的细节。在基于模型的 FMEA 开发和实施的同时，其他可靠性和系统安全性分析（如可靠性分配、预测和危险分析）也需要引入 MBSE 环境，以便与 FMEA、其他工程模型和分析相集成。

# 参考文献

[1]　KAUFMANN M. Systems Engineering with SysML/UML[J]. Computer, 2008(6): 83.

[2]　FRIEDENTHAL S, MOORE A, STEINER R. A practical guide to SysML: the systems modeling language[M]. Morgan Kanfmann, 2014.

[3]　JEFF A E. Survey of model-based systems engineering (MBSE) methodologies[J]. INCOSE MBSE Focus Group. 2007, 25: 8.

[4]　李新光，刘继红. 基于 SysML 的系统设计-仿真模型可视化转换[J]. 计算机辅助设计与图形学学报，2016, 28(11): 1973-1981.

[5]　杨国辉，刘继红. 基于设计结构矩阵和 SysML 的复杂产品研制流程建模与优化方法[J]. 计算机辅助设计与图形学学报，2017, 29(5): 921-928.

[6]　PIASZCZYK C. Model based systems engineering with Department of Defense Architectural Framework[J]. Systems Engineering, 2011, 14(3): 305-326.

[7]　STEINER R. Shoot the modelers & begin design: focusing analysis on design using a system model[C]//INCOSE International Symposium. 2001, 11(1): 303-307.

[8]　CHILDERS S R, JAMES E L .A Concurrent Methodology for the System Engineering Design Process, Vitech Corporation White Paper [R] .Vienna: Vitech Corporation , 2004.

[9]　REINHARTZ B I, DORI D, KATZ S. OPM/Web–object-process methodology for developing web applications[J]. Annals of Software Engineering, 2002, 13(1-4): 141-161.

[10] INGHAM M. State Analysis Overview: What PSEs ought to know[R]. Briefing Slides (internal document), Jet Propulsion Laboratory, California Institute of Technology, Pasadena, CA, 2006.

[11] Reil R L. Improved traceability of a small satellite mission concept to requirements using model based systems engineering[C]//Annual AIAA/USU Conference on Small Satellites. 2014 (ARC-E-DAA-TN13315).

[12] SPANGELO S C, KASLOW D, DELP C, et al. Applying model based systems engineering (MBSE) to a standard CubeSat[C]//Aerospace Conference, 2012 IEEE. IEEE, 2012: 1-20.

[13] 曾蕴波，周竞涛，范海涛. 模型驱动的卫星总体设计方法研究[J]. 机械科学与技术，2013,32(05): 625-630.

[14] MCVITTIE T I, SINDIY O V, SIMPSON K A. Model-based system engineering of the Orion flight test 1 end-to-end information system[C]//Aerospace Conference, 2012 IEEE. IEEE, 2012: 1-11.

[15] 郄永军. 推动基于模型的系统工程在航空型号研制中的应用[J]. 中国航空报, 2013: 10-17.

[16] BRANSCOMB J M, PAREDIS C J J, CHE J, et al. Supporting multidisciplinary vehicle analysis using a vehicle reference architecture model in SysML[J]. Procedia Computer Science, 2013, 16: 79-88.

[17] 杨国青. 基于模型驱动的汽车电子软件开发方法研究[D]. 杭州：浙江大学，2006.

[18] PEARCE P, FRIEDENTHAL S. A practical approach for modelling submarine subsystem architecture in SysML[C]//Proceedings from the 2nd Submarine Institute of Australia (SIA) Submarine Science, Technology and Engineering Conference. 2013: 347-360.

[19] 张建华，杨致怡，沈振惠. 基于模型的舰船电子对抗系统工程研究与应用[J]. 指挥控制与仿真, 2015(03): 101-104.

[20] 金长林，郝继山，罗海坤. 系统工程方法论在微系统设计中的应用探索[J]. 电子工艺技术, 2015(4): 199-202.

[21] LUKEI M, HASSAN B, DUMITRESCU R, et al. Requirement analysis of inspection equipment for integrative mechatronic product and production system development: Model-based systems engineering approach[C]//Systems Conference (SysCon), 2016 Annual IEEE. IEEE, 2016: 1-7.

[22] AKIMOTO Y, SATO SHIMOKAWARA E, FUJIMOTO Y, et al. Approach function study for concierge-type robot by model-based development with user model for human-centred design[J]. ROBOMECH Journal, 2016, 3(1) :26.

# 第 2 章

# 系统设计建模

当涉及系统设计时，正确选择并应用适当的建模方法是至关重要的。系统设计建模方法提供了一种系统化和结构化的方式，有助于深入理解和准确描述系统的结构、行为和交互。本章将详细讨论系统设计方法论和系统建模方法论的基本概念，以及对 SysML 系统建模语言的表达进行介绍。

在本章中，我们将深入探讨系统设计方法论和系统建模方法论的重要性。系统设计方法论是一套指导原则和实践，旨在指导规划、设计和实施复杂系统的过程。它提供了一种结构化方法，可用于问题分析、需求定义、解决方案制定和系统构建。我们将详细研究不同的系统设计方法论，包括系统化设计方法论、公理化设计理论、质量功能展开方法论、发明问题解决理论等，以及它们的适用场景和优缺点。此外，我们还将探讨系统建模方法论和系统建模语言的重要性。系统建模方法论涉及选择和应用合适的建模方法来描述系统各个方面。我们将介绍一些常用的 MBSE 建模方法，如面向对象的系统工程方法、对象-过程方法、Harmony-SE 等，并阐述它们在系统设计中的应用。系统建模语言在系统设计建模中扮演着至关重要的角色。它们提供了一套标准化的符号和语法，有助于跨不同项目和团队进行沟通和理解。我们将深入研究 SysML 系统建模语言，并探讨它的基本概念和图表类型。

通过深入研究系统设计方法论和系统建模方法论与语言，我们将能够更全面地理解系统设计的基本原则和最佳实践，从而提升在系统设计中的能力和效率。

## 2.1 系统的设计理论与方法

### 2.1.1 系统化设计方法论

系统化设计方法论是德国学者 Pahl 和 Beitz 于 20 世纪 70 年代创立的一种系统化的方法[1]。

在柏林工业大学（TU Berlin）和达姆斯大特工业大学（TU Darmstadt）工作的 Beitz 和 Pahl 教授总结、归纳和提升了在德国工业界广泛流传的产品设计方法，形成了"系统化设计方法"，并出版了相应的专著。这一科技成果应该进一步大力推广和应用。德国工程师协会（VDI）组织了包括 Beitz 和 Pahl 在内的专家学者，起草了 VDI 2222 第一篇《设计方法学，技术产品的方案设计》、VDI 2222 第二篇《设计方法学，设计目录的编制和应用》和 VDI 2225《技术经济设计》。

一个新产品的完整设计过程由计划、方案设计、总体设计和详细设计四大步骤组成，是一种最具有普遍意义的工作步骤。其中文字部分标明了每个步骤中应完成的工作。每个步骤完成后都有重要的决策程序。向上的箭头表示一种反馈，整体构成网络式思维工作过程。

系统化设计方法论力求将基于经验的设计转变为基于科学的设计，其核心是结构化地表达设计过程。系统化设计方法论将设计过程分为明确任务、概念设计、技术设计和施工设计四个阶段，涵盖了从需求分析开始，通过功能抽象、功能分解、功能求解（实现功能的解题原理）到方案综合、方案评价，再到详细的技术设计、制造及装配设计的全过程。概念设计阶段的核心是建立产品或称技术系统的功能结构并加以实现。产品首先由总功能描述，总功能可以分解为分功能，各分功能可一直分解到能够实现为止。物料流、能量流、信号流作为输入与输出，将各功能有机地组合在一起就形成了产品的功能结构。系统化设计方法论功能结构图如图 2-1 所示。

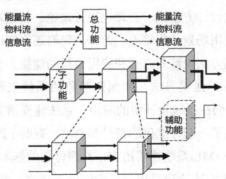

图 2-1　系统化设计方法论功能结构图

## 2.1.2　公理化设计理论

公理化设计（Axiomatic Design, AD）是麻省理工学院 SUH 教授提出的设计理论[2-3]。公理化设计理论的目标是为设计构建科学基础，将依靠经验和直觉的设计转变为以设计公理为基础的设计，避免了传统的"设计—构造—测试—再设计"的循环过程。公理化设计的核心概念包括设计域、"Z"字形映射过程和设计公理。

公理化设计用四个设计域（用户域、功能域、物理域和过程域）描述整个设计世界，分别由用户需求（Customer Attributes，CAs）、功能需求（Function Requirements，FRs）、设计参数（Design Parameters，DPs）和过程变量（Process Variants，PVs）表示。需要说明的是，过程域不在本节研究范围内，因为研究重点是系统设计，它发生在设计初期，而过程域中的过程变量是产品加工过程的具体活动，发生在详细设计和制造阶段。

设计域之间的"Z"字形映射给出了一个自顶向下的设计过程。两个设计域之间的关系通过两种映射类型表达：①相同层级的映射；②不同层级的映射。设计域及映射过程如图 2-2 所示。

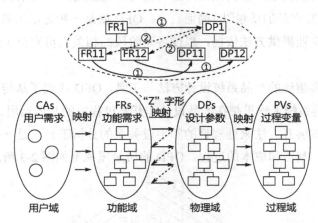

图 2-2　设计域及映射过程

公理化设计一直是国内外学者的研究热点。肖人彬等人[4]从公理化设计理论的扩展和完善、公理化设计与其他设计方法的结合、耦合设计的处理这些角度阐述了其研究现状，并指出公理化设计系统设计集中在制造系统中，而较少涉及汽车和卫星等复杂的工程系统的设计；另外，FRs 和 DPs 之间的映射关系有时难以确定。KULAKO 等人[5]总结了过去 20 年间（1990—2010 年）公理化设计的研究情况，从设计公理的类型、公理化设计的应用领域、使用的方法和评价类型四个角度对 63 篇文献进行分类，他得出的结论是公理化设计在产品设计和软件设计的研究较多（分别占 42.5%和 23.4%），而在系统设计的研究较少（只占 19.1%）。

近年来，随着系统复杂性的增加，公理化设计在系统设计中的作用越来越明显。HONGEP 等人[6]在公理化设计的基础上，提出了一种面向大型系统设计的协同设计方法，将系统集成任务与详细的设计任务分开，解决了不同设计团队之间的设计冲突。HEHENBERGERP 等人[7]将公理化设计与系统设计相结合，提出了一种层次化设计过程来支持复杂机电系统的概念设计。

但是，当复杂产品的一个功能涉及多个设计参数时，设计师根据经验确定的设计方程或设计矩阵可能并不准确。例如，对地监控卫星与监控对象、导航系统和地面控制之间的功能需求的复杂影响关系的确定，需要设计师分析它们之间的活动和交互等行为才能更准确地把握信息、物料和能量在不同设计参数之间的传递，否则无法完整地记录和理解导致功能需求耦合的原因和带来的结果。

## 2.1.3　质量功能展开方法论

质量功能展开（Quality Function Deployment，QFD）方法论是日本学者 AKAOK 于 1966 年提出的[8]。QFD 的基本原理：将"质量屋"作为量化分析工具确定用户需求和技术措施之间的关系，对数据进行分析处理，进而确定更能满足用户需求的技术措施（关键措施），从而保证所开发产品的质量[9]。简而言之，QFD 就是一种方法工具，把市场需求转化为技术和管理，为企业提供方法依据，以便各个阶段的相关人员充分了解及核查产品是否符合前端客户需求。

作为一种由顾客驱动的产品系统设计方法与工具，QFD 代表了从传统设计方式向现代设计方式的转变，是系统工程思想在产品设计和开发过程中的具体运用。就 QFD 的本质而言，它是一种用矩阵展开方法来处理目的和手段关系的分析工具，是一个将顾客的需求转化为设计、零部件、制造和成本的过程。QFD 的质量屋模型如图 2-3 所示。

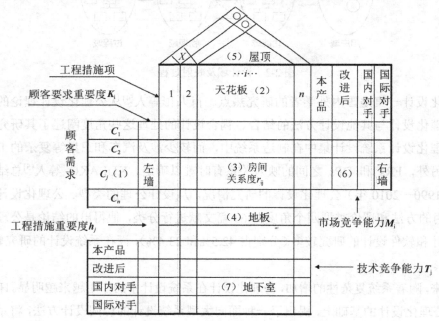

图 2-3　QFD 的质量屋模型

QFD 中最关键的工作是通过构建质量屋（House Of Quality，HOQ）的矩阵框架，将相关需求信息录入，在分析评价以后取得输出信息，并实现顾客需求向企业具有竞争优势的技术目标值的转化。质量屋通常由左墙、天花板、房间、屋顶、右墙和地下室等广义矩阵组成[10]。

（1）左墙——Whats 矩阵，是指顾客的需求及重要度。顾客的需求可能有多种，通过分析方法确定各种需求对顾客的重要程度就是重要度。

（2）天花板——Hows 矩阵，是指按照顾客的需求，应该怎么做，采取什么样的方法和手段满足顾客的需求，Hows 矩阵一般基于顾客需求，产生技术需求。

（3）房间——Whats 与 Hows 之间的相关矩阵，是指顾客需求和技术需求之间的内在关联，即将顾客需求向技术需求转化，同时揭示两者的内在关联。

（4）屋顶——Hows 的相关矩阵，是指各技术需求之间的相关性，即一些技术需求的改变，是否会使其他技术需求发生改变。

（5）右墙——Hows 评价矩阵，以顾客为视角，对产品的竞争进行科学评价，主要有市场对产品的竞争性评价、顾客对企业现有产品的评价和对改进后产品的评价等。

（6）地下室——Hows 输出矩阵，包含选定产品的质量属性重要度、企业产品和竞争对手相应产品的技术要求满足度等。

各阶段的质量屋输入和输出是市场规律在质量保障工程实践中的体现和应用，它以市场顾客的需求为直接驱动，在定量分析以后，获得输出项——Hows 项，实现了从需求向过程的转化。

20 世纪 90 年代，浙江大学熊伟教授等人开始在中国介绍和宣传 QFD 方法论[11]。近年来，QFD 方法论已引起中国学者的重视，并取得了一定的研究成果[12]。

## 2.1.4　发明问题解决理论

发明问题解决理论（Theory of Inventive Problem Solving，TRIZ）是苏联学者及其领导的研究小组在花费 1500 年的时间，分析研究了 250 万件专利的基础上于 1946 年提出的[13]。

1991 年，苏联迅速恶化的经济形势迫使许多有学识的 TRIZ 专家将 TRIZ 带到了国外，TRIZ 创新方法逐渐在全球范围内传播[14]。许多 TRIZ 方面的专家移民去了美国等国家，他们在那里开启了推广 TRIZ 的历程。此时，TRIZ 开始在一些公司中得到应用，如宝洁、三星电子等公司。

随着国外对 TRIZ 的大力宣传，中国的学者也开始了解和研究该理论[15]。1999 年，牛占文教授第一次在国内介绍 TRIZ，自此 TRIZ 被引入中国[16]。之后，TRIZ 才渐渐地被国内各院校学者、科研结构和企业重视。TRIZ 是一种激发创新思维、科学系统解决问题的理论体系，企业通过运用 TRIZ 可以有效缩短企业技术解决时间，提高企业科技创新的动力与效率，进而推动企业科技创新。在企业进行产品设计的时候遇到难以解决的问题，就需要具体的方案来解决，整个过程需要进行问题分析与解决两部分，而 TRIZ 具有的问题分析与解决能力，为设计人员解决问题提供了极大的便利。

经过 70 多年的发展，TRIZ 已形成了一系列方法与工具，为发明问题解决过程提供支持，特别是提出了设计冲突理论、标准解、算法等。国际著名的 TRIZ 专家 Savransky 给 TRIZ 定义：TRIZ 是基于知识，面向人的关于发明问题解决的系统化方法学。发明问题的标准解决方法首先是将发明问题按其物质-场模型进行分类，然后将各类相似问题的解决方法标准化、体系化。TRIZ 提供了 39 个标准工程参数来确定冲突，40 条发明原理用于解决冲突，5 类共76 种标准建模和解决方法。TRIZ 的体系构成如图 2-4 所示。

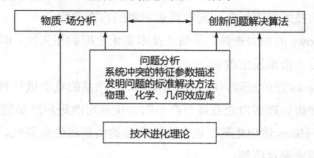

图 2-4　TRIZ 的体系构成

## 2.2　系统建模方法论

系统建模方法论是基于模型的系统工程的三大支柱之一，类似于路线图，用于指导建模人员创建系统模型。系统建模方法论提供了一系列设计任务的文档和规范，通过这些规范标准，建模团队中的所有成员可以按照一致的方法构建系统模型，避免在广度、深度和准确度等方面产生巨大的差异，从而确保模型之间的集成与交互。因此，掌握一种系统建模方法论是实施系统建模不可或缺的环节。目前工业界主要的系统建模方法论包括Arcadia、MagicGrid、OOSEM、OPM、Vitech 和 Harmony-SE 等。接下来，介绍国内外主流的三种建模方法论[17-18]：OOSEM、OPM 和 Harmony-SE。

### 2.2.1　系统建模方法论之 OOSEM

面向对象的系统工程方法（Object-Oriented Systems Engineering Method，OOSEM）是一种自顶向下的、基于模型的方法，它使用对象管理组织发布的 SysML 来支持系统的规范、分析、设计和验证。OOSEM 基于面向对象的思想，并将传统的自顶向下的系统工程方法和其他建模技术相结合，以支持构建更灵活和可扩展的系统。OOSEM 能够适应不断发展的技术和不断变化的需求。

OOSEM 的目标是简化面向对象软件开发、硬件开发和测试的集成过程。该方法源于20 世纪 90 年代中期，在软件生产力联盟（现在称为系统和软件联盟）与洛克希德·马丁公司的合作中发展而来。OOSEM 采用了洛克希德·马丁公司一个大型分布式信息系统开发项目的一部分，其中包括硬件、软件、数据库和手动程序组件。为了进一步发展该方法，INCOSE 切萨皮克分会于 2000 年 11 月成立了 OOSEM 工作组。OOSEM 已经被总结在各种行业和 INCOSE 论文中[19-20]，在《SysML 实用指南：系统建模语言》[21]中也对该方法进行了介绍。

OOSEM 的目标如下。

- 针对特定复杂系统捕获并分析需求和设计信息。
- 与面向对象的软件、硬件及其他工程方法集成。
- 支持系统级重用和设计演进。

如上所述，OOSEM 是一种混合方法，它结合了面向对象技术和系统工程基础，并且引入了一些独特的技术，如图 2-5 所示。

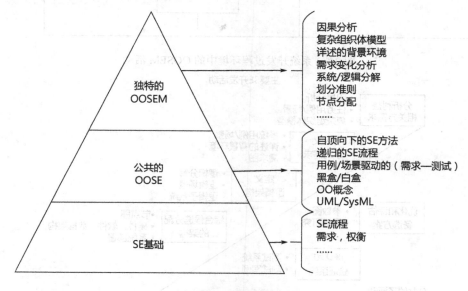

图 2-5　OOSEM 的基础

OOSEM 支持 SE 流程，如图 2-6 所示。

OOSEM 的核心原则涵盖了对于系统工程至关重要的实践。主要包括：①集成产品开发，对于提高沟通效果至关重要；②在系统层次结构的每个层次上，递归应用"V"形生命周期流程模型。

如图 2-7 所示，OOSEM 包括以下开发活动。

- 分析利益相关者的需求。
- 定义系统需求。
- 定义逻辑架构。
- 综合候选分配的架构。

- 优化和评估备选方案。
- 确认和验证系统。

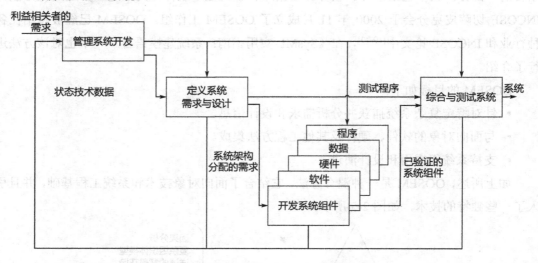

图 2-6  系统开发过程环境中的 OOSEM 活动

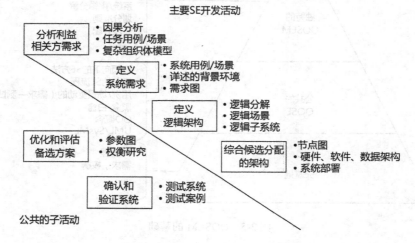

图 2-7  OOSEM 活动和建模成果

　　这些活动与典型的系统工程"V"形过程保持一致，它可以在系统层次结构的每个层级递归和迭代应用。系统工程的基本原则（如严格的管理流程和跨学科团队的运用）必须实施以确保每个活动的有效性。OOSEM 采用基于模型的方法，主要使用 SysML 作为建模语言，以表达由开发过程产生的各类产品。这使得系统工程师能够准确地捕捉、分析和描述系统及其组件，同时确保不同系统视图之间保持一致。建模成果还可以在其他应用中进一步细化和重复使用，以支持产品线和逐步演进的开发方式。接下来将简要介绍开发过程中的活动和成果。

### 1．分析利益相关者需求

分析利益相关者需求是对现有系统和体系进行捕捉，找出它们的局限性和可能改进的领域。基于"现状"分析的结果，来制定未来的体系及其相关任务需求。体系模型描绘了体系、其组成系统（包括待开发或修改的系统）及体系参与者。通过因果分析技术对现状体系进行分析，以确定其局限性，并作为派生任务需求和未来体系模型的依据；任务需求通过任务/体系目标、有效性衡量指标和顶层用例来明确；体系的功能通过用例和场景来捕获。

### 2．定义系统需求

定义系统需求旨在明确支持任务需求的系统需求。系统被认为一个黑盒，该黑盒与体系模型中表示的外部系统和用户进行交互。系统级用例和场景反映了系统如何支持体系的操作概念。这些场景使用带有泳道的活动图进行建模，泳道代表黑盒系统、用户和外部系统。每个用例的场景用于推导出黑盒系统的功能、接口、数据和性能需求。在 OOSEM 活动过程中，需求管理数据库将进行更新，以追踪每个系统需求与体系/任务级别用例和任务需求之间的关系。需求变化的评估是基于需求发生变化的概率，这种概率被纳入风险，并随后进行分析，以确定如何设计系统以适应潜在的变化。例如，一个可能发生变化的系统接口，或者预期会增加的性能需求。

### 3．定义逻辑架构

定义逻辑架构包括将系统分解和划分为满足系统需求的相互作用的逻辑组件。逻辑组件捕捉系统的功能。例如，可能包括由网络浏览器实现的用户界面，或者由特定传感器实现的环境监测器。逻辑架构设计减轻了需求变更对系统设计的影响，并有助于管理技术变革。OOSEM 为将系统分解成逻辑组件提供了指导。逻辑场景保留了系统与其环境的黑盒交互。此外，根据诸如内聚性、耦合、变更设计、可靠性、性能等划分标准，对逻辑组件的功能和数据进行重新划分。

### 4．综合候选分配的架构

分配架构描述了系统物理组件（包括硬件、软件、数据和程序）之间的关系。系统节点定义了资源的分布。首先将每个逻辑组件映射到一个系统节点，以解决功能分布问题。对于性能、可靠性和安全性等分布问题则基于划分标准来解决；然后将逻辑组件分配给硬件、软件、数据和手动程序组件。基于组件关系，派生出软件、硬件和数据架构。每个组件的需求被追溯到系统需求，并在需求管理数据库中进行维护。

### 5．优化和评估备选方案

在 OOSEM 的所有其他活动中，都会调用优化和评估备选方案以优化候选架构，并通过权衡分析来选择最优架构。通过使用参数模型（用于对性能、可靠性、可用性、生命周期成本和其他专业工程问题进行建模）分析和优化候选架构，以比较替代方案的可行程度。用于进行权衡分析的标准和权重因子可以追溯到系统需求和效能衡量指标。此方案还包括监测技术性能指标并识别潜在风险。

### 6. 确认和验证系统

确认和验证系统旨在验证系统设计是否满足其需求，并确认需求是否满足利益相关者的需求。它包括制订验证计划、程序和方法（如检查、演示、分析、测试）。系统级用例、场景及相关需求是编制测试用例和相关验证程序的主要输入。验证系统可以使用上述描述的用于建模操作系统的相同活动和工件进行建模。在此活动过程中，需求管理数据库将被更新，对系统需求和设计信息到系统验证方法、测试用例和结果之间进行追踪。

关于每个 OOSEM 活动和流程的完整描述，请参见 Friedenthal、Moore 和 Steiner 的著作及参考的 OOSEM 教程[21]。

## 2.2.2　系统建模方法论之 OPM

Dori 将对象-过程方法（Object Process Methodology，OPM）定义为系统开发、生命周期支持和演化的正式范式[22]。它将对象-过程图（OPD）的正式而简单的可视化模型与对象-过程语言（OPL）的受限自然语言句子相结合，以表达系统的功能（系统的作用或设计目的）、结构（系统的构造方式）和行为（系统随时间变化的方式），这三者在一个集成的单一模型中。每个 OPD 构造都由一个语义等价的 OPL 句子或部分句子表达，反之亦然。OPL 是一种面向人类和机器的双重目的语言。

OPM 的基本假设：宇宙中的一切最终要么是对象，要么是过程。在建模层面上，OPM 以三种类型的实体为基础，即对象、过程和状态，其中对象和过程是更高层次的构建模块，统称为事物。OPM 正式定义这些实体如下。

- 对象是已经存在的或在物理上/心理上潜在的事物。
- 过程是对象所经历的转换的特征模式。
- 状态是对象可以存在的情况。

如果对象存在，那么过程通过生成、消耗或影响对象来转换它们的状态。状态用于描述（有状态的）对象，而不是独立的事物。在任何时间点，每个有状态的对象都处于某种状态。对象和过程的符号分别是矩形和椭圆。对象和过程名称的第一个字母始终是大写的，过程名称最好使用动词，表示它们是活动的、动态的事物。状态的符号是圆角矩形，状态名称以小写字母开头。

图 2-8 所示的系统图（System Diagram）标记为 SD，是 OPM 元模型的顶层规范。它指定了本体、符号和系统开发过程作为 OPM 的主要特征（表征）。本体包括 OPM 中的基本元素、它们的属性和它们之间的关系。例如，对象、过程、状态和聚合都是 OPM 元素。符

号通过 OPD 图形化（图形）或 OPL 句子（文本）表示本体。例如，在 OPD 中，过程用椭圆表示，对象用矩形表示。

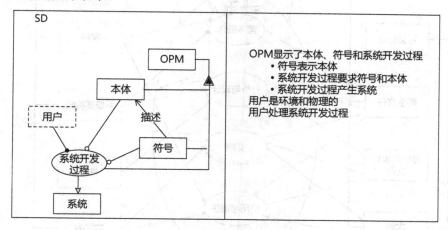

图 2-8　OPM 元模型的顶层规范

系统开发过程也在 SD 中显示，由用户处理。用户是控制该过程的物理和外部对象。这个过程还需要本体论和符号作为工具（输入），以创建一个系统。OPL 段落等同于 SD，也显示在图 2-8 中。由于 OPL 是英语的子集，因此对于不熟悉 OPM 图形符号的用户来说，可以通过查看 OPL 句子来验证其规范。这些句子是根据用户的图形输入（创建 OPD）动态生成的。由于 OPM 图形符号和文本符号的等效性，在本节的其余部分中我们仅使用 OPD 图形符号表示。

图 2-9 展示了系统开发过程的常见顺序阶段：需求细化、分析与设计、实施、使用与维护。所有这些过程都使用相同的 OPM 本体论，这有助于缩小开发过程不同阶段之间的差距。SD1 显示了客户和系统架构师，以及实施者作为用户的专业化角色，处理需求规定的子过程。需求细化以 OPM 本体论作为输入，并创建一个新的系统，新系统仅由需求文件组成。需求细化的结束启动了下一个系统开发子过程：分析与设计。

### 1. 需求细化阶段

如图 2-10 所示，在 SD1.1 中，对需求细化进行了深入探讨，展示了它的四个子过程。首先，系统架构师和客户定义了系统需要解决的问题，该步骤创建了当前系统需求文档的问题定义部分。接下来，通过需求重用过程，系统架构师可以重用适用于当前问题的需求并进行调整。重用有助于实现高质量的系统并减少其开发和调试时间。因此，在开发大型系统时，首先尝试重用来自以前版本、类似系统或适用于当前系统开发项目的现有构件非常重要。获得现有的且规范的需求通常不是一件轻松的事情，因此应该将现有的相关需求视为潜在资源。事实上，如 OPD 所示，可重用的构件不仅包括软件或硬件，还包括需求。

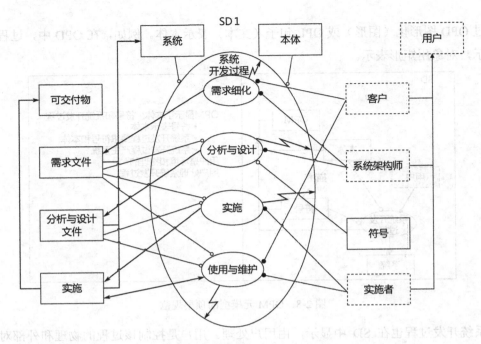

图 2-9　系统开发过程总览

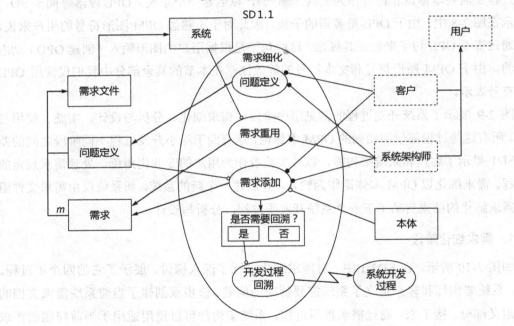

图 2-10　需求细化特定阶段

在从现有系统中选择性重用需求之后，系统架构师和客户添加新的需求或更新现有的需求。此步骤使用 OPM 本体论，以使需求文件适合被其他潜在的 OPM 工具处理，特别是适合于 OPL 编译器。OPM 的双模态特性，特别是使用 OPL 使客户能够积极参与关键的需求细化阶段。此外，由于系统架构师和客户在定义新需求时使用了 OPM 本体论，因此所得到的需求文件在一定程度上确实使用了 OPL。这样结构化的 OPM 导向规范使得需求文档能够自动转换为 OPM 分析和设计框架。当然，在这个阶段除了 OPM，使用自然语言来记录动机、替代方案、考虑因素等似乎是必要的。

最后，需求添加过程会得出布尔对象"是否需要回溯？"，该对象确定是否应重新启动系统开发。如果需要，则开发过程回溯会调用整个系统开发过程。否则，需求规定终止，开始分析与设计阶段。

### 2. 分析与设计阶段

图 2-11 展示了从当前系统的需求文件中创建一个 OPL 脚本的框架。如前所述，为了使这个阶段尽可能有效和自动化，需求文件应该使用 OPM 编写，以便生成可编译的 OPL 脚本。系统架构师可以选择从以前的系统中重用分析和设计构件，从而为当前系统的分析与设计提供基础。最后，在分析与设计改进的迭代过程中（在 SD1.2.1 中进行了局部展开），系统架构师可以进行 OPL 更新、OPD 更新、系统动画更新、通用信息更新或分析与设计终止。

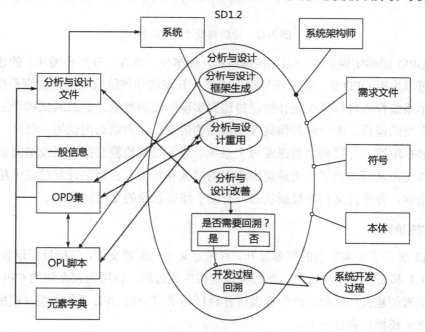

图 2-11　分析与设计阶段

用户对表示模型的任何一种模态所做的任何更改都会触发开发环境软件的自动响应，以反映互补模态中的更改。因此，如图 2-12 所示，OPD 更新（由系统架构师完成）会影响 OPD 集，并立即调用 OPL 生成，根据新的 OPD 集更改 OPL 脚本。相反地，OPL 更新（也由系统架构师完成）会影响 OPL 脚本，从而调用 OPD 生成，反映 OPD 集中的 OPL 变更。

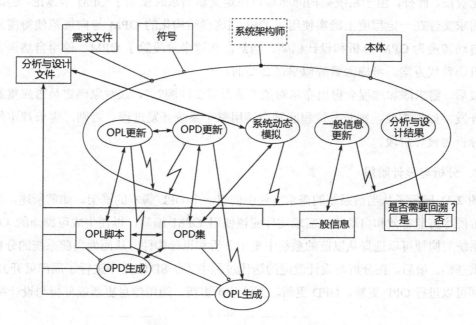

图 2-12　分析与设计改进阶段

由于 OPM 能够实现系统动态和控制结构（如事件、条件、分支和循环）的建模，因此系统动画可以模拟 OPD 集，使系统架构师能够在开发的任何阶段动态地检查系统。提供实时动画演示系统行为可以减少设计错误传递到实现阶段的数量。静态测试和动态测试都有助于检测系统的差异、不一致和偏离预期目标的情况。作为动态测试的一部分，模拟使设计人员能够在编写一行代码之前跟踪每个系统场景。任何检测到的错误或遗漏都会在模型层面进行纠正，从而节省了在实施层面所需的时间和精力。在系统开发过程中尽早避免和消除设计错误，并保持文档的最新状态，有助于缩短系统的交付时间。

### 3. 实施阶段

图 2-13 展示了实施阶段的局部展开。首先定义实施配置文件，包括目标语言（如 Java、C++或 SQL）和工件的默认目录；然后实施框架生成过程，使用当前系统的 OPL 脚本和内部产生规则来创建实施框架。产生规则将各种目标语言中的 OPL 语句类型（模板）和它们相关联的代码模板保存在一起。

在实现重用和改进的过程中，实施者的主要任务是修改系统结构和行为方面初始实施的框架。在测试与调试阶段，将检查生成的实施是否符合由客户和系统架构师共同定义的系统要求，以验证其是否满足需求文件。如果检测到任何差异或错误，则需要重新启动系统开发过程。这些子过程嵌入在 SD1 底部的"使用与维护"过程中。在使用与维护过程中，客户会收集新的需求，这些需求最终会在启动下一代系统时使用。内置机制以 OPM 格式记录新需求，在使用系统时会极大地促进下一代系统的演进。

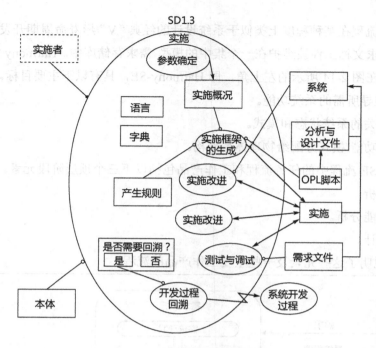

图 2-13　实施阶段的局部展开

## 2.2.3　系统建模方法论之 Harmony-SE

Harmony-SE 是一个更大的集成系统和软件开发过程 Harmony®的子集[23]。Harmony-SE 和 Harmony®的开发起源于 I-Logix 公司，曾是嵌入式市场建模工具的领先提供商。图 2-14 所示为 Harmony 集成系统和软件开发过程。

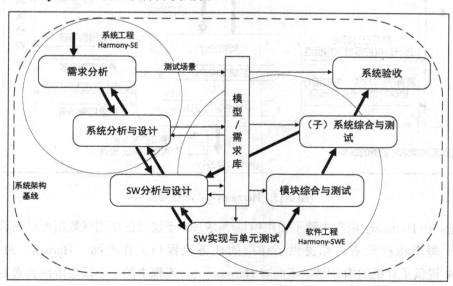

图 2-14　Harmony 集成系统和软件开发过程

Harmony 流程在某种程度上类似于系统设计的经典"V"形寿命周期开发模型。该流程假设模型和需求文档工件被维护在一个集中的模型/需求存储库中。Harmony 流程中的系统工程组件显示在图 2-14 所示的左上角，即 Harmony-SE，具有以下主要目标。

- 确定/推导所需的系统功能。
- 确定相关的系统状态和模式。
- 将系统功能/模式分配给物理体系架构。

Harmony-SE 流程中的任务流程和工作产品包括以下三个顶层阶段元素。

- 需求分析。
- 系统功能分析。
- 架构设计。

图 2-15 说明了这些元素及一些主要工作产品的流程。

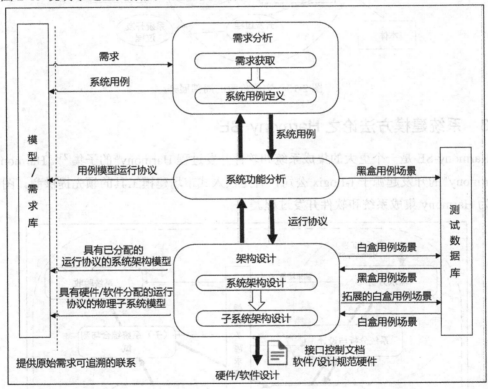

图 2-15  Harmony-SE 流程元素

注意，在 Harmony 流程中除了使用模型/需求库，还建议使用测试数据库以捕获用例场景。对于每个流程元素，都提供了详细的任务流程和工作产品，Harmony-SE/SysML Deskbook 提供了详细的指导[24]。下面对 Harmony-SE 流程中的三个顶层阶段元素进行简要介绍。

### 1. 需求分析

需求分析阶段的目的是分析流程的输入，即涉众需求，将涉众需求转换为系统需求。系统需求是定义系统必须做什么（功能需求）及如何执行好（服务需求的质量）。

需求分析工作流起始于对涉众需求的分析和完善。这个阶段的输出是涉众需求规格说明书，涉众需求关注点主要在系统所需要的能力上。下一个步骤是将这些需求转变成系统所需要的功能需求并建立需求规格说明书初稿，然后建立系统需求与相关的涉众需求之间的跟踪性。下一个主要步骤是系统用例定义，一个系统用例描述系统的一个特定的操作面，详细描述系统中的角色之间信息交换和传递的行为。一个角色可以是一个人，也可以是另一个系统，或者是处于开发中的系统外部的一个硬件。用例之外的场景将被放在下一个阶段（系统功能分析），通过模型执行的方式进行识别。

为保证所有的功能性需求和相关的性能需求由这些用例覆盖，跟踪性连接要一一对应起来。当系统级的用例被定义出来，并保证了功能性需求和性能需求能完整覆盖到系统用例上时，就需要根据系统架构定义的重要性进行分类排序。排序将定义系统工程流迭代的增量，每次增量结束时，需要更新分类排序。

### 2. 系统功能分析

系统功能分析阶段的主要任务是把系统功能需求描述成一个连贯的系统服务（业务操作）。系统功能分析是基于用例进行的，即将每个需求分析阶段确认的用例细化为可执行的模型。该模型的基本需求将由模型的执行来验证。

图 2-16 所示为系统功能分析任务流程及相关工作产品。

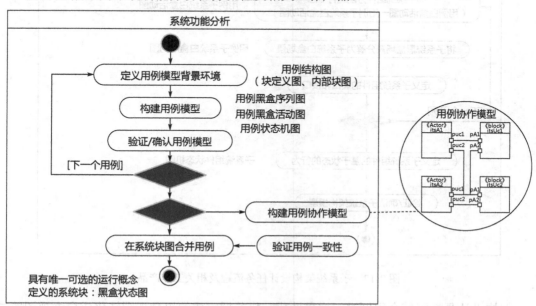

图 2-16　系统功能分析任务流程及相关工作产品

首先，用例模型的背景环境是在内部模块框图中定义的。该图中的元素是用例模块的实例和它的相关角色，在这一阶段它们是空的而且是非关联的。建模工作流下一个步骤是定义用例模块的行为。它是由三个 SysML 图来捕获的，即活动图、序列图和状态机图。每种图在用例行为的详细描述中扮演着一个特定的角色。

活动图被称为黑盒用例的活动图，描述了用例整体功能流，以动作（相当于业务操作）的方式来组织功能需求，并显示这些行动是如何互相关联的；序列图被称为黑盒用例的序列图，通过用例描述了一个特定的路径并定义了操作和角色之间的相互作用（信息或消息）；状态机图把活动图和序列图的信息汇聚在一起，它把该信息融合了系统状态的背景，并增添了不同优先级的外界刺激系统行为。

### 3. 架构设计

架构设计阶段的关注点在于将功能需求和非功能需求分配到系统架构中，这种结构也许是前期权衡分析的研究结果或是一个给定的（传统）架构。这种分配过程是迭代式的，通常是与行业专家合作进行的。图 2-17 所示为子系统架构设计任务流程及相关工作产品。

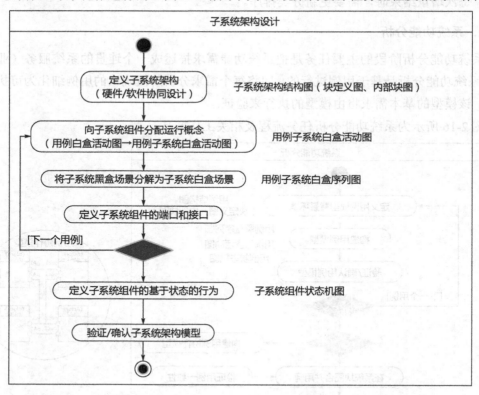

图 2-17　子系统架构设计任务流程及相关工作产品

架构设计是按照每个用例进行增量迭代，将前期完成的黑盒视图转化成白盒视图的过程，也称为用例实现。该阶段的任务流与先前描述的系统功能流十分类似，始于系统架构定义。在基于前期权衡分析研究中的概念设计、选择性的精细化基础上，用例模块被分解成相关系统架构部件，所产生的系统结构是由 SysML 的模块定义图和内部模块图捕获的。

接下来，系统级用例操作时通过相关的用例白盒活动图被分配到相关子系统。一般来说，这个活动图是先将用例黑盒活动图复制过来，然后用不同的泳道进行分区，每个泳道代表系统架构分解层次中的一个模块。基于所选设计概念，该系统级操作（活动）就被"移动"到不同的模块泳道中。这个分配的基本要求是保持最初的活动之间的链接。

用例白盒活动图可以是嵌套式的，从而反映的是在设计中的系统的迭代架构分解。如果一个操作不能分配到单一模块，那么它必须做进一步分解。在这种情况下，依据其依赖关系，子操作需要和父操作相关联。一个动作/操作也许可分配到多于一个模块，在这种情况下，相关操作/动作被复制到各自的模块泳道中，并集成到功能流中。

由于穿越泳道之间的链接与接口相对应，白盒活动图提供了一个在各自沟通渠道上所产生负载的初始估计。依据对后续开发的交付情况，子系统模块和相关白盒活动图也许需要进一步分解。在最低层次，功能分配可以处理哪个操作应该在硬件中实施，哪个操作应该在软件中实施。

从最终用例白盒活动图可以导出相关白盒序列图，如前所述，这些序列图是导出系统架构最低层次的模块来自哪个端口和接口的基础。一旦所有系统功能需求模块操作被配属到系统部件中，非功能性需求（如设计约束）就被分配到相关部件中并建立各自的跟踪性。综合设计的最后任务是集成系统架构模型的创建。该模型是用例实现的总汇。用例间的协作性、系统架构模型的正确性和完整性由模型执行来确认。

## 2.3　SysML 系统建模语言基础

SysML 是一种面向系统工程师的通用系统工程建模语言，OMG 将其定义为"一种用于详细说明、分析、设计、验证和确认复杂系统（包括硬件、软件、信息、人员、程序和设备）的通用建模语言。该语言按照语义基础为系统的需求、行为、结构建模提供图形化表示"[25]。

SysML 有九种视图，每种视图都具有相同的基本结构，旨在提供相似的外观，使交叉引用更加简单。图 2-18 所示为 SysML 图的结构，每个 SysML 图必须有一个矩形外框，用于封装图的内容。图的外框对应于提供该图内容的上下文中的模型元素，可以任意添加图描述来提供有关图的状态和目的的进一步细节。

图头位于外框内部的左上角，它也是一个矩形，但是剪掉了右下角。图头包含的信息如下。

- 图种类——图的种类的缩写。

- 模型元素类型——图外框对应的模型元素的种类。
- 模型元素名称——图外框对应的模型元素的名称。
- 图名——图的名称，经常讲述图的目的。
- 图用处——图的专门用处的一个关键词。

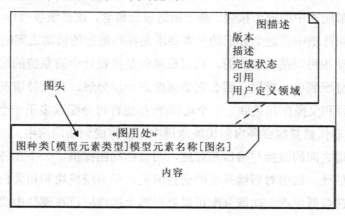

图 2-18　SysML 图的结构

　　SysML 的九种视图分为需求、行为、结构、参数四种类型，本节将依次介绍九种视图的基本语法，并以扫地机器人系统模型为例阐释九种视图，方便读者理解[26]。扫地机器人是一种能够自主清扫地面的智能机器人。它通过使用各种传感器和算法，可以识别和避开障碍物，并有效清扫地板表面的灰尘、污垢和杂物。

## 2.3.1　需求图

　　需求（Requirement）描述了一个系统必须完成的功能或必须满足的要求。SysML 提供了需求元素来表达基于文本的需求：在需求图（Requirement Diagram）上绘制需求，并可以将需求与其他建模元素关联起来，这些关联关系用于表达需求和其他建模元素之间的关系。需求由元模型 Class 加上版型《Requirement》定义，将需求图绘制成一个矩形，依次包含了需求的版型《Requirement》、需求的名称和两个字符串类型的属性：用来表示需求编号的 id 和用来描述需求的文本信息 text，如图 2-19 所示。

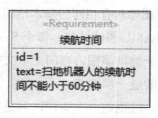

图 2-19　单个需求定义实例

需求之间的关系包括复制（Copy）、继承（Derive）、细化（Refine）、跟踪（Trace）、满足（Satisfy）、验证（Verify）、包含（Containment）。

（1）复制关系在需求图上被绘制成一条带开口箭头的虚线，从目标方的需求指向提供方的需求，并在虚线上标记«copy»元类型。复制关系表示提供方到目标方的依赖关系，规定了目标方的需求文本描述属性 text 必须是只读的且与提供方的 text 属性完全相同。

（2）继承关系在需求图上被绘制成一条带开口箭头的虚线，从目标方的需求指向提供方的需求，并在虚线上标记«deriveReqt»元类型，表明在建立关系的两个需求中有某些方面的共同点，它表示目标方继承了提供方的需求。

（3）细化关系在需求图上被绘制成一条带开口箭头的虚线，并在虚线上标记«refine»元类型，通常从一个活动图或用例指向一个功能性需求，表示这个功能性需求被这个活动图或用例细化，也可以由一个需求指向另一个需求，表明目标方的需求要比提供方的需求更加具体。

（4）跟踪关系在需求图上被绘制成一条带开口箭头的虚线，并在虚线上标记«trace»元类型，其中一端是一个需求，另一端是其他建模元素，表示它们之间的跟踪关系；如果从一个需求指向另一个需求，则表示对提供方的修改会导致目标方的修改。

（5）满足关系在需求图上被绘制成一条带开口箭头的虚线，并在虚线上标记«satisfy»元类型。满足关系的提供方必须是需求，而目标方的类型则没有限制，可以是需求、功能模块和物理架构。满足关系是一种断言，表明目标方的内容会满足提供方的需求。

（6）验证关系在需求图上被绘制成一条带开口箭头的虚线，并在虚线上标记«verify»元类型。验证关系要求提供方必须是需求，对目标方的类型没有限制，但目标方一般是测试案例。

（7）包含关系在需求图上被绘制成一条实线，它的一端带有一个小圆圈，小圆圈的内部是一个十字，这一端一般连接着高一层次的需求，另一端连接着第一层次的需求，体现了需求的层次关系。一个高层次的需求往往包含着一个或多个第一层次的需求，如图 2-20 所示。

在需求之间建立直接标识，即在需求图中使用各种需求关系的表示方法（带方向的直线）来直接绘制需求之间的关系，如图 2-21 所示。这种方法的好处是可以将需求之间的关系以直观的方式展示给用户，当需求之间的关系非常复杂时，用户也可以通过这种方法对它们有一个宏观的把握。这种表示方法的缺点显而易见，它占用了很大的空间，当需求特别多的时候，需求图就会变得非常大。

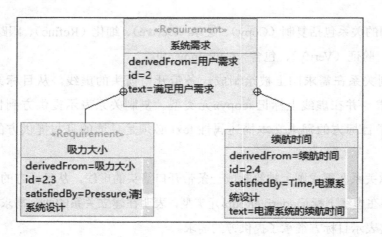

图 2-20  包含关系

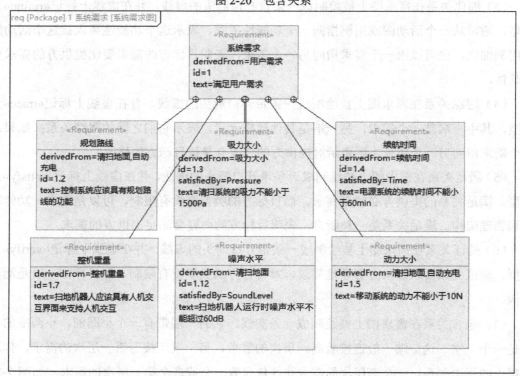

图 2-21  需求图示例

需求模型中对需求的定义及需求之间关系的展示，可以与传统条目化需求相对应。在传统条目化需求中，需求是逐条显示的，且条目之间具有层级关系。图 2-22 中，每个需求条目对应产品的某项功能，用户可以对其进行编辑、修改、关联和状态跟踪。条目化的需求由于层级关系的存在，在组织方式上是一棵树，而树本身也是图的一种，因此条目化的需求与需求图之间是可以相互转换的。一个需求条目对应需求图上的一个需求，需求之间的 7 种关系可以转化为需求图上的关联关系，其中，条目的层级关系转化为需求图上的上层需求与下层需求之间的包含关系。

| # | name | text |
|---|------|------|
| 1 | 1 系统需求 | 满足用户需求 |
| 2 | 1.1 系统结构需求 | 扫地机器人系统应该由电源系统、移动系统、清扫系统、控制系统和感知系统等5个子系统组成 |
| 3 | 1.2 规划路线 | 控制系统应该具有规划路线的功能 |
| 4 | 1.3 吸力大小 | 清扫系统的吸力不能小于1500Pa |
| 5 | 1.4 续航时间 | 电源系统的续航时间不能小于60min |
| 6 | 1.6 定位和感知环境 | 感知系统应该具备定位和感知周围环境的功能 |
| 7 | 1.7 整机重量 | 扫地机器人应该有人机交互界面来支持人机交互 |
| 8 | 1.8 电池体积 | 电池的体积应该在90~120cm^3 |
| 9 | 1.9 电池额定功率 | 电池额定功率应该在50~60W |
| 10 | 1.10 风口风速 | 清扫系统风口的风速应该在100~130cm/s |
| 11 | 1.11 风口截面积 | 清扫系统风口的截面积应该在75~85cm^2 |
| 12 | 1.12 噪声水平 | 扫地机器人运行时噪音水平不能超过60dB |
| 13 | 1.13 工作温度 | 扫地机器人应该能在-10℃~500℃环境下正常工作 |
| 14 | 1.14 传感器测距范围 | 传感器测距范围应该在20~150cm |
| 15 | 1.15 传感器刷新频率 | 传感器刷新频率应该为25Hz |
| 16 | 1.5 动力大小 | 移动系统的动力不能小于10N |

图 2-22 需求条目示例

需求建模是复杂产品开发的第一步，目的是为开发过程提供一个正确合理的需求文件。需求变更贯穿着项目的立项、研发和维护整个生命周期，如果不能对需求进行有效跟踪，则会给复杂产品的开发带来不断的变更，从而引起成本投入的增加和开发进度的滞后，最终可能导致项目失败。使用需求图可以对需求之间，以及需求到系统结构和行为的可跟踪性进行建模，可以根据这些可跟踪性，对下游进行影响分析。当需求发生改变时，可以找出需要修改的系统结构和行为，以减少实现设计变更所需要的成本。

## 2.3.2 行为图

SysML 规定了活动图、序列图、状态机图和用例图来描述系统的行为。

### 1. 活动图

活动图（Activity Diagram）是对组成系统动态行为的动作序列的建模，强调单个活动的输入、输出、顺序和条件，并提供活动之间灵活的链接方式，以描述系统的复杂行为。活动图与传统的流程图类似，为满足系统工程的建模需要，SysML 基于 UML 的活动图扩展了更多用于表达精确工程信息，以及便于活动图动态执行的建模元素。

动作（Action）是活动的构建模块，描述活动如何执行，每个动作可以接收输入并产生输出，将这些输入和输出称为令牌（Tokens）。在动作执行之前用动作的栓（Pin）储存这些令牌。令牌可以对应流动的任何事物，如信息或物理实体。SysML 活动中规定了两类流程。

对象流和控制流;对象流把活动的输出栓与其他动作的输入栓连接起来,从而促使在动作之间的流动;控制流规定活动的执行顺序。此外,还定义了几种节点来描述对象流或控制流的复杂路径,如分支节点、决策节点、合并节点等。活动包含多种常用的动作,如调用行为动作、发送信号动作、接收事件动作和等待时间动作。其中最重要的是调用行为动作,它在执行时会调用一个行为,该行为通常也用活动图来定义(也可以是其他类型的行为),活动的这种特性支持对行为的重用,也可实现对行为的多层次定义。为了把行为分配给结构,SysML 定义了活动分区。通常活动分区表示一个模块或一个组成部分,负责执行活动分区内的动作。

图 2-23 所示为活动图示例,展示了扫地机器人在完成清扫任务的活动图。通过对系统的活动进行分析,可以从整体上了解系统各部件或子系统间的交互过程。

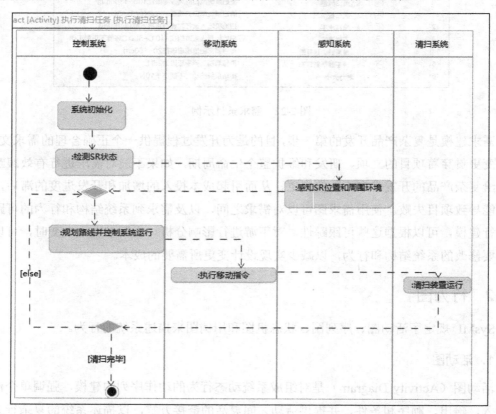

图 2-23 活动图示例

### 2. 序列图

SysML 的序列图(Sequence Diagram)是对 UML 中序列图的扩展。序列图是系统的动态行为视图,体现了随着时间推移发生的行为和事件序列。在软件工程中,序列图由于提供了行为执行顺序、行为的执行结构及结构对行为的触发这三种信息,因此序列图所创建的软件系统行为可以被自动转换为源代码的定义。序列图对行为的过程、调用链和信号传递过程进行精确说明。序列图在系统生命周期的早期非常有用，可以说明所关注的系统与其所在环境的执行者之间可能发生的交互。它在系统架构期间也很重要。例如，在明确系统功能后，为具体一个功能的实现过程中参与者（组件）的交互进行说明。

在序列图中，生命线（Lifeline）代表交互的参与者，表示交互行为所属系统模块的一个部分属性或参考属性对应的生命周期。参与交互的不同参与者通过各自的生命线交换数据和信息。交互（Interaction）是通过操作调用和信号传递而产生的行为，在序列图中被表示为存在于生命线之间体现不同类型事件的发生规范的有序序列。例如，消息的发送和接收、对象的创建和销毁，以及动作或行为执行的开始和结束。

交互的执行发生在其所属块所定义的上下文中，每条生命线表示本次执行所对应的系统模块实例拥有的一个参与者的实例。当实例执行其行为并发送和接收与操作和信号相关的请求时，不同类型的事件就会发生。当交互执行时，会观察事件实际的发生顺序并将它们与交互中定义的发生顺序进行比较。在特定场景中，事件发生的顺序被称为"轨迹"（trace）。每个交互可以定义一组有效轨迹和一组无效轨迹。有效轨迹指"发生说明"与交互中所定义顺序一致的情况，反之则是"无效轨迹"。

不同类型的发生说明描述了交互中可发生的不同类型的事件，包括：

- 消息的发送和接收。
- 动作或行为执行的开始和结束。
- 实例的创建和销毁。

序列图上的大多数事件发生都与生命线之间的消息交换有关。消息（Message）是生命线之间的通信，其标识符是带有箭头的连线，并对箭头尾部的发送消息生命线和箭头方向的接收消息生命线进行连接。箭头的不同形状显示了消息的不同类型。消息的发送方是在生命线上执行的行为或更具体的调用动作，如发送信号或调用操作动作。生命线对消息的接收可以触发行为的执行，但消息也可能被当前正在执行的行为接收。在消息发送与消息接收处理之间可能存在延迟。消息还可以从一条生命线发出并返回到自身，表示被相同实例发送和接收的消息。图 2-24 所示为序列图示例。

### 3. 状态机图

状态机图（State Machine Diagram）与活动图和序列图一样，都是一种行为图，用于描述系统的动态视图。与这两种图不同的是，状态机图关注系统中模块由事件所驱动的状态改变。SysML 状态机图的描述对象通常为实体，常用 Block 来表达实体，它可以是系统结构层级中的任何级别的模块，如系统本身、子系统或单独的组件。因此，它可以在系统生命周期的任何时间点创建。状态机图由于其精确清晰的行为说明，很适合对设计的最终结果进行描述，作为后续开发过程的输入。

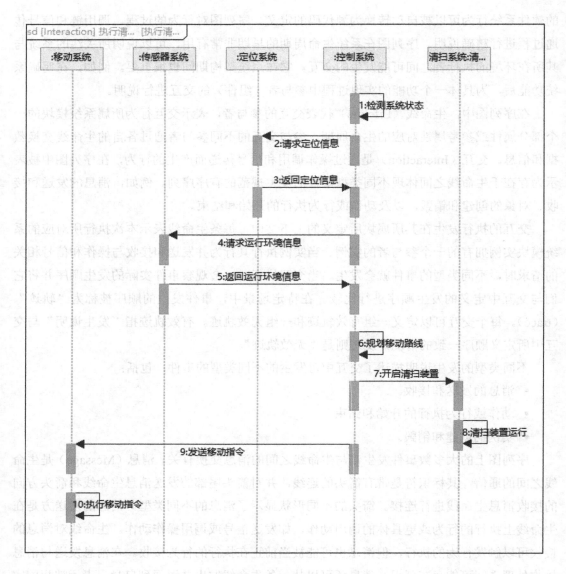

图 2-24 序列图示例

状态机图描述系统的状态转移和为响应事件而执行的动作。状态机由模块所拥有，状态机定义模块在不同状态之间转移时行为的变化。状态机的行为在它的区域中规定，一个状态机可以包含一个或多个区域，在每个区域中定义状态（和伪状态）和这些状态之间的转移，具有多个区域的状态机可以描述模块的并发行为。每个状态都具有进入（entry）和退出（exit）行为，分别在进入和退出该状态时执行；还可以为状态定义执行（do）行为，它在完成 entry 行为后执行。状态机用转移来规定状态变化何时发生，转移包括引起转移的激励事件、判断转移是否发生的约束条件和转移发生时的执行行为。

图 2-25 展示了扫地机器人在清扫地面时工作模式间的切换，以及不同工作状态嵌入的

系统行为。在执行清扫路线时，电量不足就会自动返回充电桩，进入"返回充电"状态。当已返回充电桩时，转换为"充电中"状态，在这种状态下扫地机器人开始充电。充电完成后，继续执行未完成的清扫路线，直至清扫完毕进入待机状态。

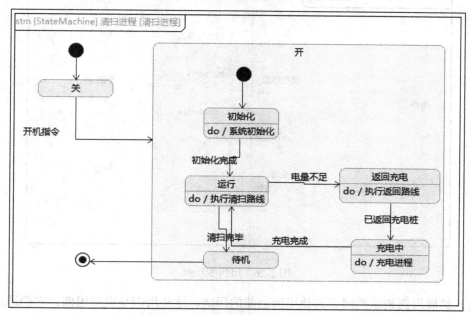

图 2-25　状态机图示例

### 4. 用例图

用例图（Use Case Diagram）是指由参与者（Actor）、用例（Use Case）、系统边界（System Boundary）及它们之间的关系构成的用于描述系统功能的视图。用例图是外部用户（参与者）所能观察到的系统功能的模型图。用例图是系统的蓝图。用例图呈现了一些参与者、一些用例，以及它们之间的关系，主要用于对系统、子系统的特定需求场景进行建模，以分析实现需求所需要的系统功能行为。

（1）用例代表了参与者在系统中可以执行的功能，在用例图上被绘制成椭圆，并在椭圆里标有用例的名称。

（2）参与者代表了使用系统中功能的外部角色，它可以是用户、其他系统或其他环境实体，在用例图上被绘制成"小人"，并在"小人"的图标下有参与者的名称。

（3）参与者与用户的关联表示参与者使用用例提供的系统功能，它在用例图中被绘制成一条实线，可以通过在实线的两端标注数字，以指定执行者或用例的多重性。

（4）内含用例表示被其他用例包含的功能，这些用例不必完整，必须和内含用例同时使用。如果它们被执行，内含用例也必须被执行，它们通过内含关系连接到内含用例，其中内含关系在用例图上被绘制成一条带开放箭头的虚线，箭头指向内含用例，并在虚线的上方标注有«Include»元类型。图 2-26 所示为用例图示例，其中"清扫地面"内含了"拖地"、"吸尘"和"杀菌"。

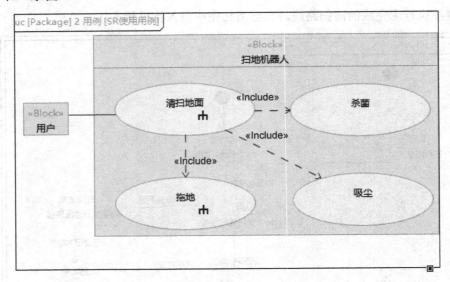

图 2-26　用例图示例

（5）扩展用例表示扩展了其他用例功能的用例，这些用例是完整用例，它们通过扩展关系连接到其他用例，其中扩展关系在用例图上被绘制成一条带开放箭头的实线指向被扩展的用例，并在实线的上方标注有«extend»元类型。

（6）用例的层次。用例可分层结构化，即顶层用例可以再次分解为底层用例。系统需要由多少个用例来描述，并没有一个放之四海而皆准的规律。一般而言，对于一个大系统，在顶级层次通常需要 10～15 个系统用例定义；在底层至少需要 5 个用例描述一个底层系统。这样的用例分配既能减少用例过度抽象造成的信息损失，又能避免用例过于具体导致图形纷繁杂乱，不利于系统设计人员的交流和阅读理解。

为保证所有的功能性需求和相关的性能需求被这些用例覆盖，在需求建模时需要将每个需求和相关的用例分别对应，建立可追溯的关联关系。一旦系统级的用例被定义，并保证了功能性需求和性能需求能完整地覆盖到系统用例上，就需要根据系统架构定义，对重要性进行分类排序，以确定系统结构和行为建模的顺序。

### 2.3.3　结构图

系统的结构用模块定义图（Block Definition Diagram）、内部模块图（Internal Block Diagram）和包图（Package Diagram）表示。模块定义图描述系统的层次结构和系统或组件的分类，在该图上可以展示各种模型元素和关系，包括模块、参与者、值类型、约束模块、流定义和接口；内部模块图描述系统的内部结构，在该图上用连接线和端口连接模块的组成部分；包图用于表示系统的组织结构，展示了系统中的包（Packages）、包之间的关系及包中的元素，帮助系统工程师理解和管理系统的模块化结构。

### 1. 模块定义图

模块定义图用于定义块和块之间的构成关系。它同样可以用来细化块的实例，包括它们的配置和值类型。块的结构属性主要包括部件、引用和值。部件属性用来描述块的组成层次，值属性用来描述块的可量化的物理性能（如质量、速度）。值属性由表示值的可行域的值类型、量化种类和单元等来定义。值属性可以通过参数约束关联起来。块的行为属性包括操作和接收，它描述了块对外部刺激做出反应所触发的行为。

除了组合层次，块也可以根据其相似性和差异性组织分类层次。在分类层次中，块可以特殊化某个通用的模块，继承该通用模块的特征并添加某些新的特征。实例细化可以用来确认块的具体配置，如值属性的值。

在 SysML 中，模块（Block）是结构的基本单元，可以用它表示硬件、软件、设备、人员或任何其他的系统元素。模块由它的特性来定义，模块特性可以细分为结构特性和行为特性。属性是模块主要的结构特性，包括值属性、约束属性、引用属性、组成属性和端口属性。

（1）值属性。

值属性命名规则为<value name>:<type>[<multiplicity>]=<default value>。值属性的类型（Type）是在 SysML 图中某处定义的值类型（值类型也是一种 SysML 元素，用户可以灵活定义值类型）。

（2）约束属性。

SysML 规定的命名规则为<constraint name>:<type>。约束名称为用户自定义，约束类型是用户在 SysML 图的某库中定义的约束模块的名称。一般情况下，约束模块用于定义一种数学关系约束，约束属性是对约束模块的引用。

（3）引用属性。

SysML 规定的命名规则为<reference name>:<type> [<multipicity>]。type 是用户在 SysML 的某库中定义的模块或执行者，大部分情况下是模块，类似于 UML 中类与类间的引用。SysML 中引用表示的是一种"需要"语义，引用属性标示了引用模块与被引用模块之间存在关联，可能是为了数据交换、事件传递等。

（4）组成属性。

SysML 规定的命名规则为<partname>:<type>[<multiplicity>]。type 是用户在 SysML 的某库中定义的模块名称。multiplicity 表示了实例的数量。组成属性表示的是一种"所属"关系，模块是由组成属性所映射的模块组成的。这种"所属"关系所表述的意义不仅仅局限于物理层面的"所属",如发动机是汽车的组成部分。同样可以表述逻辑的所属,如逻辑上的软件元素间的所属关系。另外,所属还有一层含义,SysML 明确声明,组成属性一次只能属于一个复杂结构,但可以移除。

(5)端口属性。

端口表示了一种结构对外提供的交互点,外部可以通过该交互点与模块进行交互数据或事件等。端口与软件的接口概念不同,其含义更加广泛。端口可以代表任意类型的交互点,如物理层面的连接点、软件层面的消息队列、公司间的交互点,如网站、邮箱等。对端口的理解不要局限于软件接口,要从更加抽象的层次去理解和定义。端口是某一结构对外部结构提供的交互点,是结构间进行数据或事件、功能交换点的一种方式和抽象。另外,从端口的本质可以看出,它代表了一种"封装"思想,这是面向对象最常见且最为关键的特性之一。封装有助于隐藏实现的细节,降低系统认知的复杂性及系统间的耦合度。

图 2-27 所示为模块定义图示例,其中包括一些最常用的符号。图中展示了扫地机器人系统的结构。该动车组有清扫系统、移动系统、传感器系统、定位系统、控制系统和电源系统 6 个子系统,并定义了每个子系统与外界的接口。

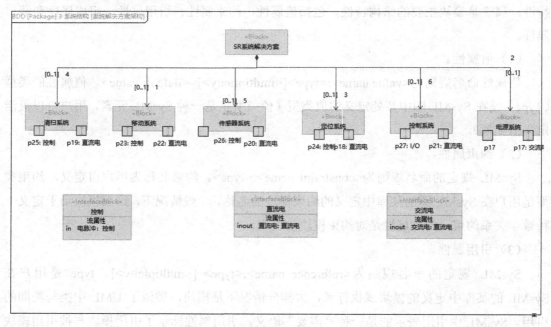

图 2-27　模块定义图示例

## 2. 内部模块图

SysML 的内部模块图是对 UML 的组合结构图进行约束和扩展的产物。内部模块图和模块定义图关系密切,可以显示各种元素来说明系统结构的各个方面。创建内部模块图是为了指定单个模块的内部结构。与模块定义图一样,内部模块图是系统或系统一个组成部分的静态视图。与模块定义图不同的是，内部模块图不会显示模块，它会显示对模块的使用，即在内部模块图头部命名的模块的组成属性和引用属性。

作为对模块定义图的补充，内部模块图可以表示组成属性和引用属性之间的连接，在连接之间流动的事件、能量和数据类型，以及通过连接提供和请求的服务。内部模块图会表达模块的组成部分如何组合创建有效实例，以及模块实例如何与外部实体连接。内部模块图和模块定义图互相补充，提供模块信息。模块定义图定义模块和它的属性，内部模块图显示对模块的合法配置，即模块属性之间特定的一系列连接。如图 2-28 所示，使用内部模块图对扫地机器人子系统的结构关联进行建模。

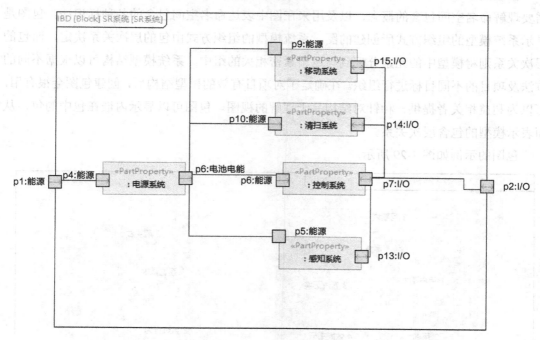

图 2-28　内部模块图示例

### 3. 包图

在 SysML 中，包（Package）是模型组织的基础单元，包和包里面的内容展示在包图上，包图用来组织模型的结构。包是其他模型元素的容器和命名空间，任何模型元素都包含于一个包中，命名空间使这些元素在模型中具有唯一的名字，称为全限定名。经常在建模工具的浏览窗口中表示包，用"包"把 SysML 模型组成层次树结构，很像 Windows 操作系统的目录结构。用包图组织模型有很多种方式，可以依照系统的层级结构（如系统层、组件层）、生命周期阶段（如需求分析、系统设计）、设计团队（如需求团队、集成产品团队）、所包含模型元素的类型（如需求、行为、结构）等组织模型的结构，有效的模型组织结构有助于系统元素的重用和模型元素的访问及导航。

"包"包含的元素可以是块、用例和活动等,"包"本身也可以被高层次的"包"包含。除了存在于包含层次中,每个带有名字的模型元素(称为命名的元素)同样应该是命名空间中的一个元素。命名空间保证了其中的每个元素都是唯一的。SysML 中包含的命名元素之间可能存在某种关系,这种关系可以根据具体需要的语义去细化。"包"是其包含元素的命名空间。如果某个元素在它的命名空间之外使用,那么可以用完整的限定名来清晰地显示它的包含层次关系。导入关系可以使一个包中的元素导入其他包中,那样它们就可以仅仅通过名字进行引用了。

　　在包图中显示了各种类型的元素和关系,以表达系统模型结构。为了正确创建包图,需要理解命名空间包含的概念,以及用来在图中表达命名空间包含的各种标识法。包图是显示系统模型的组织方式所创建的图。系统模型的组织方式由包的层次关系决定,而包的层次关系则将模型中的元素分配到与逻辑紧密相关的组中。系统模型结构可以根据不同的方法及项目的不同目标进行组织。在确定了对项目有效的模型结构后,创建包图会很有用,可以为利益相关者提供一种针对结构易于理解的视图。包图可以显示内嵌在包中的包,从而表示模型的包含层次关系。

　　包图的示例如图 2-29 所示。

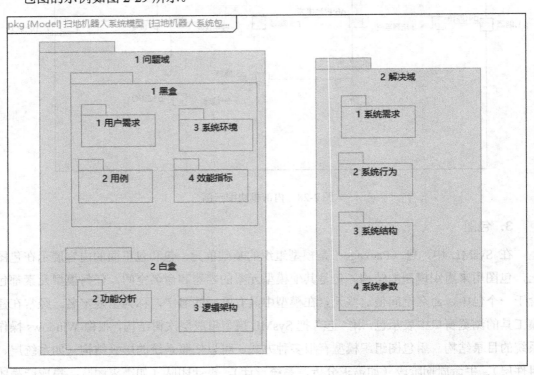

图 2-29　包图的示例

　　图 2-29 展示了系统开发过程中模型元素包的层次关系。在系统级问题域的模型元素被

分别放在黑盒、白盒及其子包中。而对于系统解决方案及其每个子系统的解决方案，如"Control System"（控制系统）的设计，包括了需求、行为、结构、参数的设计和设定，因此相关建模元素分别被封装到需求、行为、结构和参数四个子包中。

### 2.3.4 参数图

参数图是一种特殊的内部模块图，主要用于描述对于系统的约束。这些约束以数学表达式的方法被封装在约束模块（Constraint Block）中，这些约束所涉及的变量通过约束模块的约束参数（Constraint Parameter）来描述。通过对约束模块进行实例化，可以将这些参数与系统中模块的值属性（Value Property）进行绑定（Binding），从而对模块进行约束。

由约束模块定义的数学模型可以表达诸多工程含义，从而应用于多种不同的工程分析场景。例如，它可以表示牛顿定律，从而对系统的物理属性进行约束，进而支持系统的动力学仿真；它可以表示性能需求的各项指标，从而对系统的性能进行约束等。由于这一灵活性，参数图可以被应用于多种需要对系统进行精确描述的场景，并在系统生命周期的任何阶段进行创建。

约束（Constraint）是 SysML 中的一个通用概念，它包含一个由任意语言所编写的表达式，可以被应用于约束各种模型元素。SysML 标准中并没有指定约束表达式的编写语言，典型的约束语言如对象约束语言（Object Constraint Language，OCL）、数学标记语言（Mathematical Markup Language，MathML）及编程语言 Java、C 等都可以用于编写约束表达式。在使用约束对系统进行精确描述之前，首先需要对约束进行定义。SysML 中采用约束对数学表达式进行描述。为了支持约束的重用，使用约束模块对约束进行封装。约束模块具有参数，表示约束中所涉及的各变量。

使用参数图定义约束关系，首先需要在模块定义图中定义约束块及被约束的相关参数。参数图示例如图 2-30 所示。

该参数图定义了扫地机器人系统总质量的计算公式，以及公式中各参数与各子系统参数的绑定关系，通过运行参数图可以求解系统总质量并通过约束模块验证总质量是否满足约束。参数图说明了一系列约束（一般是等式和不等式），它们决定了主要执行操作的系统中可用的值。参数图是 SysML 的 9 种视图中唯一一种可以表达系统设计参数这方面内容的图。并非所有建模团队都需要创建系统的数学模型，从而达到在项目计划中定义模型的目的。对于有关需求的模型，参数图是一种重要的媒介，它可以用于与利益相关者沟通这类信息。

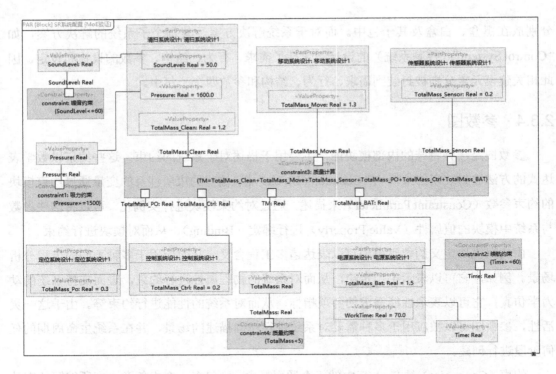

图 2-30　参数图示例

# 参考文献

[1] PAHL G, BEITZ W. Engineering Design. Second Edition(third printing)[M]. London: Springer, 2001.

[2] NAM P S. The Principle of Design[M]. New York: Oxford University Press, 1990.

[3] SUH N P. Axiomatic Design Advances and Applications[M]. New York Oxford: Oxford University Press, 2000.

[4] 肖人彬, 蔡池兰, 刘勇. 公理设计的研究现状与问题分析[J]. 机械工程学报, 2008, 44(12): 1-11.

[5] KULAK O, CEBI S, KAHRAMAN C. Applications of axiomatic design principles: A literature review[J]. Expert Systems with Applications, 2010, 37(9): 6705-6717.

[6] HONG E P, PARK G J. Collaborative design process of large-scale engineering systems using the axiomatic design approach[J]. Proceedings of the Institution of Mechanical Engineers, Part C: Journal of Mechanical Engineering Science, 2011, 225(9): 2174-2188.

[7] HEHENBERGER P, POLTSCHAK F, ZEMAN K, et al. Hierarchical design models in the mechatronic product development process of synchronous machines[J]. Mechatronics, 2010,

20(8): 864-875.

[8] AKAO K. Quality Function Deployment[M]. Cambridge: Productivity Process, 1990.

[9] 姜启英. 应用 QFD 技术提升产品开发质量[J]. 客车技术与研究，2009, 4: 54-55, 61.

[10] 俞明南. 质量管理[M]. 大连：大连理工大学出版社，2005.

[11] 熊伟. 质量机能展开[M]. 北京：化学工业出版社，2005.

[12] 安相华，刘振宇，谭建荣，等. QFD 中质量特性实现水平的多目标协同确定方法[J]. 计算机集成制造系统，2010, 16(6): 1292-1299.

[13] SOUCHKOV V.TRIZ: A Systematic Approach to Conceptual Design in Universal Design Theory[M]. Aachen: Shaker Verlag, 1998.

[14] 丁俊武，韩玉启，郑称德.创新问题解决理论——TRIZ 研究综述[J]. 科学学与科学技术管理，2004(11): 53-60.

[15] RANTANEN K, CONLEY D W, DOMB E R. Simplified TRIZ: New Problem Solving Applications for Technical and Business Professionals, 3rd Edition[M]. UK: Taylor and Francis, 2017.

[16] 牛占文，徐燕申，林岳，等. 发明创造的科学方法论——TRIZ[J]. 中国机械工程，1999(01): 92-97+7.

[17] WALDEN D D, ROEDLER G J, FORSBERG K. INCOSE systems engineering handbook version 4: updating the reference for practitioners[C]//INCOSE International Symposium. 2015, 25(1): 678-686.

[18] ESTEFAN J A. Survey of model-based systems engineering (MBSE) methodologies[J]. Incose MBSE Focus Group, 2007, 25(8): 1-12.

[19] FRIEDENTHAL S, MEILICH A, LYKINS H. Adapting UML for an Object Oriented Systems Engineering Method (OOSEM)[C]//Proc. Tenth International Symposium, INCOSE. 2000.

[20] BHARATHAN K, POE G L, BAHILL A T. Object oriented systems engineering[C]//Proceedings of the 1995 International Symposium and Workshop on Systems Engineering of Computer-Based Systems. IEEE, 1995: 69-76.

[21] FRIEDENTHAL S, MOORE A, STEINER R. A practical guide to SysML: the systems modeling language[M]. Waltham: Morgan Kaufmann, 2014.

[22] DORI D. Object-process methodology[J]. Encyclopedia of Knowledge Management, Second Edition. IGI Global, 2011: 1208-1220.

[23] HALLE M, VERGNAUD J R. Harmony processes[C]//Crossing the boundaries in linguistics: Studies presented to Manfred Bierwisch. Springer Netherlands, 1981: 1-22.

[24] HOFFMANN H P. Harmony-SE/SysML Deskbook: Model-Based Systems Engineering with Rhapsody, Rev. 1.51, Telelogic/I-Logix white paper[J]. Telelogic AB, May, 2006.

[25] Object Management Group(OMG). OMG Systems Modeling Language (OMG SysML™)-V1. 2[R]. 2010.

[26] DELLIGATTI L. SysML Distilled: A Brief Guide to the Systems Modeling Language[M]. The UK: Addison-Wesley, 2013.

# 第 3 章

# 系统仿真验证

系统仿真验证是众多领域的重要手段之一，通过对系统的仿真模拟可以快速、低成本地评估系统的性能和可行性，为后续的设计和开发工作提供指导和支持。系统仿真不仅可以应用于传统的机械、电子、控制等领域，也逐渐渗透到了人工智能、物联网等新兴技术的研发中。在本章中，我们将对系统仿真进行全面的介绍和梳理，包括系统仿真的概念、分类、应用等方面的内容。同时，我们还将展开介绍联合仿真建模方法，以及基于 Modelica 语言的多领域统一建模方法，帮助读者深入理解系统仿真在实际应用中的重要性和实用方法。

## 3.1　系统仿真验证概述

### 3.1.1　系统仿真

#### 1．系统仿真的概念

仿真是指通过计算机程序模拟真实世界或虚拟世界的过程和事件，以便实现预测、测试、培训或可视化等目的。简单来说，仿真是将实际系统的行为、过程和特性转化为计算机程序和数学模型，以便对系统进行分析和优化。

与仿真相似的概念是模拟。尽管在某些情况下，两者可能被视为相同的概念，但在技术上，它们存在一些区别。具体来说，模拟通常指通过一系列假设和公式来预测系统的行为和性能，而仿真则更加依赖于计算机程序和数学模型。

仿真可以应用于多个领域，如航空、航天、汽车工程、电力系统、城市规划、医疗保健、金融等。在这些领域中，仿真可以帮助工程师、研究人员和决策者更好地理解和优化复杂系统的行为和性能。

目前，对于系统仿真的定义尚未达成一致，不同的专家和学者提出了不同的定义，以下是其中三个代表性的定义[1]。

定义 1：系统仿真是一种通过模型实验揭示系统运动规律的方法，利用模型对实际系统进行试验研究。原型是指现实世界中某一待研究的对象，模型是指与原型的某一特征相似的另一客观对象，是对所要研究的系统在某些特定方面的抽象。通过模型来对原型系统进行研究，将具有更深刻、更集中的特点。

定义 2：系统仿真是一种以系统数学模型为基础，利用计算机作为工具，对实际系统进行试验研究的方法。需要特别指出的是，系统仿真是用模型（物理模型或数学模型）代替实际系统进行试验研究的，使仿真更具有实际意义。

定义 3：系统仿真是一门综合性的试验性学科，建立在控制理论、相似理论、信息处理技术和计算技术等理论基础之上。它利用系统模型对真实或假想的系统进行试验，并结合专家经验知识、统计数据和信息资料进行分析研究，以做出决策。

总体来说，系统仿真是利用模型对实际系统进行试验研究的过程，用于研究一个已经存在的或正在设计中的系统。模型是对系统的抽象，可代替实际系统进行试验和分析。系统仿真利用多种理论基础和技术工具，如控制理论、相似理论、信息处理技术和计算技术等，来更深入地了解系统的运动规律，并结合专家经验知识、统计数据和信息资料进行分析研究，以做出更准确的决策。尽管专家和学者对系统仿真的定义存在差异，但这一方法在现代科技领域中得到了广泛应用，并发挥着越来越重要的作用。

**2．系统仿真的分类**

系统仿真可以按照多个维度进行分类，以下是 4 种常见的分类方法及其特点和适用场景。

（1）离散事件仿真和连续事件仿真。离散事件仿真是一种通过对事件进行离散建模来模拟系统的行为和过程的仿真方法。它通常适用于处理离散的、分散的或非连续的事件，如交通流、物流等。而连续仿真则是一种建立在微分方程或积分方程基础上的仿真方法，适用于处理连续变化的系统，如天气预报、流体力学、控制系统等。离散事件仿真的优点是，它可处理复杂的离散系统和非线性问题；但它不适用于处理连续的系统和物理过程。连续仿真的优点是它可以更精确地描述物理过程和连续系统的行为；但其缺点是，它需要更高的计算能力和更多的存储空间。

（2）仿真目标。仿真目标可以分为两类，一类是对系统的行为进行预测和分析的仿真，另一类是对系统进行优化和决策支持的仿真。前者通常适用于分析系统的稳定性、性能和可靠性等方面，如飞机的飞行控制系统；后者通常适用于分析系统的决策和优化问题，如交通流量优化、供应链优化等。

（3）物理模型和概念模型。物理模型是指建立在物理实体基础上的模型，如汽车、建筑物等。而概念模型则是指建立在概念或抽象思想基础上的模型，如市场经济、投资风险等。物理模型通常需要更多的数据和详细的知识，但结果更加精确和可靠；而概念模型通常更灵活，但结果可能更加主观和不确定。

（4）静态仿真和动态仿真。静态仿真是指对系统的某一时刻或特定状态进行仿真，如对建筑物的结构强度进行分析；而动态仿真是指对系统的时间演化进行仿真，如对机器人的路径规划。静态仿真适用于系统状态比较稳定的情况，但对系统的变化和动态响应不能准确预测；而动态仿真适用于需要对系统的演化进行分析和预测的情况。

系统仿真的分类主要是为了更好地应对不同类型的系统和问题，以达到更高的仿真精度和效率。不同类型的仿真方法各有优点和局限性，在选择时需要综合考虑系统本身的特点、仿真的目的、所需精度和时间等因素。此外，不同类型的仿真方法也可以进行组合使用，如将离散事件仿真和连续仿真结合起来，以处理既有离散事件又有连续变化的系统。

### 3．系统仿真的理论基础

系统仿真是一种应用广泛的技术和方法，其理论基础涵盖了多个领域。以下是几个重要的理论基础和它们与系统仿真的关系[2]。

（1）相似理论。相似理论是指通过对不同尺寸的物体进行相似变换，来模拟真实系统的行为和性质的理论。在系统仿真中，相似理论通常用于将真实系统转化为尺寸缩小的模型，并通过对模型进行仿真来预测真实系统的行为和性质。例如，将真实的飞机转化为飞机模型，并在风洞中对飞机模型进行测试，以预测飞机在空气气流中的行为和性能。相似理论的主要贡献是为系统仿真提供一种有效的建模方法，通过对不同尺寸的系统进行相似变换，可以降低建模和仿真的成本和复杂度。

（2）控制理论。控制理论是指研究如何设计和实现系统控制的理论。在系统仿真中，控制理论通常用于设计控制策略和算法，以优化仿真系统的性能和行为。例如，通过控制系统的输入和输出，来实现对仿真系统的控制和调节。控制理论的主要贡献是为系统仿真提供一种有效的控制方法，可以通过控制策略和算法来优化仿真系统的性能和行为。

（3）系统理论。系统理论是指研究系统结构、行为和性质的理论。在系统仿真中，系统理论通常用于分析和预测系统的行为和性质，如稳定性和性能等。例如，通过对系统的结构和行为进行建模和仿真，来预测系统的稳定性和性能。系统理论的主要贡献是，为系统仿真提供一种分析和预测系统行为和性质的方法，可以通过建模和仿真来预测系统的稳定性和性能。

（4）计算机技术。计算机技术是指应用计算机科学原理和技术来解决问题的一种技术。在系统仿真中，计算机技术通常用于实现系统仿真的建模、仿真和分析。例如，通过编程实现系统仿真的算法和模型，并通过计算机对系统仿真进行建模、仿真和分析。计算机技术的主要贡献是为系统仿真提供一种高效和灵活的实现方法，可以实现复杂系统的建模、仿真和分析。

系统仿真的理论基础包括相似理论、控制理论、系统理论和计算机技术等领域的理论，每个领域的理论都为系统仿真提供了重要的建模、仿真和分析方法。这些理论的应用可以使系统仿真更加准确、高效、可靠，并且可以应用到各种不同的系统和问题中，从而帮助人们更好地理解和优化系统的性能和行为。

**4．系统仿真的必要性**

系统仿真有以下 5 点必要性。

（1）节省时间和成本：系统仿真可以在实际系统建造之前进行测试和分析，帮助人们预测系统的性能和行为，从而减少实际建造和测试的时间及成本。

（2）增强系统的可靠性和安全性：系统仿真可以对系统的设计和运行进行评估和优化，从而增强系统的可靠性和安全性，并降低系统故障的发生率。

（3）帮助系统设计和优化：系统仿真可以帮助人们理解系统的结构和功能，评估不同设计方案的性能和可行性，从而指导系统的设计和优化。

（4）深入研究系统的行为和性能：系统仿真可以提供详细的系统行为和性能数据，帮助人们深入了解系统的行为和性能，从而指导后续的研究和优化。

（5）推动科学和技术的发展：系统仿真可以帮助人们模拟和理解各种复杂的自然和人造系统，促进科学和技术的发展。

因此，系统仿真不仅可以为系统设计和运行提供关键的支持和指导，还可以帮助人们研究和理解各种复杂的现象和过程，提高科学研究和技术创新的效率和质量。此外，系统仿真还可以增加系统工程师和研究人员的技能和经验，为他们提供更好的培训和教育。

## 3.1.2　系统仿真的过程与特点

**1．系统仿真的过程**

系统仿真是以系统的数学模型为基础，采用数学模型代替实际的系统，以计算机为主要工具，对系统进行试验研究的一种方法。实现系统仿真需要进行多个步骤，其中计算机扮演着至关重要的角色。通常，采用计算机来实现系统仿真的过程主要有以下 6 个方面。

（1）系统定义：根据仿真目的和相关要求，确定所仿真系统的边界和约束条件等。

（2）数学建模：根据系统试验知识、仿真目的和试验数据确定系统数学模型的框架、结构和参数。模型的繁简程度应与仿真目的相匹配，确保模型的有效性和仿真的经济性。系统的输入、输出之间的数学表达式被称为系统的传递函数或状态空间表达式。描述系统各变量间的动态关系采用动态模型，而采用静态模型来描述系统各变量的静态关系。最常用的基本数学模型是微分方程和差分方程。

根据系统的实际结构和系统各变量之间的物理、化学基本定律，如牛顿运动定律、克希霍夫定律、动力学定律、焦耳-楞次定律等，来建立系统的数学模型，这就是用解析法来建立数学模型。对于大多数复杂的系统，需要通过实验的方法，利用系统辨识技术，考虑计算所要求的精度，略去一些次要因素，使模型既能准确地反映系统的动态本质，又能简化分析计算的工作，这就是用试验法来建立数学模型。系统的数学模型是系统仿真的主要依据。

　　（3）仿真建模：根据数学模型的形式、计算机的类型及仿真目的，将数学模型变成适合于计算机处理的形式，即仿真模型。建立仿真试验框架，并进行模型变换正确性验证。原始系统的数学模型，如微分方程和差分方程等，不能直接用来进行仿真。应该将其转换为能够在计算机中进行仿真的模型。对于连续系统而言，可以将微分方程进行拉普拉斯变换，求得系统的传递函数，在此基础上将其等效转换为状态空间模型，或者将其图形化为动态结构图模型。对于离散系统而言，将差分方程经拉普拉斯变换转换为计算机可以处理的模型即可。

　　（4）模型输入：将仿真模型输入计算机，设定试验条件并进行记录。

　　（5）模型试验：根据仿真目的在模型上进行试验，即仿真。

　　（6）结果分析：根据试验要求对结果进行分析、整理及文档化。根据分析的结果修正数学模型、仿真模型、仿真程序，以进行新的仿真试验。

　　**2．系统仿真的特点**

　　总的来说，系统仿真有以下 3 个特点。

　　（1）研究方法简单、方便、灵活、多样。

　　系统的仿真研究通常在仿真器上进行。不论是采用模拟仿真器，还是数字仿真工具，与实际物理系统相比，仿真研究都要简单得多。仿真研究可以在实验室进行，因此非常方便。在仿真器上，可以按需调整参数，体现了仿真研究的灵活性。由于仿真器代表了物理系统的动力学特性，可以模拟各种物理系统，体现了所研究物理系统的多样性。

　　（2）试验成本低。

　　由于仿真往往在计算机上模拟现实系统过程，并且可以重复进行，所以经济性十分突出。据美国对"爱国者"等三个型号导弹的定型试验统计，采用仿真试验可节省数亿美元。同时，采用模拟装置培训工作人员也可以带来经济效益和社会效益。此外，从环境保护的角度考虑，仿真技术也极具价值。例如，现代核试验多数在计算机上进行仿真，虽然是出于计算机技术的发展使其得以在计算机上模拟的，但政治因素和环境因素才是进行仿真试验的主要原因。通过仿真研究还可以预测系统的特性，以及外界干扰的影响，从而可以对制定方案和决策提供定量依据。

（3）试验结果充分。

通过仿真研究可以得到关于系统设计的大量、充分的结论和数据。这个特点也是借助于前面两个特点得到的。

当然，系统的仿真研究也有其不足之处，即必须绝对依赖于系统的数学模型。如果数学模型的描述不够准确或不够完全，系统的仿真结果就会出现误差或错误。在系统设计中，一般通过两种方法克服这个问题：一是谨慎地构造数学模型，即使不够准确的数学模型也比不够全面的数学模型要好；二是在系统设计的最后阶段，即系统调试阶段，确定仿真结果的正确性。

### 3.1.3 系统仿真的发展与应用

系统仿真的发展是与控制工程、系统工程及计算机技术的发展密切联系的。系统仿真最初的发展可以追溯到 20 世纪 50 年代。当时，系统仿真主要应用于航空航天和国防领域，如美国国家航空航天局（NASA）的 Mercury 计划和国防部的 SIMNET 计划、1958 年第一台混合计算机的系统用于洲际导弹的仿真等。在这些项目中，系统仿真主要用于训练宇航员和军事人员，以及测试新型航空航天器和武器系统[3]。

随着计算机技术和数学方法的发展，系统仿真技术在 20 世纪 80 年代迅速发展。计算机技术的快速发展推动了系统仿真的发展，高速计算机的出现使计算机仿真可以实现更精细的模拟，系统仿真在航空、航天、能源、电子、机械制造等领域的应用也得到了迅速发展。此外，计算机图形学、多媒体技术等方面的快速发展也为系统仿真的发展提供了有力的支持。

从 20 世纪 90 年代开始，系统仿真进入了一个快速发展的时期。在系统仿真的应用领域中，如航空、航天、汽车、交通、冶金、电力、电子、石化、化工、农业、医疗等行业成为系统仿真的重要应用领域，系统仿真在这些行业中的应用也逐渐从单个领域向多个领域拓展。随着计算机网络的普及，网络系统仿真也得到了广泛应用。在网络系统仿真的支持下，人们可以通过网络远程操作仿真系统，进行分布式仿真和协同仿真。

近年来，虚拟现实技术、增强现实技术等新技术的出现，进一步推动了系统仿真的发展。虚拟现实技术是一种将计算机图形技术、传感技术、计算机网络技术等集成起来的技术，它能够模拟出人类真实世界中的各种情境，从而让人们能够通过虚拟现实技术来获取真实的体验。增强现实技术则是在现实世界中增加虚拟现实元素的技术，通过增强现实技术可以将虚拟信息和现实信息进行融合，让人们在真实的环境中获得更加丰富的体验。

总的来说，系统仿真是一种应用广泛、发展迅速的技术，它在现代工业、科技研究、教育等领域都有着广泛的应用。随着计算机技术、数学方法等技术的不断发展，系统仿真也在不断地发展和进步，未来将会有更加先进的系统仿真和应用领域的拓展。

## 3.2　联合仿真建模验证

### 3.2.1　系统仿真建模概述

从仿真角度来讲，完整的系统仿真建模包括数学建模和仿真建模两大部分。仿真建模就是将非形式化模型或数学模型变换成仿真计算机系统（仿真计算机及仿真支持软件）能够识别和运行的模型。由于仿真建模是模型变换的过程，所以又叫作二次建模。

仿真模型以算法、程序和仿真装置的形式出现。根据所使用的仿真计算机类型（模拟机、数字机和混合机）不同，所建立的仿真模型也各不相同。

系统仿真就是建立系统模型，并利用该模型运行，进行科学试验研究的全过程。按照所采用的模型形式不同（数学模型、实物模型、混合模型），系统仿真被分为数学仿真、实物仿真和半实物仿真。基于纯数学模型的系统仿真称为数学仿真；以实物试件或仿真装置（物理效应器）为基础的系统仿真称为实物仿真；既有数学模型又有仿真装置的系统仿真称为半实物仿真。由于数学仿真所使用的工具主要是仿真计算机系统，也就是说，数学仿真是完全在仿真计算机系统上实现的，所以数学仿真通常又称为计算机仿真。如图 3-1 所示，该图描述了系统、建模、模型、仿真试验的相互关系。

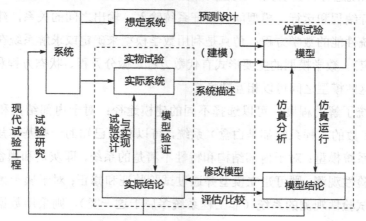

图 3-1　系统、建模、模型、仿真试验的相互关系

随着模型研究及其相关理论与技术的发展，时至今日，系统建模与仿真已经形成了较为完整的体系结构，包括理论体系、技术体系、方法体系和应用范畴等。

理论体系是指支撑系统建模与仿真的坚实理论基础。除建模与仿真对象的专业理论外，模型论、相似理论、系统论、辨识理论、计算机系统理论、定性理论、灰色系统理论、复杂适应系统（CAS）理论、元胞自动机和支持向量机理论及自组织理论已构成系统建模与仿真的主干理论基础。

技术体系是指支撑系统建模与仿真的技术群。在这些技术群中主要包括系统技术、组件化技术、计算机硬件技术、计算与算法技术、网络技术、数据库技术、信息系统技术、软件工作技术、人工智能技术、面向对象技术、图形图像技术、虚拟现实技术、模型简化与修改技术、综合集成技术、多分辨率技术及 VV&A（Validation Verification and Accreditation）技术等。

方法体系是指系统建模与仿真采用的方法学，包括支持自身发展的方法和用于对象建模与仿真的方法。就系统建模而言，其方法体系已十分宽广，传统的建模方法包括机理分析法、试验法、直接相似法、概率统计法、回归分析法、蒙特卡洛法等；复杂系统建模的新方法包括混合建模法、基于神经网络建模法、基于分形理论建模法、基于面向对象技术建模法、基于定性推理建模法等。

本节后续内容将对不同应用场景下的系统仿真建模方法及使用的建模仿真软件分别进行简要介绍。

## 3.2.2 控制系统仿真建模与求解

### 1. 控制系统模型的建立

控制系统的数学模型是分析和研究系统的基础，系统的分析和研究都需要借助数学模型。要对控制系统进行仿真研究，首先必须建立其数学模型，并以合适的形式输入计算机，然后才可以进行编程和运行。模型能够表征系统输入、输出之间的关系，建模就是要得到一组能描述系统性能的数学方程；仿真是利用数学模型来确定或求解系统在不同输入情况下的输出（响应）。数学模型的主要形式有代数方程、微分方程、状态方程和系统函数（传递函数）等，这些模型之间可以相互转换。

根据对系统了解的程度，可以选择不同的建模途径：对于内部结构和特性清楚的系统，即白盒（多数的工程系统都是白盒）系统，可以利用已知的一些基本规律，经过分析和演绎推导出系统模型；对于内部结构和特性不清楚的系统，即灰盒和黑盒系统，如果允许直接进行试验性观测，则可建立模型并通过试验验证和修正；对于属于黑盒系统但又不允许直接进行试验性观测的系统（非工程系统多属于这一类），则采用数据收集和统计归纳的方法来建立模型。

常用的数学建模方法主要有机理分析建模法和试验统计建模法两大类。机理分析建模法的建模对象是白盒系统，它依据基本的物理、化学等定律，进行机理分析，确定模型结构、参数。用该方法的前提是对系统的运行机理完全清楚。试验统计建模法就是基于试验数据的建模方法，它的建模对象可以是白盒、灰盒和黑盒系统。具体的方法有统计回归、神经网络、模糊逻辑等。试验统计建模法应用的前提是必须有足够正确的数据，所建的模型也只能保证在这个范围内有效；足够的数据不仅仅指数据量多，而且数据的内容要丰富

（频带要宽），能够充分激励要建模系统的特性。在实际应用中面对复杂的对象，有时会组合采用各种建模方法，如将机理分析建模法和试验统计建模法相结合，用机理分析建模法确定模型结构，用试验统计建模法确定模型参数等。

机理分析建模法是一种常用于解释系统行为和设计控制方案的方法。机理分析建模法将系统行为视为各种机制之间的相互作用，并利用这些机制构建系统的数学模型。在此基础上，可以进行仿真和优化，以优化系统性能。机理分析建模法的原理是将系统视为各种机制之间的相互作用，并将这些机制表达为数学模型。机制可以是物理过程、化学反应、控制策略等，机制之间的相互作用可以通过各种方法进行建模，如微分方程、代数方程、差分方程、状态空间模型等。机理分析建模法的实质是，运用自然科学和社会科学中被证明是正确的理论、原理或定律，对被研究系统的有关要素进行理论分析、演绎归纳，从而构造出该系统的数学模型。机理分析建模法的建模步骤如下。

（1）定义系统和目标，确定需要建模的系统和要达到的目标。这些目标可以是控制性能、能量效率、响应速度等。

（2）找出系统的输入变量和输出变量。

（3）确定机制，识别构成系统行为的机制。机制可以是物理过程、控制策略、化学反应等。

（4）确定模型的参数。参数可以是系统参数、机制参数或控制参数，参数的确定需要考虑试验数据、理论分析和专家知识等。

（5）为每个机制建立数学模型。数学模型可以是微分方程、差分方程、代数方程、状态空间模型等，模型的形式取决于机制的性质和要达到的目标。

（6）消除中间变量，得到初步数学模型，并进行模型标准化。

（7）进行模型验证（必要时需要修改模型）。

**2．控制系统的模型表示**

在系统仿真和建模中，模型表示是指，将系统的行为和特性用数学语言和符号表示出来，以便进行分析和仿真。换句话说，模型表示是将实际系统的信息转化为可用于计算机模拟的数学模型。模型表示是在模型建立的基础上进行的，是将模型建立中确定的系统变量和方程用符号语言表示出来的过程。模型表示是模型建立的结果，是用于计算机仿真和分析的数学模型。

控制系统的模型表示有多种形式，常用的模型有系统的常微分方程模型、系统的传递函数模型、系统的状态空间模型、零极点增益模型及频率响应数据模型等。下面主要介绍系统的常微分方程模型和系统的传递函数模型。

（1）系统的常微分方程模型。

利用机械学、电学、流体力学和热力学等物理规律，可以得到系统的动态方程。动态系统一般用微分方程来表示，微分方程模型是系统的时域模型的基本形式之一。

对于线性定常系统，则可以用常系数线性微分方程来描述。如果输入和输出各项系数均为常数，则它们所描述的系统称为线性时不变系统（Linear Time Invariant，LTI）。MATLAB 工具箱对线性时不变系统的建模分析和设计提供了大量完善的工具函数。微分方程和差分方程仅是描述系统动态特性的基本形式，经过变换可得到系统数学模型的其他形式，如传递函数模型、零极点模型等。

（2）系统的传递函数模型。

系统的传递函数模型是一种常用的数学模型，用于描述连续时间系统的输入、输出关系。它是基于拉普拉斯变换的方法构建的，系统的传递函数模型将系统的输入和输出表示为拉普拉斯变换的形式，即

$$Y(s) = G(s)X(s) \tag{3.1}$$

式中，$X(s)$ 和 $Y(s)$ 是输入和输出的拉普拉斯变换；$G(s)$ 是系统的传递函数。传递函数是一个复数函数，它描述了系统如何将输入转换为输出。传递函数的分子和分母分别表示系统的输出和输入之间的关系，可以写成如下形式：

$$G(s) = \frac{Y(s)}{X(s)} = \frac{b_0 s^n + b_1 s^{n-1} + \cdots + b_n}{a_0 s^m + a_1 s^{m-1} + \cdots + a_m} \tag{3.2}$$

式中，$b_0$，$b_1$，$\cdots$，$b_n$ 和 $a_0$，$a_1$，$\cdots$，$a_m$ 是传递函数的系数；$n$ 和 $m$ 分别是分子和分母的最高次数。

尽管传递函数只能用于线性系统，但它比微分方程提供了更为直观的信息。在 MATLAB 中，用函数 tf（多项式模型）可以建立一个连续系统传递函数模型，其调用格式为 sys = tf(num, den)。式中，num 为传递函数分子系数向量，den 为传递函数分母系数向量。

### 3. 控制系统的仿真分析方法

控制系统的仿真分析包括系统的稳定性分析、系统的时域分析、系统的频域分析及系统的根轨迹分析 4 个方面。

（1）系统的稳定性分析。

稳定性的一般定义：设一线性定常系统原处于某一平衡状态，若它瞬间受到某一扰动作用而偏离了原来的平衡状态，当此扰动撤销后，系统仍能回到原有的平衡状态，则称该系统是稳定的。反之，系统是不稳定的。线性系统的稳定性取决于系统的固有特征（结构、参数），与系统的输入信号无关。

系统的稳定性是指，在遇到外界扰动或内部参数变化的情况下，系统是否能够保持有限的幅值且回到初始稳定状态的能力。如果系统在遇到扰动后不断放大或无法回到初始状态，那么这个系统就是不稳定的，这将会导致系统失效或造成严重后果。因此，系统的稳

定性分析是控制系统设计和开发的重要一环。

系统的稳定性在判别理论上一般有两种方法，其一是根据特征方程各项系数进行分析的间接判别法，如 Routh 表和 Jury 判据等；其二是直接求解特征方程特征根的直接求根法。

在 MATLAB 中，可以方便地求得系统的零点、极点，因此，直接求根法比间接判别法有更多的优势。除了可以求出线性系统的极点，判断系统的稳定性，还可以判断系统是否为最小相位系统。最小相位系统首先是指一个稳定的系统，同时对于连续系统而言，系统的所有零点都位于 s 平面的左半平面，即零点的实部小于零，对于离散系统而言，系统的所有零点都位于 z 平面的单位圆内。

（2）系统的时域分析。

系统的时域分析是对系统的时间响应特性进行分析，其中时间响应是指，系统在受到外部扰动时，输出信号随时间的变化情况。通过时域分析可以研究系统的稳态误差、响应速度、振荡特性、稳定性等问题，其是控制系统设计和分析的重要工具之一。

在时域分析中，常用的指标包括系统的过渡过程、超调量、峰值时间、上升时间和稳态误差等。其中，系统的过渡过程是指，从初始状态到达稳态的过程，这个过程中输出信号会发生一些变化。过渡过程的快慢反映了系统的响应速度，因此可以通过观察过渡过程的时间长度来评估系统的响应速度。超调量是指，系统过渡过程中最高达到的输出信号与稳态输出信号之间的差值。超调量越大，系统的响应速度越快，但是也容易引起系统的振荡。峰值时间是指，系统过渡过程中输出信号达到峰值的时间，反映了系统的反应速度和振荡特性。上升时间是指，从初始状态到达系统稳态所需的时间。稳态误差是指，系统在稳态下输出信号与期望信号之间的差异，稳态误差可以用来衡量系统的控制精度。

对于时域分析，常用的方法如下。

- 拉普拉斯变换法：该方法主要是将时域信号转换成复频域的函数，从而分析系统的响应特性。
- 微分方程法：该方法主要是利用控制系统的微分方程来分析系统的响应特性，需要解决微分方程的初值问题。
- 脉冲响应法：该方法主要是通过分析系统对脉冲输入信号的响应，来刻画系统的时间响应特性。
- 步跃响应法：该方法主要是通过分析系统对步跃输入信号的响应，来刻画系统的时间响应特性。

（3）系统的频域分析。

系统的频域分析是对系统的频率响应特性进行分析，其中频率响应是指系统对不同频率的输入信号所产生的输出响应的大小和相位关系。频域分析是控制系统设计和分析的重要工具之一，可以帮助工程师了解系统的稳定性、控制精度、相位和幅度特性等问题。

在频域分析中，常用的指标包括系统的幅频特性、相频特性、带宽、阻尼比、共振频率等。其中，幅频特性是指系统输出信号幅度与输入信号频率的变化规律。相频特性是指系统输出信号相位与输入信号频率的变化规律。带宽是指系统能够响应的最高频率，是系统频率响应的重要特征之一。阻尼比是指系统振动衰减的速度，阻尼比越大，系统越稳定。共振频率是指系统在响应某些特定频率输入信号时发生共振的频率。

Bode 图是控制系统频域分析中最常用的图形之一，用于表示系统的幅频特性和相频特性，如图 3-2 所示。Bode 图通常由两个图形组成，一个是表示系统增益随着输入信号频率变化的曲线，另一个是表示系统相位随着输入信号频率变化的曲线。在 Bode 图中，横轴是以对数刻度表示的输入信号频率，纵轴是以分贝为单位的增益值和以度为单位的相位值。由于采用对数刻度，Bode 图可以有效地表示大范围的频率变化，因此图像比较直观。通过 Bode 图，可以清楚地看出系统的放大倍数、相位延迟、稳定性等信息。同时，Bode 图也是系统设计和分析的重要工具之一，可以帮助工程师快速确定控制系统的参数和结构。

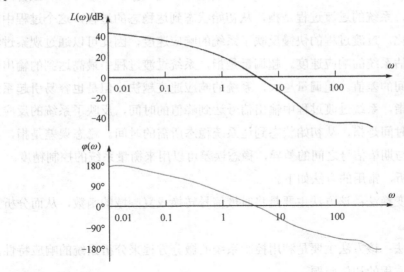

图 3-2　Bode 图

（4）系统的根轨迹分析。

系统的根轨迹分析是控制系统设计和分析中的一种常用方法，主要用于研究系统闭环稳定性问题及设计控制器的参数。它通过将系统传递函数的极点随控制器参数的变化而移动的轨迹进行分析，得到系统的闭环稳定性及控制器参数的合理取值范围。

在根轨迹分析中，首先需要根据系统的开环传递函数，求出系统的极点和零点。然后，将控制器参数作为参数，对系统的极点进行追踪，并将极点的轨迹绘制在复平面上，形成根轨迹图，如图 3-3 所示。根轨迹图可以直观地反映出系统的稳定性和动态特性。具体来说，根轨迹图可以帮助工程师确定系统的稳定性边界和最优控制器参数，以实现系统的稳定性和控制精度要求。此外，根轨迹图还可以用于分析系统的过渡过程、稳态误差及抗扰性等问题。

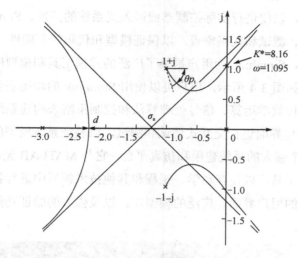

图 3-3　根轨迹图

### 4．MATLAB/Simulink 介绍

MATLAB 是一种流行的高级计算编程语言和交互式环境。它在科学、工程和其他技术领域中被广泛使用，以便进行数据分析、模拟和可视化。MATLAB 的特点之一是它的语法易于学习和使用。此外，MATLAB 提供了强大的图形界面，便于用户进行交互式数据处理和可视化分析。

MATLAB 的主要功能包括数值计算、图形处理、矩阵处理和数据分析。这些功能使得它在系统仿真和建模方面有很大的用途。在系统仿真方面，MATLAB 可以帮助用户构建数学模型，用于描述物理系统的动态行为。用户可以利用 MATLAB 的数值计算功能来求解这些模型，并进行仿真试验，以评估系统的性能和行为。MATLAB 的图形处理功能也非常强大，可以帮助用户可视化系统的仿真结果，以及生成各种图表和图形。

MATLAB 的一个显著特点是其具有高度可扩展性。用户可以使用 MATLAB 的编程接口来编写自己的函数和脚本，以扩展其功能并实现自己的应用程序。此外，MATLAB 还提供了广泛的社区支持和在线资源，以便用户解决各种问题，并学习如何使用 MATLAB 更高效地进行工作。

此外，MATLAB 还提供了各种工具箱，以便用户扩展其功能，并实现各种领域特定的应用程序，如控制系统、图像处理、信号处理等。Simulink 是 MATLAB 的一个重要工具箱，它是一种可视化建模和仿真平台，旨在帮助用户快速构建动态系统模型和进行系统仿真[4]。Simulink 具有直观的用户界面，可以使用户使用块图表示法轻松建模各种系统，如控制系统、信号处理、通信系统、机电系统等。Simulink 的主要功能包括模型建立、仿真、代码生成和验证。通过使用 Simulink，用户可以建立复杂的系统模型，并使用 MATLAB 的数值计算功能进行仿真分析。用户还可以使用 Simulink 的代码生成功能，将模型转换为 C 代码或其他目标平台的代码，以便进行实际控制器或嵌入式系统的开发。Simulink 还支持多种验证技术，如模型检查、测试和代码审查，以保证模型和代码的正确性和稳定性。

在系统仿真方面，Simulink 为用户提供了广泛的建模工具和模型库，以便构建各种动态系统的数学模型。如图 3-4 所示，用户可以使用 Simulink 的块图表示法来描述系统的各组成部分，并使用各种数学运算、信号处理算法和控制策略来构建系统模型。用户还可以使用 Simulink 的图形化界面进行交互式调试和测试，以验证系统模型的正确性和稳定性。总之，Simulink 是一个强大的系统建模和仿真平台，它与 MATLAB 无缝集成，为用户提供了广泛的建模和仿真工具，以便在科学、工程和其他技术领域中进行各种系统建模、仿真和优化任务。其直观的用户界面、广泛的模型库，以及强大的验证功能，使其成为系统仿真和建模的理想选择。

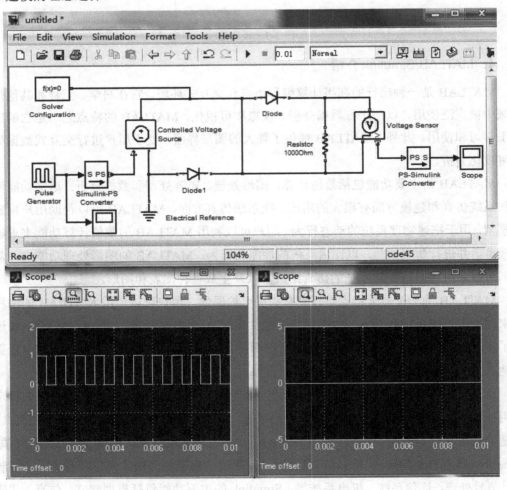

图 3-4　Simulink 系统仿真建模与求解界面

### 3.2.3 结构系统仿真建模与求解

结构系统仿真建模是指使用计算机模拟技术对结构系统进行数值分析和优化设计的过程。在结构系统仿真建模中，有限元方法是一种常用的数值分析方法，被广泛用于对结构系统进行建模和分析。

#### 1. 有限元方法介绍

有限元方法（Finite Element Method，FEM）是解决工程和数学物理问题的数值方法，也称为有限单元法，是伴随着电子计算机技术的进步而发展起来的一种新兴数值分析方法，是力学、应用数学与现代计算技术相结合的产物，是矩阵方法在结构力学和弹性力学等领域中的应用和发展。实际上，有限元方法是一种对问题控制方程进行近似求解的数值分析求解法，在数学上对其适用性、收敛性等都有较严密的推理和证明。有限元方法是一种高效能的常用计算方法[5]。

有限元方法在早期是以变分原理为基础发展起来的，所以它广泛应用于以拉普拉斯方程和泊松方程所描述的各类物理场中（这类物理场与泛函的极值问题有着紧密的联系）。自1969 年以来，某些学者在流体力学中应用加权余数法中的伽辽金法（Galerkin）或最小二乘法等同样获得了有限元方程，因而有限元方法可应用于以任何微分方程所描述的各类物理场中，而不再要求这类物理场与泛函的极值问题有所联系，用给定的泊松方程化为求解泛函的极值问题，由于其通用性和有效性，有限元方法在工程分析中得到了广泛的应用，已成为计算机辅助设计和计算机辅助制造的重要组成部分。20 世纪 60 年代末，有限元方法出现后，由于当时理论尚处于初级阶段，而且计算机的硬件及软件也无法满足其计算需求，因此无法在工程中得到普遍应用。从 20 世纪 70 年代初开始，一些公司开发出了通用的有限元应用程序，它们以其强大的功能、简便的操作方法、可靠的计算结果和较高的效率而逐渐成为结构工程中强有力的分析工具。

有限元方法的基本思想是，将结构物体看成由有限个划分的单元组成的整体，将求解区域离散为一组有限个且按一定方式相互连接在一起的单元组合体，以单元结点的位移或结点力作为基本未知量求解。由于单元能按不同的连接方式进行组合，且单元本身又可以有不同的形状，因此可以模型化几何形状复杂的求解区域。

有限元方法作为数值分析方法的一个重要特点是，利用在每个单元内假设近似函数来分片地表达求解域上的未知场函数。单元内的近似函数通常由未知场函数或导数在单元的各个结点的数值和其差值来表示。这样一来，在利用有限元方法分析问题时，未知场函数或其导数在各个结点的数值就成为新的未知量（自由度），从而使一个连续的无限自由度问题成为离散的有限自由度问题。求解出这些未知量，就可以通过插值计算出各个单元内场函数的近似值，从而得到整个求解域上的近似解。随着单元数目的增加（单元尺寸减小）或随着单元自由度的增加及插值函数精度的提高，解的近似程度不断改进，只要各单元是满足收敛要求的，近似解最后将会收敛于精确解。

**2. 有限元方法软件 ANSYS 和 ABAQUS**

ANSYS 和 ABAQUS 是两种常用的有限元方法软件，它们具有多物理场仿真功能，支持结构、机械、电气、流体、声学、热传导等领域的模拟分析。下面将分别简要介绍这两种软件的特点和适用场景。

ANSYS 是一种基于有限元方法的通用多物理场仿真软件。ANSYS 提供了多种分析功能，包括强度、疲劳、动力学、热力学、流体力学等。它还提供了各种高级后处理工具，如可视化和结果分析，如图 3-5 所示。ANSYS 的应用领域很广泛，可以用于复杂的、大型的工程结构的静态、动态、疲劳、热力学、流体力学等分析。例如，航空、航天、汽车、能源、建筑等领域的工程结构仿真分析。

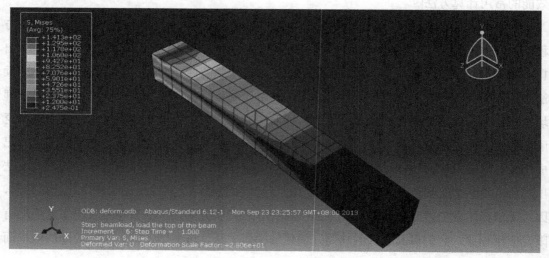

图 3-5　ANSYS 仿真建模与求解界面

ABAQUS 是一套功能强大的工程模拟的有限元软件，其解决问题的范围从相对简单的线性分析到许多复杂的非线性问题。ABAQUS 包括一个丰富的、可模拟任意几何形状的单元库，并拥有各种类型的材料模型库，可以模拟典型工程材料的性能，其中包括金属、橡胶、高分子材料、复合材料、钢筋混凝土、可压缩超弹性泡沫材料，以及土壤和岩石等地质材料，作为通用的模拟工具，ABAQUS 除了能解决大量结构（应力/位移）问题，还可以模拟其他工程领域的许多问题，如热传导、质量扩散、热电耦合分析、声学分析、岩土力学分析（流体渗透/应力耦合分析）及压电介质分析。

### 3. 模型降阶方法

模型降阶方法是一种将高维系统降为低维系统的技术，也被称为减维或降阶技术[6]。该技术通过去除系统中的不必要维度，以保留与系统行为相关的主要动态信息，并减少计算和存储成本。在许多实际应用中，我们经常会面临高维系统的建模问题，其中每个维度都代表系统中的一个变量，这些变量相互作用并导致系统的复杂行为。然而，高维系统具有许多困难和挑战，如计算量大、存储成本高、难以可视化等。因此，为了降低计算和存储的成本，我们可以使用模型降阶方法来减少系统的维度。

模型降阶方法通常包括两个步骤：模型简化和模型重构。在模型简化步骤中，我们使用各种技术（如矩阵分解、主成分分析和小波变换等）来去除系统中不必要的维度，以保留与系统行为相关的主要动态信息。在模型重构步骤中，我们使用简化后的模型来重构系统，并进行预测或控制等任务。

目前的低阶保真模型大致分为三类：简化的低阶保真模型、基于投影的低阶保真模型和基于数据拟合的低阶保真模型。

（1）简化法。

简化法是利用研究对象所在领域的专业知识和对原模型实现细节的深入了解，从原模型中获得简化的模型，简化后的模型和原模型具有相同或近似的输出。例如，在有限元模型中采取粗化的网格，在数学模型中忽略非线性项，在迭代计算中采用较大的剩余容差，都可以获得相对原模型更加简化的模型。

（2）投影法。

投影法是将原模型的高阶控制方程投影到子空间中获得低阶控制方程，从而实现原模型降阶。本征正交分解（Proper Orthogonal Decomposition，POD）就是一种常用的构造子空间的方法，本征正交分解为给定数据提供了正交基，通过解决最优化问题找到最接近给定数据的子空间，在数据压缩和建立降阶模型等领域获得了广泛应用。

（3）数据拟合法。

数据拟合法不再关注原模型的物理和数学机理，只是建立了原模型输入和输出之间的映射关系，利用该映射关系可以不必反复对原模型进行求解计算。目前，数据拟合法通常利用各种智能算法来实现，常用的算法有响应面法、神经网络、机器学习等。

ANSYS 创建降阶模型（ROM）的流程如图 3-6 所示，首先创建有限元仿真模型，分析模型的输入、输出参数，分别仿真计算不同输入下系统的响应作为采样点，选择合适的数据拟合法生成降阶模型。将降阶模型集成到系统仿真模型中，不仅保证了模型计算的准确性，而且还大幅度减少了计算时间，提高了仿真速度。

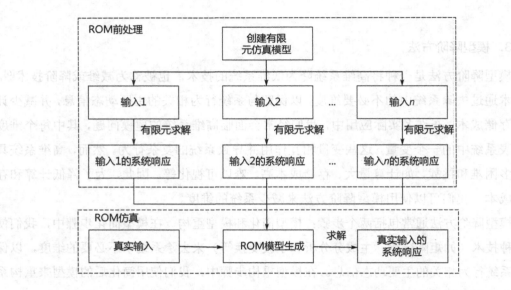

图 3-6 ANSYS 创建降阶模型（ROM）的流程

## 3.3 多领域统一建模验证

### 3.3.1 Modelica 建模方法概述

#### 1. Modelica 语言简述

Modelica 是一种用于系统建模和仿真的开放式、面向对象的建模语言。它允许用户以更加自然的方式描述系统，而不需要考虑底层的数值计算细节。该语言由 Modelica 协会开发并维护，是许多商业和学术仿真工具的标准之一[7]。

Modelica 语言提供了一种形式化的方法来描述多领域系统，包括机械、电气、热力学、流体力学、控制等。Modelica 语言本身是独立于任何特定领域的，它通过定义建模组件和它们之间的连接来描述系统，这些组件可以是简单的数学运算、传感器和执行器等，也可以是复杂的机械和电气元件，还可以是控制系统和信号处理算法等。因此，Modelica 语言可以被用于描述各种复杂系统的动态行为，包括机械系统、电气系统、化工系统、飞行器控制系统、火箭推进系统等。

Modelica 语言的建模方式是基于组件化的，用户可以定义自己的组件，并将这些组件连接起来形成系统模型。组件本身是基于方程式的描述，这些方程式可以是代数方程、微分方程或差分方程，组件之间的连接也是通过方程式来描述的。这种基于方程式的描述方法可以确保模型的物理一致性，并保证在模拟过程中系统的能量、动量和质量守恒等基本物理定律得到满足。

Modelica 语言中的组件分为两种类型：模型和包。模型是系统中的实体，可以代表机械元件、电气元件、控制系统等。包是一组相关的模型组成的库，可以包括数学运算、物理学模型等。用户可以使用现有的包来构建模型，也可以自己编写包来定义自己的组件。

Modelica 语言的一个重要特点是它支持多领域建模，这意味着用户可以在一个模型中同时描述多领域的系统行为。例如，用户可以在一个模型中同时描述机械系统、电气系统和控制系统的行为。这种多领域建模的方法可以更好地反映实际系统的复杂性，并提高系统的仿真效率和准确性。

在 Modelica 语言中，用户可以使用图形化建模工具来构建模型，也可以直接使用文本编辑器来编写 Modelica 代码。图形化建模工具可以帮助用户更快速地构建模型，并提供可视化的界面来帮助用户理解系统的结构和行为。同时，用户也可以通过编写 Modelica 代码来更精确地描述系统的行为，以及实现更高级的建模功能。

在进行系统仿真时，用户可以使用 Modelica 仿真器来执行仿真。Modelica 仿真器会自动解析模型中的方程组，并计算出系统的状态变量随时间的变化。用户可以通过设置仿真器来控制仿真的时间步长、仿真的结束时间等参数。Modelica 仿真器还提供了可视化的工具来展示仿真结果，如曲线图、动画等。

**2．Modelica 语言的优势**

使用 Modelica 语言进行系统建模和仿真具有许多优势，如下。

（1）面向对象的非因果建模。

Modelica 是面向对象的一种工程语言，采用方程来描述物理系统的行为；而传统语言则采用具有固化的输入/输出因果关系的赋值语句来定义行为。因此，Modelica 建模是非因果式建模。该优势可以使 Modelica 学科库中的类型比传统的类型更加具有可重用性。

（2）多学科建模。

物理系统往往涉及多个学科领域，其系统动力学特性是由各个学科领域的子系统的动力学特性耦合作用决定的[8]。基于最小元件的网络式建模方法和基于方程的非因果关系建模，解决了各个学科领域系统动力学的建模问题，也解决了各个学科领域之间的耦合问题，从而使得对涉及多个学科领域的复杂控制系统的建模得以实现。例如，图 3-7 所示的机电一体化控制系统的多学科系统动力学模型，其中包含了对电控子系统、机械子系统的建模及各个子系统之间的耦合建模。

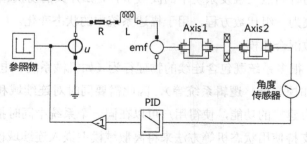

图 3-7　多学科建模示例

（3）可视化建模。

在 Modelica 中，可以对各个模型类型进行可视化的图标定义，各个模型类型之间的连接也可视化为实际的机—机连接、电—电连接、液—液连接等，再辅以层级式建模方式，可以使得所建立的物理系统模型与真实物理系统的结构原理图保持较高的一致性，易于对模型进行检查、升级等操作。假设有一个双质量弹簧系统受到推力的作用，为模拟该物理系统的动力学特性，采用 Modelica 搭建的模型可视化效果很好，但是如果采用 Simulink 的基于信号框的因果建模方式，那么仅从视图上难以判断出该模型描述的是此物理系统。

（4）层级式建模。

在认识一个物理系统并根据其原理对它进行拆解时，需要进行逐级分解，也就是从最高层级别系统先分解至各个高层级别子系统，然后对每个高层级别子系统进一步分解低层级别子系统，根据需要，还可能将低层级别子系统进一步拆解为更低层级别子系统，直至分解为最小元件。在 Modelica 建模时，可以按照自底向上的逐级分解方式，先对系统最小元件进行建模，再逐步将元件组合成较高层级别的子系统模型，最终构建出整个系统的模型。这种层级式建模方式可以使模型具有良好的可读性和可维护性，方便管理和追溯模型构成。此外，采用可视化的层级式建模方式，也可以更加直观地呈现出系统的结构和功能，有助于深入理解系统行为。

（5）基于方程的多领域建模能力。

当使用 Modelica 语言进行建模时，用户可以通过编写 Modelica 代码来描述物理系统的行为。Modelica 语言采用方程的形式来描述系统行为，这些方程可以在类型中进行声明[9]。例如，一个电路模型可以被建模为一组微分方程和代数方程的集合，这些方程可以在 Modelica 代码中进行声明。Modelica 语言中的类型声明可以用来描述系统的不同方面，如组件的物理特性、其输入/输出接口等。

在 Modelica 语言中，可以使用微分代数方程（DAE）来描述连续域的行为。DAE 是一种包含微分方程和代数方程的数学表达式，用于描述系统在时间上的连续变化。例如，一个机械系统可以被建模为一组微分方程和代数方程的集合，描述了系统中各个部件的运动学和动力学特性。同时，Modelica 语言可以通过事件触发器来描述离散域内的行为。事件触发器可以在特定的时间点上触发系统中的离散事件，如开关的切换、控制信号的变化等。这些事件可以被建模为一组代数方程，用于描述系统中的状态变化。

（6）连续和离散混合建模。

在实际工程中，很多系统既包含连续的物理行为（如机械系统、电路系统等），又包含离散的控制行为（如控制器、逻辑系统等），因此需要同时对连续域和离散域进行建模。Modelica 提供了混合建模的功能，使得用户可以在同一个系统中同时描述连续域和离散域的行为。Modelica 支持使用状态机等方法来将离散域模型嵌入连续域模型中。这种混合建模方式可以让用户更加精确地描述系统行为，同时避免了传统方法中连续域和离散域模型之间的接口问题。

## 3.3.2 连续物理系统仿真建模

### 1. 连续物理系统的建模方式与模型要素

当我们使用 Modelica 等物理建模语言进行系统仿真时，通常采用两种不同的建模方式来描述连续物理系统的行为，分别是基于方程的建模方式和基于元件的网络式建模方式。当然，有些情况下，两种建模方式可以混合采用。

基于方程的建模方式是一种直接使用微分方程、代数方程或微分代数方程等方程来描述系统行为的建模方式。这种建模方式需要对系统的物理特性有一定的了解，能够准确地描述系统的行为，并且可以方便地进行数学分析和仿真。在 Modelica 中，可以通过定义类来声明方程，并通过连接变量来构建模型。在赋值语句中，其消息传递方式必须遵守"赋值符号左边总是输出、右边总是输入"的规定，也就是说，这种模型的因果特性是非常明确的，其模型描述和求解是一体的。而在方程中，不用管哪个变量是输入（已知）、哪个变量是输出（未知），此时，基于方程的模型内部是非因果关系，只有在方程系统求解时才能确定固定变量的因果关系。因此，基于方程的陈述式建模方式属于非因果建模，与传统的包括赋值语句的过程式建模方式相比，基于方程的陈述式建模方式具有更强的复用性，更加适合表达复杂系统的物理结构，这种建模方式常用于建模连续域物理系统，如机械系统、电气系统和液压系统等。

基于元件的网络式建模方式是一种将系统分解为不同的元件，并通过连接这些元件来构建系统模型的建模方式。这种建模方式通常更加直观，易于理解，并且可以通过图形化界面进行可视化建模。该建模方式得益于系统仿真语言 Modelica 强大的资源优势。由于 Modelica 支持高层次、图形化的元件建模，已发布了不同学科领域越来越多的最小元件并形成若干元件模型库，如在模型库中可以选出各个学科领域的最小元件，如机械领域的质量惯量、阻尼、刚度等最小元件模型，以及由若干个最小元件构成的复合元件模型，如将一个刚度元件和一个阻尼元件构成一个振动器模型。而元件之间的连接则是通过连接变量来实现的，根据物理系统中这些元件之间的相互作用，将这些元件通过连线进行关联，如图 3-8 所示。最后，设定参数，此时完成了该物理系统的建模任务。由于整个物理系统模型是由各个元件通过若干条连线关联起来的，与网络相似，元件类似于网络单元或结点，连线类似于网络线。因此，该建模方式称为基于元件的网络式建模方式，这种建模方式特别适合于多领域物理系统的建模。

两种建模方式各有优缺点。基于方程的建模方式可以更加精确地描述系统行为，并可以进行数学分析和仿真，但需要对系统的物理特性有一定的了解。而基于元件的网络式建模方式则更加直观易懂，可视化效果更好，但通常需要更多的元件和连接来实现相同的系统行为，并且需要注意元件之间的连接关系，否则可能会出现错误。

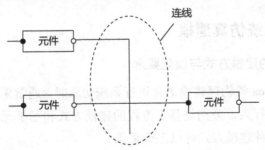

图 3-8　基于元件的网络式建模方式基本思想示意图

一个完整物理系统的 Modelica 模型主要包含元件、端口和连线、参变量、图标、图形化模型的可转换方程。

（1）元件。

元件是指构成系统的基本组成部分，通常代表着系统中的物理实体或逻辑单元。在 Modelica 模型中，元件可以是模型中的一个变量、方程或其他实现的功能模块。例如，电路模型中的电容、电阻、电感等就是电路模型中的元件。

（2）端口和连线。

为了使同类元件之间可以从图形上实现连接，从原理上实现信息传递或耦合，每个元件都定义了与外部的接口，称为端口。端口中包含所属学科领域与该元件相关的物理量。为了对所有端口进行唯一区分，以便识别，在 Modelica 中约定：一个元件中两个相同类型的端口必须采用不同的图标。端口的存在使得元件之间的耦合成为可能，元件之间的连线实际上就是元件的端口之间的连线。通常情况下，端口可以将物理量传递出去，也可以读取从其他元件端口经连线传递过来的物理量。无论是定向的端口，还是无向的端口，端口之间的连线都表示真实的物理连接，如电缆连接、刚性机械连接、传热连接或信号连接等。

（3）参变量。

元件表征的是对象的类型，只有赋予具体的属性值后才成为具体的对象，因此，元件模型通常都有若干个参数和变量属性，在使用过程中可以对各个参数设定数值或修改。在 Modelica 中，模型参变量的数据类型主要有 5 种，如表 3-1 所示。如果为布尔型变量，那么可以赋值为 False 或 True。如果为字符串型变量，那么通过双引号定义其表示的文本。枚举是一组有序的名称的类型，枚举值的文字描述是由枚举类型名称后缀一个点及元素名称构成的。

**表 3-1 参变量的数据类型**

| 类型 | 描述 | 示例 |
|---|---|---|
| Real | 浮点型 | 1.0, -2.314, 1e-14, 4.2e3 |
| Integer | 整型 | 1, 2, -4 |
| Boolean | 布尔型 | True 或 False |
| String | 字符串型 | "file_name" |
| Enumeration | 枚举型 | Type Extrapolation=enumeration(HoldLastPoint, LastTwoPoints,Periodic);<br>//使用方法：Extrapolation. LastTwoPoints |

（4）图标。

图标是指 Modelica 模型中用来表示元件、端口和连线的图形化标识。Modelica 提供了多种图标形式，包括基本图形、自定义图形和子模型嵌套等，为了便于直观地识别元件表征的物理对象，每个基本元件通常都设置有标志性的图标，如表 3-2 所示的各种元件。

**表 3-2 典型学科领域基本元件的图标示例**

| 典型学科领域 | 基本元件的图标示例 | | |
|---|---|---|---|
| 一维平移机械 | 质量 | 弹簧 | 阻尼 |
| 一维旋转机械 | 转动惯量 | 转动弹簧 | 转动阻尼 |
| 电子领域 | 电容 | 电感 | 电阻 |
| 液压领域 | 体积 | 管道 | 节流阀 |

（5）图形化模型的可转换方程。

图形化模型的可转换方程是 Modelica 模型的核心部分，它描述了模型的动态行为。在基于方程的建模方式中，模型的动态行为可以通过模型的微分方程和代数方程来描述；在基于元件的网络式建模方式中，模型的动态行为可以通过元件之间的电路方程来描述。在模型求解过程中，这些方程会被组合成一个大的方程组，然后通过求解器进行求解，得到模型的输出结果。因此，要实现物理系统模型的仿真，必须具备可方程化的条件。

**2．简单物理对象的 Modelica 建模方式**

（1）模型的声明。

模型的声明指的是定义模型的名称、模型中使用到的其他模型，以及与模型相关的公共变量等信息。下面建立一个受拉力作用的单质量物理系统的 Modelica 代码模型，代码撰写如下。

```
model MovingMass1;
    parameter Real m=4;
    parameter Real f=10;
        Real s;
        Real v;
    annotation(Diagram(Rectangle(extent=<other definitions>)));
    equation
        v=der(s);
        m*der(v)=f;
end MovingMass1;
```

模型的声明约定必须在"model<Name>…end<Name>"的框架内完成。其中，<Name> 是自定义的模型名称。另外，模型中出现若干个粗体的语句，如 parameter、equation 等，它们是 Modelica 语言中的关键字。通常，Modelica 模型由若干个带关键字的语句构成。模型中还需要对每个参变量进行声明，如上述的参变量 m、f、s 和 v，都被声明为浮点数 Real 类型。方程的定义是 Modelica 代码模型的核心，需要用到关键字 equation，表示可以开始编写方程了。每个方程都包含等式和声明两部分，在等式中，已声明的参变量可构成方程。上述模型中，引用了操作运算函数 der()，用于对位移、时间求导数，以计算出速度。由于 Modelica 只有一阶时间导数的运算符，如果需要计算更高阶的导数，则需要引入辅助变量，如定义了变量 v，对其求一阶时间导数就是加速度，而且表达式中的数学符号都是标准的、通用的。例如，加号（+）、减号（−）、乘号（*）、除号（/）、幂（^）和圆括号等。至于图标，是否需要声明，是可选择的，每个模型可以有选择性地用函数 annotation() 来进行定义。图标的定义只是用来规范元件的图形位置、菜单或文档的布局等图形化的形式，并不会影响物理系统的动力学模拟结果。

（2）参变量属性的声明。

进一步可发现，上述模型中定义的参变量是没有单位的。实际上，在 Modelica 模型的声明中，可以定义参变量属性，如可为某物理量定义其单位属性。除了定义单位属性，还可以定义参变量的最大值、最小值、初始值等属性。因此，如果为上述模型进一步补充单位属性的信息，则可拓展模型，如下。

```
parameter Real m(unit="kg", min=0)=4;
parameter Real f(unit="N")=10;
    Real s(unit="m");
    Real v(unit="m/s");
```

为了保持物理意义的一致性，模型中方程两边等式的单位必须也保持一致。例如，上面的方程 m*der(v)=f，左侧的单位根据定义的质量和速度的单位可计算为 kg· m²/s²，右侧的单位为力 f 的单位 N，此时，两边的单位是保持一致的。

（3）派生类型及参变量的声明。

上述建模过程需要手动编写代码，为避免重复编写代码，可以根据 Modelica 的基本类型，派生出其他类型。例如，可以按照下面的语句来定义派生类型。

```
type Torque=Real(final quantity="Torque", final unit="Nm");
type Mass=Real(final quantity="Mass", final unit="kg", min=0);
```

括号中的每个属性都可以被定义，如果前缀有 final，则表示它不能被修改；否则，是可以被修改的。为了避免研发人员会定义出各式各样的派生类型，Modelica 标准库根据 ISO 31-1992 和 ISO 1000-1992，定义了约 450 个单位派生类型，详见 Modelica 中的单位包 Modelica.SIunits。

（4）端口的声明。

由于元件之间的相互作用是通过一条线连接元件的端口来实现的，因此元件的端口应该包含描述相互作用所需的全部变量。举例来说明，电路元件的端口需要有变量：电势和电流；传动系统元件的端口需要有变量：角度和转矩。

在仿真平台上，可以借助二次开发平台来为 Modelica 模型定义各个物理领域的端口。为了对所有端口进行唯一区分，以便识别，约定在一个元件中，两个相同类型的端口必须采用不同的图标。例如，假设需要定义两个端口类型 PositivePin 和 NegativePin，可要求第一个端口采用实心方形的显示图标，第二个端口采用空心方形的显示图标。

（5）模型的拓展声明。

通常情况下，不同的模型可能会存在部分代码相同的情况。如果只需要定义一次这些共用代码，则通过引用来使用它们，不但可以避免重复编写代码，而且不容易出错。例如，多数电子元件都包括两个电子端口、压降和电流等特性，因此，可以编制这些元件的共享代码。

（6）条件方程的声明。

Modelica 建模时，可以利用类似编程语言的控制结构，如 C 语言。不过，由于 Modelica 采用基于方程的建模方式，在具体定义时会有一些不同，应用最广泛的描述条件的控制结构是 if 表达式和 if 语句。在 Modelica 模型方程的声明区域内，可以包含 if 表达式。例如，对于一个表征限定数值范围的元件采用 if 表达式来定义方程，其声明如下。

```
equation
    y=if u>1 then 1 else if u<-1 then -1 else u;
```

上面语句的含义是，如果满足 u>1，则 y=1。否则，再判断是否满足 u<-1，如果是，则有 y=-1；如果还不满足，则 y=u。每个 if 子句必须有一个 else 子句与其匹配。在各种情况

下，条件方程参数的数量必须是相同的。在 Modelica 中，每个结构最终都通过一定的转换算法映射为方程组，如符号转换算法。通常 Modelica 使用环境工具把一个 if 语句转换为一组用 if 表达式的方程组。

Modelica 具有特殊语法，如果 if 子句的所有条件都取决于参数表达式（具有参数、常量或字符的表达式），则在编译期间必须选择 if 子句的分支。这种情况下，不可能为编译后的 if 条件设置新的参数值，这是因为 Modelica 模拟环境目前不能处理代数方程和微分方程之间的转换。但是，有些基于 Modelica 的商业仿真软件则对此进行了提升。例如，SimulationX 的符号预处理算法有所不同，在转换期间如果选择了 if 分支（如当所有条件都是参数表达式时），那么每个 if 子句必须具有 else 子句，此时不再受限于每个分支中的等式数量必须相同的规定，这是因为只有被选择的分支才用于符号预处理。如果基本模型具有不同的建模级别，则通常使用 if 条件来实现，其中条件是参数。由于 SimulationX 在编译期间选择分支，然后对此分支执行符号预处理，因此生成的代码与每个建模级别的代码一样高效。如果不希望有上述特殊语法，则可以使用 if 表达式，SimulationX 会在编译期间不选择分支。

对于实变量，运算符"=="仅在 Modelica 函数中是被允许的，但是也应该尽量避免使用，因为结果通常非常敏感。在函数外，如在等式中，是禁止使用该运算符的。这是因为，在 Modelica 中，每个关系触发一个事件，以便在积分时保证模型是连续的，这是每个数值积分算法的先决条件。为了能够处理事件，将关系变换为变量超过 0 及滞后 0 的函数，结果是形式为 x==0 的关系被变换为超过零的函数 z=x-0，即每当 x 超过 0 时就触发事件。数值计算会导致在 0 附近的超过或滞后现象，几乎在所有情况下，当事件被触发时，x 都会大于或小于 0。因此，x 等于 0 的情况几乎不会发生，如果必须检查实变量是否相等，那么推荐采用设定极小值的方法。

### 3. 复杂物理对象的 Modelica 建模方式

（1）层级式建模方式。

3.3.1 节展示的物理系统仿真模型，无论是结构构成还是原理图，看上去都与物理系统的原理非常一致，模型简洁、清晰。但是，实际过程是按照基于元件的网络式建模方式进行建模的，采用多个最小元件搭建起来，来创建复杂物理系统的模型，这就要用到层级式建模方式。

层级式建模方式是一种将系统分层次进行建模的方式。在这种方式中，系统被分解为多个子系统，每个子系统可以进一步分解为更小的子系统，直至达到最小的元件层。在每个层次上，子系统都被视为单个实体，它们可以接收输入并输出。这种层次化的建模方式使得大型系统的复杂性得到了管理，系统设计者可以更加容易地理解系统的结构和行为，并可以有效地进行模型构建、验证和维护。

　　层级式建模方式的核心思想是，按照拓扑结构原理，由底层的基础元件递进，创建高级别的零件级模型、部件级模型，直至最高级别的系统级模型。层级式建模方式如图 3-9 所示，其中 TypeA、TypeB 和 TypeX 是已有的基础类，可以是模型或元件类；然后，利用已有类创建出第 1 层新类 TypeC，可以是模型、元件或组合类，如由 TypeA 类创建 typeA1、typeA2 等，由 TypeB 类创建 typeB1、typeB2 等，依次类推，可以创建第 2 层新类 TypeD，以及第 3 层新类 TypeE，其中任一层都可以使用前面任意层的已有类。从拓扑结构的构成来看，层级式建模方式是实现复杂物理系统拓扑结构建模的重要保障。

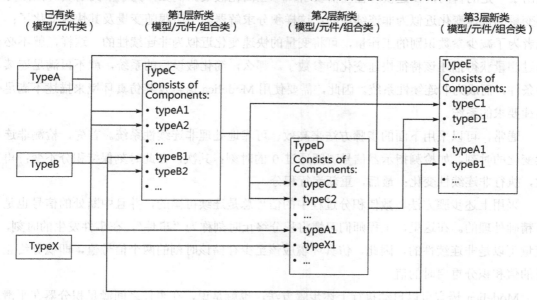

图 3-9　层级式建模方式

　　（2）可重用模型库的创建。

　　为了使模型具有可重用性，可以把搭建好的元件模型按照学科或应用方向的不同归置到不同的模型库中。在 Modelica 中，模型库声明的关键词是 package。模型库中是可以包括模型库、模型、端口和其他"类"的。注意，"类"是 Modelica 中所有结构化元素的通用术语，可以指模型库、模型或端口等。除了常量，不能在模型库中存储类的具体实例。存储在模型库中的类，可以通过引用完整的名称从模型库的外部进行访问。在商用软件中，可以使用其二次开发工具 TypeDesigner 来创建 Modelica 模型库，可以通过图形交互窗口非常直观容易地定义新的模型库。

　　（3）层级式模型分文件存储。

　　在 Modelica 中，类是存储在文件系统中的。通过采用简单的映射规则，将 Modelica 名称映射到文件系统中的名称，以便编译器可以自动检测和加载模型中引用的库。模型库的内容可以直接存储在文件中，文件名称约定为模型库本身的名称，且文件的扩展名为 mo。

例如，Modelica 模型库将存储在名为 Modelica.mo 的文件中。较为复杂时，模型库将存储在多个目录和文件中，每个模型库的层次结构都映射到相应的目录层次结构上。

### 3.3.3 离散物理系统仿真建模

数值积分运算要求积分函数必须是连续可微至一定阶次的。如果物理系统的建模足够详细，那么它的所有变量都将是连续的，必然满足该条件。但是，由于受各种因素的限制或出于一定的目的，在建模时往往需要引入一些简化假设。例如，为了节约仿真时间，可将变量的快速变化近似为非连续性的，这样积分求解器就不用跟随变量及其快速变化了；或者为了减少参数识别的工作量，可将变量的快速变化近似为非连续性的，这样，就不必通过测量获得描述该特征快速变化的参数了。那么，简化假设后的系统，就不再满足连续性条件，而成为非连续性系统。因此，需要使用 Modelica 语言及其仿真环境来描述不满足连续要求的系统。

通常，可以采用下面的步骤方法来高效、可靠地处理非连续性系统。首先，检测非连续变化的时刻，如检测指示器信号瞬间通过 0 的时刻；其次，在此时刻保持积分不变；再次，执行非连续性变化；最后，重新运行积分。

采用上述步骤方法、数值积分过程中的信号总是连续可微的，并且中断处的信号也是可精确处理的。在这里，工程师们习惯将积分终止时刻称为"事件"，在事件发生的时刻，变量可以是非连续性的，因此，仿真环境应该至少存储该时刻的两个信号值，即积分终止时的值和积分重启时的值。

Modelica 语言可以自动执行上述步骤方法，也就是说，在事件之间满足积分器在平滑方程运行的基本先决条件。需要注意的是，当前 Modelica 函数是例外，这是因为，函数结果可能非连续且是不可能在函数中触发的事件，这是当前该语言的缺陷，且尚未解决；外部函数也不受 Modelica 编译器的控制，因此，也会导致积分错误。除此之外，Modelica 语言还有其他限制以防在连续积分阶段运行存储，这是因为，这样会严重违背积分器的先决条件。例如，不可能从 Modelica 模型确定积分步长（带存储的外部函数除外），不过有些商业仿真环境，如 SimulationX，对此进行了扩展，必要时是可以使用该属性的。为此，Modelica 定义了很多与离散系统有关的重要属性，如下。

（1）保持变量值不变，直至其被改变。无论在连续积分过程中，还是在事件发生之时，都可以获取该变量值。

（2）仅能获取当前时刻而非前一时刻变量的左极限或右极限，避免在连续积分阶段进行存储。在连续积分时，两个值是等同的。

（3）只能在事件时刻改变整数型、布尔型、字符串、离散实数型和枚举型的变量值。在连续积分过程中，只允许改变非离散实数型的变量值，其他值是无法改变的。

（4）具有即时通信功能，即处理事件不占积分时间。针对需要考虑采样数据控制器的实际计算时间等情况，可通过触发两个事件进行明确定义。

（5）没有定义两个或多个事件是否在同一时刻发生。如果事件需要在时间上同步，则需要明确编程。例如，一个较慢的采样事件将发生在第 5 次较快的采样事件发生的时刻，可以通过访问指示事件的布尔型变量或一个计数器来实现。

（6）无法确定"上一个积分步"时刻。在一些特殊场合，这一点或许有用，但是总会存在出现严重错误的风险，通常会有更好的替代方案。

## 参考文献

[1]　吴双. 半物理仿真系统现状及发展趋势[J]. 工业仪表与自动化装置，2016，248(02): 16-20.

[2]　NAM P S. The Principle of Design[M]. New York: Oxford University Press, 1990.

[3]　郑党党，刘更，任俊俊，等. 飞机设计中仿真技术应用现状及发展趋势[J]. 航空制造技术，2015，493/494(Z2): 68-70，131.

[4]　张安民，徐海，崔连虎. 导弹半实物仿真实时数据采集系统设计[J]. 计算机仿真，2011，28(01): 119-122.

[5]　崔连虎，董印权，张安民. 基于 Simulink 和 RTX 的导弹半实物仿真技术研究[J]. 系统仿真学报，2013，25(S1): 182-186.

[6]　陈锡栋，杨婕，赵晓栋，等. 有限元法的发展现状及应用[J]. 中国制造业信息化，2010，39(11): 6-8+12.

[7]　朱耀麟，杨志海，陈西豪. 模型降阶方法研究[J]. 微计算机信息，2011，27(06): 22-25.

[8]　赵建军，丁建完，周凡利，等. Modelica 语言及其多领域统一建模与仿真机理[J]. 系统仿真学报，2006(S2): 570-573.

[9]　赵立华，李博，丁彦杰，等. 半物理仿真系统及模型的试验分析[J]. 电子工业专用设备，2022，51(06): 1-5+16.

[10]　唐俊杰. 基于方程的信息物理融合系统建模与仿真技术研究[D]. 武汉：华中科技大学，2013.

# 第 **4** 章

# 系统多学科设计优化

系统多学科设计优化（Multidisciplinary Design Optimization，MDO）方法是一种综合多个学科领域理论的设计优化方法。它将多个学科（如结构力学、流体力学、控制工程等）的设计要求和约束集成到一个统一的优化框架中，以寻求最优的设计解决方案。通常包括学科建模、学科分析、交互与协调、系统级优化和迭代优化几个方面。

## 4.1 系统多学科设计优化理论

系统多学科设计优化理论是一种综合应用不同学科知识和方法的设计优化方法论。它旨在解决复杂的工程设计问题，涉及多个学科领域，如工程、数学、计算机科学、物理学等。传统的设计优化方法通常只考虑单一学科的优化，忽略了不同学科之间的相互影响和协同作用。而系统多学科设计优化理论强调了多个学科之间的耦合关系和相互作用，将这些学科的知识和方法融合在一起，以提高设计的整体性能。在系统多学科设计优化中，需要建立一个综合的数学模型，将设计问题转化为一个多目标优化问题。然后，通过使用多种优化算法和技术，如遗传算法、粒子群算法、模拟退火等，对设计进行全局搜索和优化，以找到最优的设计解决方案。这种方法的优势在于，它能够综合考虑多个学科的因素，使得设计解决方案更加全面和综合。它能够帮助设计师在设计过程中更好地权衡不同学科之间的冲突和折中，以实现更好的设计效果[1]。

系统多学科设计优化理论在工程、航空、航天、汽车设计、建筑设计等领域有广泛的应用，能够帮助解决复杂的设计问题，提高设计效率和质量。

迄今为止，多学科设计优化（MDO）已经走过近 30 年的发展历程。美国航空航天学会（AIAA）的 MDO 技术委员会给出了 MDO 的定义，如下。

MDO 是指在复杂工程系统的设计中，必须对学科（或子系统）间的相互作用进行分析，并且充分利用这些相互作用进行系统优化合成的设计优化方法[2]。

该定义反映了 MDO 的概念，从中可总结出 MDO 具备以下特点：①从理论体系角度而言，MDO 是一种设计方法论；②其研究对象是复杂产品设计过程，直接服务于复杂产品设计；③其研究时间跨度为整个产品设计生命周期；④其基本思想是利用多学科之间的协同作用，实现产品整体性能最优。

总之，多学科设计优化是一种解决复杂工程系统设计的综合方法，通过充分探索和利用工程系统中相互作用的协同机制，考虑各学科间的相互作用，从系统的角度优化设计复杂工程系统，以达到提高产品性能、降低成本和缩短设计周期的目的。MDO 利用各学科的相互作用，从整体的角度对系统进行优化，以期获得系统的整体最优解。

如图 4-1 所示，以一个包含三学科的非层次系统为例，介绍 MDO 中的常用术语[3]。

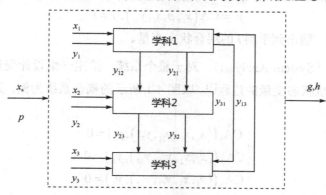

图 4-1　包含三学科的非层次系统

（1）学科（Discipline）：系统中本身既相对独立，相互之间又有数据交换关系的基本模块。MDO 中学科又称为子系统（Subsystem）或子空间（Subspace），是一个抽象的概念。以飞行器为例，学科既可以指气动、结构、控制等通常所说的学科，也可以指系统的实际物理部件或分系统，如有效载荷、姿态确定与控制、电源、热控等分系统。

（2）设计变量（Design Variable，DV）：优化中待设计的变量，设计变量不受其他任何变量的影响，彼此之间互为独立关系。设计变量可以分为系统设计变量（System Design Variable）和局部设计变量（Local Design Variable）。系统设计变量又称为共享设计变量（Sharing Deterministic Variable），在整个系统范围内起作用，如图 4-1 中的 $x_s$；而局部设计变量则只在某一学科范围内起作用，如图 4-1 中的 $x_1$、$x_2$、$x_3$；局部设计变量有时也称为学科变量（Discipline Variable）或子空间设计变量（Subspace Design Variable）。

（3）状态变量（State Variable）：设计变量的函数。它既可以是实际设计中的物理量，也可以是优化模型中的目标函数和约束函数等。状态变量可以分为学科状态变量（Discipline State Variable）和耦合状态变量（Coupled State Variable）。其中，学科状态变量是指属于某一学科的状态变量，如图 4-1 中的 $y_1$、$y_2$ 和 $y_3$；耦合状态变量是指对某一学科进行分析时，需要使用到的其他学科的状态变量，并且是当前所分析学科的输入量。耦合状态变量可用 $y_{ij}$ 表示，即学科 $i$ 对学科 $j$ 输入的状态变量，如图 4-1 中的 $y_{12}$、$y_{21}$ 等。

（4）约束条件（Constraints）：系统在设计过程中必须满足的条件。约束条件分为等式约束和不等式约束，在图 4-1 中分别用 $h$ 和 $g$ 表示。

（5）系统参数（System Parameters）：用于描述多学科系统的特征、在设计过程中保持不变的一组参数，如图 4-1 中的 $p$。

（6）学科分析（Contributing Analysis，CA）：也称为子系统分析（Subsystem Analysis）或称子空间分析（Subspace Analysis），以该学科设计变量，其他学科对该学科的耦合状态变量及系统的参数为输入，根据某一学科满足的物理规律确定其物理特性的过程。学科分析可用求解状态方程的方式来表示，学科 $i$ 的状态方程为

$$y_i = \mathrm{CA}\left(x_s, p, x_i, y_{ji}\right), j \neq i \tag{4.1}$$

式中，$y_{ji}$ 表示学科 $j$ 输出到学科 $i$ 的耦合状态变量。

（7）系统分析（System Analysis）：对于整个系统，给定一组设计变量 $x$，通过求解系统状态方程得到系统状态变量的过程[3]。以图 4-1 所示的耦合系统为例，其系统分析过程可表示为

$$\begin{cases} \mathrm{CA}_1\left(\left(x_s, x_1, y_{21}, y_{31}\right), y_1\right) = 0 \\ \mathrm{CA}_2\left(\left(x_s, x_2, y_{12}, y_{32}\right), y_2\right) = 0 \\ \mathrm{CA}_3\left(\left(x_s, x_3, y_{13}, y_{23}\right), y_3\right) = 0 \end{cases} \tag{4.2}$$

对于复杂工程系统，系统分析涉及多个学科，由于耦合效应，系统分析过程需要多次循环迭代才能完成。

传统的确定性多学科设计优化（DMDO）数学模型可描述为

$$\min_{(\mathrm{DV}=d_s,d)} f\left(d_s, d, y\right)$$

$$\text{s.t.} \quad g^{(i)}\left(d_s, d_i, y_i\right) \leqslant 0$$

$$h^{(i)}\left(d_s, d_i, y_i\right) = 0 \tag{4.3}$$

$$d_s^{\mathrm{L}} \leqslant d_s \leqslant d_s^{\mathrm{U}}, \quad d_i^{\mathrm{L}} \leqslant d_i \leqslant d_i^{\mathrm{U}}$$

$$i = 1, 2, \cdots, nd$$

式（4.3）中的确定性设计变量为 $d_s$ 和 $d$。其中，$d_s$ 是共享设计变量；$d = (d_i, i = 1 \sim nd)$ 由所有学科的局部设计变量组成；$d_i$ 是指第 $i$ 个学科中的确定性局部设计变量。"共享设计变量"是指所有学科所共有的设计变量，而"局部设计变量"是指某一学科的设计变量，$d_s^{\mathrm{U}}$ 和 $d_s^{\mathrm{L}}$ 分别为 $d_s$ 的上下限，$d_i^{\mathrm{U}}$ 和 $d_i^{\mathrm{L}}$ 分别为 $d_i$ 的上下限。$f(\cdot)$ 为 DMDO 的优化目标，$g(i)$、$h(i)$ 分别为第 $i$ 个学科中不等式约束和等式约束，$i = 1 \sim nd$，$nd$ 为复杂工程系统包含的所有学科总数目。$y = \{y_1, y_2, \cdots, y_{nd}\}$ 是学科 $i$ 输出到其他学科的耦合变量，为 MDO 优化问题的所有耦合状态变量的集合，$y_{ij} = \{y_{ij}, j = 1 \sim nd, j \neq i\}$，$y_{ij}$ 为学科 $i$ 输出到学科 $j$

的耦合状态变量。同样地，$y_{\cdot i}$ 是其他所有学科输入到学科 $i$ 的耦合状态变量。实际上，学科间的耦合状态变量、共享设计变量和局部设计变量存在如式（4.4）所示的关系：

$$
\begin{aligned}
y_{i\cdot} &= y_{i\cdot}\left(d_{\mathrm{s}}, d_i, y_{\cdot i}\right) \\
y_{i\cdot} &= \left\{y_{ij}, j = 1, \cdots, nd, j \neq i\right\} \\
i &= 1 \sim nd
\end{aligned}
\tag{4.4}
$$

为阐述方便，这里以图 4-1 为例对式（4.4）进行说明。对于学科 1 而言，其设计变量包括共享设计变量 $d_{\mathrm{s}}$ 和局部设计变量 $d_1$，经其学科分析后向学科 2 输出耦合状态变量 $y_{12}$ 的值，向学科 3 输出耦合状态变量 $y_{13}$ 的值（$y_{1\cdot} = \{y_{12}, y_{13}\}$），便于学科 2 和学科 3 进行多学科分析。对学科 1 进行学科分析前，耦合状态变量 $y_{21}$ 和 $y_{31}$ 的值（$y_{\cdot 1} = y_{21}, y_{31}$）必须已知，而要获得耦合状态变量 $y_{21}$ 和 $y_{31}$ 的值是以已知耦合状态变量 $y_{12}$ 和 $y_{13}$ 的值为前提的，这充分反映了多学科间的耦合关系。如图 4-1 中虚线所示的多学科分析（Multi-Disciplinary Analysis，MDA），其目的是获得满足学科间一致性要求的各耦合状态变量的值，即满足式（4.5）的耦合状态变量的值。

$$
\begin{cases}
y_{12} = y_{12}\left(d_{\mathrm{s}}, d_1, y_{21}, y_{31}\right) \\
y_{13} = y_{13}\left(d_{\mathrm{s}}, d_1, y_{21}, y_{31}\right) \\
y_{21} = y_{21}\left(d_{\mathrm{s}}, d_1, y_{12}, y_{13}\right) \\
y_{23} = y_{23}\left(d_{\mathrm{s}}, d_1, y_{12}, y_{13}\right) \\
y_{31} = y_{31}\left(d_{\mathrm{s}}, d_1, y_{13}, y_{23}\right) \\
y_{32} = y_{32}\left(d_{\mathrm{s}}, d_1, y_{13}, y_{23}\right)
\end{cases}
\tag{4.5}
$$

## 4.2 灵敏度分析技术

灵敏度分析（Sensitivity Analysis，SA）从数学上来说就是函数的导数信息。复杂产品过程的灵敏度分析就是分析设计变量或参数的变化对产品性能函数产生的影响大小。目前已经根据不同的灵敏度计算方法发展形成了多种灵敏度分析求解技术。多学科设计优化中的灵敏度求解技术往往与 MDO 中的近似和寻优搜索技术相结合，以解决多学科设计优化中的各种困难，如计算复杂性、组织复杂性、模型复杂性及信息交换复杂性。发展研究具有强稳定性、高效率、高精确度、高适用性的灵敏度分析技术是 MDO 在复杂产品设计中应用的一项重要研究内容。按照设计优化的作用环境，复杂产品多学科设计优化中的灵敏度分析技术主要可以分为单学科灵敏度分析技术和多学科灵敏度分析技术（也叫作系统灵敏度分析技术）。其中，多学科灵敏度分析技术是单学科灵敏度分析技术在多学科优化系统中的延伸和发展[4]。

### 4.2.1　单学科灵敏度分析技术

单学科灵敏度分析技术主要用于独立学科或独立系统的灵敏度分析技术。在设计优化过程中，以基于梯度的优化为例，灵敏度分析主要是求解学科的目标函数和性能函数对设计变量的导数信息，根据灵敏度分析的概念可以知道，求解的导数信息就反映了设计优化变量的改变对于目标函数和性能函数的影响。通过灵敏度分析就可以获得各个设计变量对学科性能的影响程度，从而可以协助设计人员确定哪些设计变量是设计优化中的关键变量，尤其是在复杂程度较高的产品设计过程中，由于设计变量太多造成优化求解困难，因此可以通过灵敏度分析技术控制减少设计变量的个数，从而优化 MDO 过程。

一个简单的数学优化模型可表示如下：

$$\min\ f(\boldsymbol{x}) \tag{4.6}$$
$$\text{s.t.}\quad \boldsymbol{g}(\boldsymbol{x}) \geqslant 0$$

式中，$\boldsymbol{x}$ 为设计变量向量，$\boldsymbol{g}$ 为约束函数向量，$f$ 为目标函数。$f$ 对第 $i$ 个设计变量的灵敏度可以表示为

$$f'(x_i) = \frac{\mathrm{d}f}{\mathrm{d}x_i} \tag{4.7}$$

约束函数向量对第 $i$ 个设计变量的灵敏度可以表示为

$$\boldsymbol{g}'(x_i) = \frac{\mathrm{d}\boldsymbol{g}}{\mathrm{d}x_i} \tag{4.8}$$

常用的学科灵敏度求解方法有手工求导法（Manual Derivation Method，MDM）、符号微分法（Symbolic Differentiation Method，SDM）、解析法（Analytic Method，AM）、有限差分法（Finite Differences Method，FDM）、自动微分法（Automatic Differentiation Method，ADM）、复变量法（Complex Variables Method，CVM）等。这些学科的灵敏度求解方法各有优缺点，没有可适用于任何情况的灵敏度分析方法。下面对这几种求解方法分别进行介绍。

手工求导法是源于微分学理论的一种较为精确的求导方法。但因自动化程度低，不易控制。符号微分法的求导过程可以自动化，但是不能处理隐函数的情况，所以这两种方法很难在多学科设计优化中应用。有限差分法是目前应用计算机自动求导最为成熟的数值方法，应用有限差分法进行灵敏度分析简单易行，而且可以处理隐函数的求导问题，因此在多学科设计优化中应用广泛。有限差分法的缺点是精度不高，效率较低。自动微分法是一种基于计算机程序中微分链式规则的求导方法，具有较高的效率和精度。它是一种在计算机程序中增加导数计算程序的技术，其工作目标是以合理的代价分析求解函数梯度、雅克比矩阵及更高阶导数等。1991 年，随着 SIAM 关于自动微分法的专题学术讨论会的召开，自动微分法的研究与应用进入了飞速发展的时期。目前自动微分法在 MDO、并行计算、电

子科学等实际工程中得到了广泛应用。复变量法是一种高效的灵敏度分析方法，其不仅具有有限差分法、自动微分法的优点，而且计算精度更高；与自动微分法的实现相比，复变量法的实现不需要对现有程序进行预编译处理。复变量法在飞行器 MDO 中的应用研究逐渐增多，但仅局限于气动学科和结构学科。

除以上方法外，解析法和半解析法是目前最精确和最有效的灵敏度分析方法[5]。但是解析法由于涉及有关控制方程和求解算法这些方程的算法知识，解析法较其他灵敏度方法都难以实现。解析的学科灵敏度计算方法包括直接方法和伴随方法。半解析法是为了解决解析法实现困难的问题而发展出来的一种灵敏度分析方法，也称为局部差分法。半解析法的效率与解析法的效率大体相同，但是实现编程时工作量较小，是有限差分法和解析法的直接方法的结合，是一种实用的学科灵敏度分析方法。

## 4.2.2 多学科灵敏度分析技术

多学科灵敏度分析又称为系统灵敏度分析（System Sensitivity Analysis，SSA），是一种处理大系统问题的方法，它在多学科背景环境中进行，考虑各子系统之间的耦合影响，研究系统设计变量或参数的变化对系统的影响程度，建立对整个系统设计过程的有效控制。对于大型系统工程来说，由于 SSA 所需的数据远比单学科灵敏度分析复杂得多，即存在"维数灾难"，并且 SSA 在 MDO 中更多地用于衡量学科（子系统）之间及学科与系统之间的相互影响，其计算方法与学科灵敏度分析的计算方法差别较大。针对这样的问题，有效的解决办法是将含有多个学科的整个复杂产品系统按不同的分解策略分解为若干较小的子系统（学科），对各子系统分别进行学科灵敏度分析，然后对整个复杂产品系统进行 SSA。

多学科灵敏度分析的分解策略分别为层次分解、非层次分解（网状分解、耦合分解）及混合分解。目前，多学科灵敏度分析技术主要有两种：最优灵敏度分析（Optimum Sensitivity Analysis，OSA）和全局灵敏度方程（Global Sensitivity Equation，GSE）。最优灵敏度分析可用于层次系统的灵敏度分析；全局灵敏度方程和滞后耦合伴随的灵敏度分析方法（Lagged-Coupled Adjoint，LCA）可用于耦合系统灵敏度分析；最优灵敏度分析与全局灵敏度方程、滞后耦合伴随的灵敏度分析方法结合可用于混合灵敏度分析。多学科灵敏度分析非常复杂，同时是目前的一个研究难点。下面主要介绍最优灵敏度分析和全局灵敏度方程这两种多学科灵敏度分析技术[6]。

### 1. 最优灵敏度分析

最优灵敏度分析（OSA）是问题的目标函数和设计变量的最优值对问题参数变化的灵敏程度。OSA 中的灵敏程度通常是目标函数和设计变量的最优值相对于参数的倒数，称为最优灵敏度倒数信息。OSA 用途广泛，在层次和非层次系统的优化过程中，它将各层联系起来，求出低层子系统目标函数的最优值相对于其高层子系统设计变量和输出变量的偏导数，并基于这些偏导数来构造低层子系统目标函数最优值随其高层子系统设计变量和输出变量变化的线性近似式。该式表达了各子系统之间的联系，而且高层子系统的设计变量和输出变量在优化过程中发生改变时，不必对其低层子系统重新进行优化，大大节省了计算量。OSA 也可以用于单学科设计优化中，只需要将单一学科看作顶级子系统，对其进行层次分解即可。目前，OSA 已经广泛用于递阶优化过程及结构整体优化设计等领域中。

### 2．全局灵敏度方程

Sobieski 于 1998 年提出的全局灵敏度方程将灵敏度分析应用于 MDO，这是 MDO 研究的重大进展。全局灵敏度方程（GSE）是一组可以联立求解的线性代数方程组，通过 GSE 可将子系统的灵敏度分析与全局系统的灵敏度分析联系在一起。从而得到系统的灵敏度，最终解决耦合系统灵敏度分析和多学科设计优化问题。通过 GSE 可以预测出一个子系统的输出对另一个子系统输出的影响，还可以确定该输出对特定设计变量的导数。GSE 通过使用局部灵敏度反映了整个系统的响应，求解 GSE 所得的全导数反映了系统中各子系统之间的耦合。由于 GSE 是专门针对复杂的高度耦合系统提出的，利用一阶灵敏度的性质来分析相互耦合子系统间的关系，所以它只能处理连续变量问题，而不能解决离散变量或混合变量问题，其应用受到很大限制[7]。

GSE 是一种多学科灵敏度分析技术，在多学科设计优化过程中，它可以精确地描述学科之间的耦合特性[8]。由 GSE 计算得到的灵敏度不仅能够全面地分析学科子系统间的耦合情况，而且可以利用这些灵敏度对整个多学科系统进行分解。GSE 有 GSE1 和 GSE2 两种形式，由于 GSE1 难以用于实践，本节所介绍的 GSE 为 GSE2。我们假设将一个复杂的系统分解为 3 个子系统（学科），分别用 Sub1、Sub2、Sub3 表示。多学科系统耦合图如图 4-2 所示。

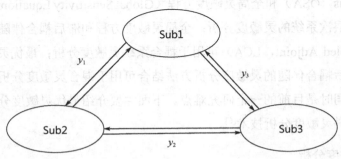

图 4-2　多学科系统耦合图

图 4-2 中，$y_i$ 是第 $i(i=1,2,3)$ 个子系统的输出变量，可以表示为设计变量 $x$ 和其他子系统输出变量的函数，即

$$y_1 = f_1(x, y_2, y_3) = y_1(x, y_2, y_3)$$
$$y_2 = f_2(x, y_1, y_3) = y_2(x, y_1, y_3) \tag{4.9}$$
$$y_3 = f_3(x, y_1, y_2) = y_3(x, y_1, y_2)$$

各学科分别运用微分求导的链式规则,对第 $k$ 个设计变量 $x_k$ 求导,则全导数为

$$\frac{dy_1}{dx_k} = \frac{\partial y_1}{\partial y_2} \times \frac{dy_2}{dx_k} + \frac{\partial y_1}{\partial y_3} \times \frac{dy_3}{dx_k} + \frac{\partial y_1}{\partial x_k}$$
$$\frac{dy_2}{dx_k} = \frac{\partial y_2}{\partial y_1} \times \frac{dy_1}{dx_k} + \frac{\partial y_2}{\partial y_3} \times \frac{dy_3}{dx_k} + \frac{\partial y_2}{\partial x_k} \tag{4.10}$$
$$\frac{dy_3}{dx_k} = \frac{\partial y_3}{\partial y_1} \times \frac{dy_1}{dx_k} + \frac{\partial y_3}{\partial y_2} \times \frac{dy_2}{dx_k} + \frac{\partial y_3}{\partial x_k}$$

对式(4.10)进行转化处理,得到 GSE 耦合矩阵方程,即

$$\begin{bmatrix} I & -\dfrac{\partial y_1}{\partial y_2} & -\dfrac{\partial y_1}{\partial y_3} \\ -\dfrac{\partial y_2}{\partial y_1} & I & -\dfrac{\partial y_2}{\partial y_3} \\ -\dfrac{\partial y_3}{\partial y_1} & -\dfrac{\partial y_3}{\partial y_2} & I \end{bmatrix} \begin{Bmatrix} \dfrac{dy_1}{dx_k} \\ \dfrac{dy_2}{dx_k} \\ \dfrac{dy_3}{dx_k} \end{Bmatrix} = \begin{Bmatrix} \dfrac{\partial y_1}{\partial x_k} \\ \dfrac{\partial y_2}{\partial x_k} \\ \dfrac{\partial y_3}{\partial x_k} \end{Bmatrix} \tag{4.11}$$

式(4.11)等号左边的系数矩阵称为全局灵敏度方程,系数矩阵中的偏导数为学科状态变量相对于其他学科状态变量的偏导数,代表了各个学科之间的一种耦合关系。等号右边为局部灵敏度信息,它是学科的状态变量相对于输入变量的灵敏度偏导数信息。等号左边为学科状态变量对输入变量的全导数,是系统灵敏度信息。系统灵敏度信息考虑了学科之间的耦合性并量化学科之间耦合性的大小。系统灵敏度信息可以通过求解线性方程式(4.11)得到。

在求解某一设计点 $x^0$ 的全局灵敏度方程时,应先通过多学科分析计算出对应的学科状态变量 $y^0$。

GSE 对于 MDO 问题的求解具有非常重要的意义,一个典型的基于 GSE 的系统设计优化过程可以分为以下 5 个步骤。

(1)对于给定的设计变量 $x$,通过多学科分析,计算出对应的学科状态变量 $y$。

(2)对于给定的 $x$ 和求得的 $y$,分别求出各学科状态变量的偏导数。

(3)根据式(4.11),求解系统灵敏度信息。

(4)利用系统灵敏度信息,选择新的设计变量 $x$。

(5)是否满足设计要求,若否,则转步骤(1)。

由于 GSE 可以并行计算,显著缩短了设计优化时间,目前,GSE 已经在基于梯度的优化算法中得到了广泛应用。

## 4.3 多学科设计优化算法与策略

### 4.3.1 多学科设计优化算法

从本质上来说，MDO 算法是在总体结构上对设计优化问题做出说明和定义，它将复杂的设计优化问题分成几个子学科，再把每个设计变量分配到不同的子学科中去，各个子学科结合约束，经过多次迭代计算，获得一个最终的优化结果。深入每个子学科的内部，在变量约束的条件下，怎样运算得到满意的结果，则是 MDO 算法需要解决的问题。

在 MDO 算法研究开展的初期，其所处理的问题一般是连续的变量，变量的数目较少，变量的取值空间也较小，因此，使用常规的基于梯度信息的优化算法，如牛顿法、可行方向法等，就可以迅速收敛到目标点附近，满足设计优化的需求。随着产品复杂程度的提高，目前的多学科设计优化问题往往具备多个变量、多个约束条件，变量的取值空间巨大，并且要处理离散的设计变量。使用常规的基于梯度信息的优化算法，不仅寻优时间长，而且难以收敛到目标点附近。低下的优化效率，已经难以满足多学科设计优化的需要。

优化算法的研究是 MDO 理论研究中的一个重要内容。在传统的单学科设计优化问题中，针对具体问题选择合适的优化算法是比较成熟的技术，但在 MDO 问题中，由于计算复杂性、信息交换复杂性和组织复杂性等，直接应用传统的优化算法不太合适，一般采取与试验设计技术、近似方法等结合在一起的方案进行 MDO 问题的求解。优化算法研究实质上属于最优化理论研究的范畴，在 MDO 中常用的几类优化算法包括确定性优化算法、随机性优化算法和混合优化算法[9]。

#### 1. 确定性优化算法

确定性优化算法是一种局部优化算法，有成熟的理论基础，若所研究问题的 MDO 表述为凸函数且规模不是特别大，则适合采用确定性优化算法对问题进行优化。确定性优化算法包括不使用梯度信息的直接优化算法和使用梯度信息的间接优化算法。

（1）直接优化算法。

当目标函数不可微，或者目标函数的梯度存在但是难以计算时，可以采用直接优化算法进行求解，这一类算法仅通过比较目标函数值的大小来移动迭代点，它只假定目标函数连续，因而应用范围广，可靠性好。比较有代表性的直接优化算法有步长加速法、旋转方向法、单纯性方法和方向加速法等。目前，在 MDO 中应用效果较好的有：属于单纯形方法的可变容差多面体法，属于方向加速法的基于增广拉格朗日乘子法的 Powell 方法。

（2）间接优化算法。

当目标函数可微且梯度可以通过某种方法求得时，利用梯度信息可以建立更为有效的最优化方法，这类方法称为间接法或微分法。比较有代表性的有共轭梯度法、广义既约梯度法、牛顿法、罚函数法、信赖域法和序列二次规划法等。目前在 MDO 中应用效果较好的有广义既约梯度法、信赖域法和序列二次规划法。

**2. 随机性优化算法**

20 世纪 80 年代以来，通过模拟或揭示某种自然现象或过程，各类智能优化算法得到了快速发展，其思想和内容涉及数学、物理学、生物进化学、人工智能、神经科学和统计力学等方面。为解决复杂问题提供了新的思路和手段。遗传算法、模拟退火算法和粒子群算法等都是适合于大规模并行且具有智能特征的算法，它们能够兼容处理离散型的变量，在搜索过程中不需要目标函数和约束函数的梯度信息。将这些智能算法应用到 MDO 算法中，进行子学科或系统级的寻优计算，可以大大提高收敛效率，减少计算资源的消耗，从整体上提升 MDO 算法的设计优化性能。

随机性优化算法包括模拟退火算法、禁忌搜索算法、遗传算法、神经网络算法等。这类算法涉及人工智能、生物进化、组合优化、数学和物理科学、统计学等概念，都是以一定的直观基础而构造的，称为启发式算法[10]。而随机性优化算法不需要梯度信息，可以处理离散变量优化问题，并且具有较强的全局搜索能力。若所研究问题的 MDO 表述为非凸函数且存在离散设计变量，则适合采用随机性优化算法对问题进行优化。下面主要介绍模拟退火算法、禁忌搜索算法和遗传算法这三种随机性优化算法。

（1）模拟退火算法。

模拟退火算法（Simulated Annealing Algorithm，SA）源于固体退火处理的思想，将一个优化问题比拟成一个热力学系统，将目标函数比拟为系统的能量，将优化求解过程比拟成系统逐步降温以达到最低能量状态的退火过程，通过模拟固体的退火过程获得优化问题的全局最优解。模拟退火算法具有高效性、灵活性、通用性和鲁棒性等优点。其主要缺点是，得到一个高质量的近似最优解花费的时间较长，当问题的规模增加到一定程度时，计算时间过长使其丧失可行性。目前，对模拟退火算法在 MDO 问题中的研究和应用还不是很成熟，需要针对 MDO 问题的复杂性等特点，探索模拟退火算法的可行性，改进算法的实验性能，提高算法的可行性。

（2）禁忌搜索算法。

禁忌搜索（Taboo Search，TS）算法是局部领域搜索算法的推广，是一种全局逐步寻优算法，是对人脑思考过程的一种模拟。禁忌搜索算法的主要特点是采用禁忌技术。禁忌就是禁止重复前面的工作。为了回避局部区域搜索易陷入"局部最优解"的不足，禁忌搜索算法用一个禁忌表记录下已经到达的局部最优解，在下一次搜索中利用禁忌表中的信息有选择地搜索这些局部解，以此来跳出局部最优解。禁忌搜索算法常常引入一个灵活的存储结构和相应的禁忌机制来避免迂回搜索，并通过禁忌机制来赦免一些被禁忌的优良状态，进而保证多样化的有效搜索以最终实现全局最优化。

禁忌搜索算法具有灵活的记忆功能和禁忌机制，并且在搜索过程中可以接受劣解，所以具有较强的爬山能力，搜索时能够跳出局部最优解，转向解空间的其他区域，从而获得更好的全局最优解，因此，禁忌搜索算法是一种局部搜索能力优秀的全局优化算法。其缺点是，对初始解具有较强的依赖性，迭代过程是串行的，仅是单一状态的移动，而非并行搜索。

（3）遗传算法。

在众多智能优化算法中，遗传算法应用最为广泛。遗传算法（Genetic Algorithm）是模仿生物自然选择和遗传机制的随机搜索算法，它将问题的可能解组成种群，将每个可能的解看成种群的个体，从一组随机给定的初始种群开始，持续在整个种群空间内随机搜索，按照一定的评估策略即适应度函数对每个个体进行评价，不断通过复制、交叉、变异等遗传算子的作用，使种群在适应度函数的约束下不断进化，算法终止时得到最优/次优的问题解。

遗传算法的优点是，适合数值求解带有多参数、多变量、多目标优化的问题；在求解组合优化问题时，不需要有很强的技巧和对问题的深入了解，并且与其他启发式算法有很好的兼容性。其缺点在于，编码不规范及编码存在的表示的不准确性，单一的遗传算法编码不能全面地将优化问题的约束表示出来。

### 3. 混合优化算法

复杂产品总体设计的 MDO 问题中的许多优化问题存在着大规模、高维、非线性、非凸、离散/连续设计变量混合等复杂特性，而且还存在大量的局部极值点。在求解这类问题时，许多确定性优化算法易陷入局部极值；而随机性优化算法则有较强的全局搜索能力，但对同一优化问题比确定性优化算法所使用的时间要多。实践证明，任何一种单一功能的算法都不可能求解千差万别的模型，所以混合优化算法的思想应运而生。混合优化算法就是利用不同的单一优化算法的不同优化特性来提高优化性能的，使各种单一算法相互取长补短，产生更好的优化效率。例如，某些局部搜索算法与遗传算法的组合，神经网络与模拟退火算法的混合等。这一思想对于实时性和优化性同样重要的工程领域，具有很强的吸引力。

混合优化算法无论是从解题的可靠性、计算的稳定性，还是从解题的效率来说都是比较好的，在此基础上形成的混合优化算法成为目前 MDO 算法研究中最为活跃的部分。混合优化算法与其具体的结构和参与混合的优化算法，以及所解决的问题形式有关，现有的研究也主要集中在针对特殊问题的具体混合优化算法的设计和应用上。

实际上，由于每种智能算法具有各自不同的特点及设计变量空间的复杂性，一种智能优化算法不可能在所有设计优化问题中都表现出良好的效果。同时，智能优化算法本身也存在不足，如遗传算法的编码问题较适合于多向量的问题，但也常出现早熟收敛的情况，而模拟退火算法需要增加补充搜索功能以避免状态的迂回搜索。因此，目前关于在 MDO 中应用智能优化算法的研究，主要集中在以下两个方面。

一方面，要研究各个智能优化算法的特征，以适应不同 MDO 问题的需要。对于一个具体问题，最重要的是，如何选择一个最适合该问题的优化算法，如在最短时间内得到最优解或求满足一定精度要求的解等，不同的设计优化条件要求所采用的算法是不同的。建立一个能够适应不同 MDO 问题设计优化条件的智能优化算法库，可以更好地支持多学科设计优化工作。

另一方面，结合 MDO 问题的特点，结合算法的基础理论，对智能优化算法本身存在的缺陷做出改进，可以改善算法的寻优效率，加速逼近收敛点，增强其在优化计算中的表现。

## 4.3.2　多学科设计优化策略

多学科设计优化策略也叫作 MDO 方法，是 MDO 问题的数学表述及这种表述在计算环境中如何实现的过程组织。主要关注如何将复杂的 MDO 问题分解为若干较为简单的学科（子系统）设计优化问题；如何协调各学科的设计进程；如何综合考虑各学科的设计结果。

多学科设计优化策略与传统意义上的寻优是不同的。传统寻优方法属于优化理论的研究领域，而多学科设计优化策略是从设计问题本身入手，从设计计算结构、信息组织的角度来研究问题，是在具体寻优方法的基础上提出的一整套设计计算框架，该计算框架将设计对象各学科的知识与这些具体的寻优算法结合起来，形成一套有效地解决复杂对象的优化求解方法。

如图 4-3 所示，总体上，多学科设计优化策略可以分为单级优化策略（整体式架构）和多级优化策略（分布式架构）两种。单级优化策略是多学科设计优化策略中最原始也是最简单直接的多学科组织策略，主要有自适应上升-下降优化（Adaptive Ascent-Descent Optimization，AAO）方法、单学科可行（Individual Discipline Feasible，IDF）方法和多学科可行（Multi-Disciplinary Feasible，MDF）方法三种。多级优化策略是运用分布式思想，在单级优化策略基础上的改进。这里介绍几种研究应用较为广泛的方法，主要有二级集成系统综合（Bi-level Integrated System Synthesis，BLISS）方法、并行子空间优化（Concurrent Subspace Optimization，CSSO）方法、协同优化（Collaborative Optimization，CO）方法、目标级联（Analytical target cascading，ATC）方法、基于独立子空间的多学科设计优化（MDO of Independent Subspaces，MDOIS）方法、学科交互变量消除（Discipline Interaction Variable Elimination，DIVE）方法。其中，CSSO 方法、BLISS 方法是由 MDF 方法发展而来的，CO 方法、ATC 方法、DIVE 方法、MDOIS 方法是由 IDF 方法发展而来的。下面对几种常见的多学科设计优化策略进行简单介绍。

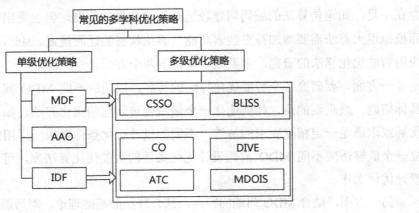

图 4-3　优化策略分类

### 1. 单级优化策略

（1）自适应上升-下降优化方法。

自适应上升-下降优化（AAO）方法是一种单级优化策略，用于解决连续优化问题。它是基于模拟退火算法的改进版本。其优化结构如图 4-4 所示。

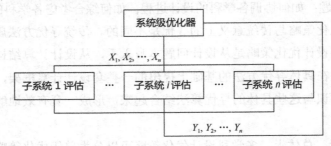

图 4-4　AAO 方法的优化结构

AAO 方法使用学科评估代替学科分析，将系统的所有变量同时进行优化。每次优化直接进行学科评估，但不保证学科可行，直到优化结束时才能保证学科和系统同时可行。AAO 方法调用子系统评估进行系统级优化，目的是优化全局目标。由于 AAO 方法只调用学科计算，不能应用成熟的学科分析代码，而且将耦合变量和状态变量都进行优化，增大了优化问题的规模，所以 AAO 方法不适合应用于具有众多子系统和设计变量的复杂系统。

AAO 方法引入新的两个设计变量 $Y_A$ 和 $Y_B$ 表征学科和系统间的通信，通过引入系统分析方程作为等式约束，以避免学科间的耦合分析，引入的设计变量由系统分析方程来约束，如下：

$$Y_A - BV_A(X_A, Y_B) = 0$$
$$Y_B - BV_B(X_B, Y_A) = 0 \tag{4.12}$$

AAO 方法的数学模型可表示为

$$
\begin{aligned}
&\min. \quad F\left(X_{\mathrm{sys}}, Y_{\mathrm{A}}, Y_{\mathrm{B}}\right) \\
&\text{s.t.} \quad g_{\mathrm{A1}}\left(X_{\mathrm{sys}}, Y_{\mathrm{B}}\right) \leqslant 0 \\
&\qquad g_{\mathrm{A2}}\left(X_{\mathrm{sys}}, Y_{\mathrm{B}}\right) \leqslant 0 \\
&\qquad g_{\mathrm{B1}}\left(X_{\mathrm{sys}}, Y_{\mathrm{A}}\right) \leqslant 0 \\
&\qquad g_{\mathrm{B2}}\left(X_{\mathrm{sys}}, Y_{\mathrm{A}}\right) \leqslant 0 \\
&\qquad Y_{\mathrm{A}} - BV_{\mathrm{A}}\left(X_{\mathrm{A}}, Y_{\mathrm{B}}\right) = 0 \\
&\qquad Y_{\mathrm{B}} - BV_{\mathrm{B}}\left(X_{\mathrm{B}}, Y_{\mathrm{A}}\right) = 0 \\
&\qquad X_{\mathrm{sys}}, Y_{\mathrm{A}}, Y_{\mathrm{B}} \in S
\end{aligned}
\tag{4.13}
$$

式中，$X_{\mathrm{sys}}$ 表示系统级设计变量，$Y_{\mathrm{A}}$、$Y_{\mathrm{B}}$ 表示状态变量。系统分析方程只能在优化结束时可行。因此 AAO 方法与 MDF 方法不同，不需要一个完整的多学科分析，这个特性有助于提高 AAO 方法的计算效率。但是增加的设计变量和约束往往使优化问题变得异常复杂。而且，非凸、不收敛等问题导致优化中途终止时产生的设计结果将完全没用。

（2）多学科可行方法。

多学科可行（MDF）方法是多学科设计优化策略中最简单，也是最基本的一种。其优化结构如图 4-5 所示。

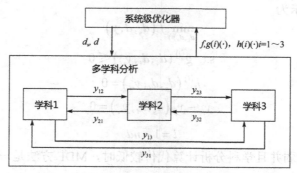

图 4-5　MDF 方法的优化结构

从 MDF 方法的优化结构中可以看出，在每次优化迭代过程中，系统级优化器首先为每个学科提供一组设计变量的初始值，然后多学科分析模块在满足各学科一致性的要求下，各学科进行多学科分析，为系统级优化器返回优化目标函数值、等式和不等式约束的函数值。基于 MDF 方法的多学科设计优化模型可表示为

$$
\begin{aligned}
&\min_{\mathrm{DV}} f\left(d_{\mathrm{s}}, d, y\right) \\
&\text{s.t.} \quad g^{(i)}\left(d_{\mathrm{s}}, d_i, y_{\cdot i}\right) \leqslant 0 \\
&\qquad h^{(i)}\left(d_{\mathrm{s}}, d_i, y_{\cdot i}\right) = 0 \\
&\qquad i = 1 \sim nd
\end{aligned}
\tag{4.14}
$$

其中，多学科分析模块的任务是对式（4.5）的等式进行求解，使其满足一致性要求，同时获得所有耦合状态变量的值。

（3）单学科可行方法。

单学科可行（IDF）方法的优化结构如图 4-6 所示。

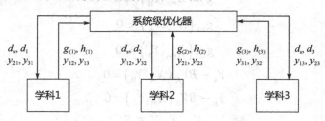

图 4-6    IDF 方法的优化结构

在 IDF 方法中，设计变量由两部分组成，一是 MDO 原有的设计变量，二是额外的耦合状态变量。系统级优化器会处理每个学科的原有设计变量及相应的耦合状态变量。每个学科分析都会在独立的环境下进行分析和优化，并且可以并行执行。分析之后，各学科向系统级优化器返回本学科设计约束及输出耦合状态变量的值。在 IDF 优化模型中，为了实现学科一致性并增强各学科的自治性，将学科一致性要求作为额外的设计约束，即每次迭代时系统级优化器提供的耦合状态变量的值必须等于学科分析后的值。基于 IDF 方法的 MDO 优化模型可表示为

$$
\begin{aligned}
&\min_{(d_s, d, y)} f\left(d_s, d, y\right)\\
&\text{s.t.}\ \ g^{(i)}\left(d_s, d_i, y_{\cdot i}\right) \leqslant 0\\
&\qquad h^{(i)}\left(d_s, d_i, y_{\cdot i}\right) = 0\\
&\qquad y_{i\cdot} - y_{i\cdot}\left(d_s, d_i, y_{\cdot i}\right) = 0\\
&\qquad\qquad i = 1 \sim nd
\end{aligned}
\tag{4.15}
$$

当学科间耦合较弱并且学科分析计算代价较低时，MDF 方法是一种令人满意的方法。在 MDF 方法的设计变量中，设计变量较 IDF 方法的设计变量少。由于在优化中进行多学科分析，即使在优化过程中计算中断，当前设计点仍满足一致性要求。但是，MDF 方法在处理大规模或强耦合的 MDO 问题时，其计算量非常大且并不能保证其收敛；MDF 方法的健壮性较差，当多学科分析在当前设计点不收敛时，将导致 MDF 方法求解失败；MDF 方法不是并行结构，这也直接导致其低效率。

IDF 方法中增加了额外的设计变量——耦合状态变量，将一致性要求作为额外的设计约束，使得各学科可以并行地进行多学科分析。在每一迭代点，每学科只进行一次学科分析，学科一致性要求在优化收敛时自动满足。与 MDF 方法相比，IDF 方法的缺点在于，在优化过程中，如果中断计算，那么当前的设计点可能不满足一致性要求；由于设计变量包括耦合状态变量，其求解规模较 MDF 方法的求解规模大；由于一致性要求作为额外的等式

约束，当耦合状态变量较多时，可能造成求解困难。

从计算效率和健壮性来看，IDF 方法均优于 MDF 方法；而 MDF 方法实现相对容易。单级优化策略比较如表 4-1 所示。

表 4-1　单级优化策略比较

| 优化策略 | AAO | IDF | MDF |
|---|---|---|---|
| 能否集成传统分析工具 | 不可以 | 可以 | 可以 |
| 单学科解决方案可行 | 只在收敛处可行 | 每轮循环都可行 | 每轮循环都可行 |
| 多学科解决方案可行 | 只在收敛处可行 | 只在收敛处可行 | 每轮循环都可行 |
| 优化器的决策变量 | $\{z, x, y\}$ | $\{z, y\}$ | $\{z\}$ |
| 收敛速度 | 快 | 快 | 慢 |
| 支持并发过程解耦 | 是 | 是 | 否 |
| 支持学科自治 | 否 | 是 | 否 |

注：其中，$z$ 表示系统级优化变量，$x$ 表示学科优化变量，$y$ 表示耦合状态变量。

### 2．多级优化策略

（1）协同优化方法。

协同优化（CO）方法由斯坦福大学的 Kroo 教授于 1994 年提出。在该方法下，MDO问题被分解为一个系统级和多个学科级的优化，CO 方法定义了系统级与子系统级两级优化模型[10]。通过将所有的耦合状态变量转换为设计变量解除学科间的耦合关系。在分层结构下，系统级和子系统级优化的目标函数、设计变量和约束都不同。系统级的目标函数就是设计优化问题的目标函数；系统级向子系统级传递优化参数，子系统再把优化后的结果传回系统级，进而使多个学科级优化实现独立并行分析与优化。协同优化方法中各学科级优化不用考虑其他学科的影响，只需要满足本学科的约束，其优化目标是使本学科的优化结果与系统级优化期望目标的差异最小（学科间不一致性最小）。系统级负责优化原 MDO 问题的目标函数，并通过学科一致性约束对各学科的不一致性进行协调。通过系统级优化和学科级优化之间多次迭代，最终搜索到满足各学科一致性要求的全局最优解。

在 CO 方法的系统级优化模型中，要求在满足一致性约束的前提下，最小化目标函数，可表示为

$$\text{Min}\ \ F(z)$$
$$\text{s.t.}\quad J_i^*(z) = 0\ \ i = 1, 2, \cdots, n \tag{4.16}$$
$$z_L \leqslant z_i \leqslant z_U$$

式中，$F(z)$ 是原优化问题的目标函数，即系统级的优化对象；$z$ 是系统级的设计变量；$J_i^*$是系统级的一致性约束，实际上是 $n$ 个子系统级的最优解集合。在 CO 方法的优化过程中，

通过系统级优化过程来协调各个不一致的子系统级设计优化结果，两者之间的信息关系协调图如图 4-7 所示。

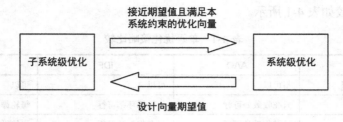

图 4-7　CO 方法中子系统级与系统级信息关系协调图

CO 方法通过系统级优化和子系统级优化之间的多次迭代，最终得到一个符合学科间一致性要求的系统最优设计方案。

CO 方法的子系统级优化模型可表示为

$$\text{Min } J_i = \sum_{i=1}^{n} \left| x_i - z_i \right|^2$$

$$\text{s.t. } g_u(x) \leqslant 0 \quad u = 1, 2, \cdots, l \tag{4.17}$$

$$h_v(x) \leqslant \varepsilon_v \quad v = 1, 2, \cdots, p$$

$$\varepsilon_v \geqslant 0 \quad v = 1, 2, \cdots, p$$

式中，$J_i$ 是子系统目标函数；$x$ 是子系统级的设计变量；$z$ 是系统级向子系统级传递过来的变量。在优化时，CO 方法的每个子系统可以暂时不考虑其他子系统或系统级的影响，只需要满足自身内部的约束；子系统优化的目标是，使子系统设计优化方案与系统级优化提供的优化变量期望值的差异达到最小。

按照 CO 方法的优化模型与基本思想，有如图 4-8 所示的优化结构图。

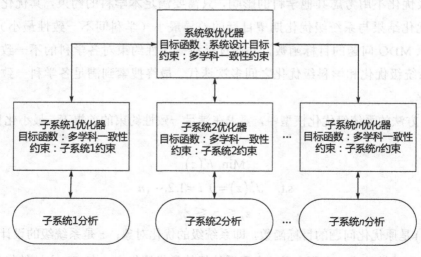

图 4-8　CO 方法优化结构图

从优化结构图可知，CO 方法具有以下特点。

- 辅助变量的引入使 CO 方法不需要学科间解耦迭代，各个子系统并行执行分析与优化过程，能够显著缩短设计问题的优化周期。CO 方法是 MDO 策略中学科间独立性最强的一种策略。
- 优化结构与现有工程设计分工的组织形式相一致，各学科级优化问题代表了实际设计过程中的某一应用领域，如隐身、结构、航电等，具有模块化设计的特点，对应计算结构清晰明了，易于组织管理。
- 每个学科已有的优化代码能够便捷地集成到对应子系统的分析设计过程中，不需要进行复杂的改动，有利于设计分析工具的继承，这在计算资源开发花费与日俱增的今天，对于降低优化投入具有重要意义。

综上所述，CO 方法在解决复杂产品的设计优化问题时，各个子系统保持了各自的分析设计能力；不需要添加额外的辅助变量，省去了烦琐的系统分析过程。但是，CO 方法特有的多级分层优化结构在带来以上优点的同时，也产生了如下两方面的问题。

一是计算上的困难。CO 方法在系统级优化时，一个系统级设计变量要对应协调多个子系统的优化结果，增加了变量空间的维数和优化算法寻优搜索的难度；同时，系统级一般具有非线性的不平滑变量空间，其函数存在不可导的情况；并采用传统数值算法求解，需要进行大量计算来获取梯度信息，优化常常只得到局部最优解，或者意外终止；处理优化问题时不可避免地会引入辅助变量，这也导致了变量空间急剧膨胀，增加了优化所消耗的时间和资源，效率低下。

二是收敛上的困难。CO 方法只有当系统级中所有的等式约束满足时，才会停止优化，表明已经找到了一个可行的优化解。但在实际工程优化问题中，子系统级优化结果与系统级期望值之间一般存在差值，难以满足等式约束，CO 方法会因某几项约束不满足，陷入重复迭代，出现无法收敛的情况；另外，以二次项形式描述的 CO 方法系统级优化模型，可能使目标函数最优解处的 Jacobian 矩阵不连续，进而导致 Karush-Kuhn-Tucker 条件中的拉格朗日乘子不存在，破坏求解有约束非线性规划问题的稳态条件。

目前，为解决 CO 方法的计算和收敛困难的问题，一些学者主要从以下几个方面开展了相关研究：基于智能算法的 CO 方法、对 CO 方法系统级优化模型的改进、CO 方法与其他 MDO 策略的集成等。

（2）并行子空间优化方法。

并行子空间优化（CSSO）方法由 Sobieski 于 1989 年提出[11]。它是基于 GSE 的近似分析。在 CSSO 方法中，每个子空间独立优化一组互不相交的设计变量。在各子系统的优化过程中，涉及该子空间的状态变量的计算，用该子空间所属的学科分析方法进行分析，而其他状态变量和约束则采用基于 GSE 的近似计算。各子空间的设计优化结果联合组成

CSSO 方法的一个新设计方案，该方案又被作为 CSSO 方法迭代过程的下一个初始值。Renaud 和 Gabriele 对 Sobieski 提出的 CSSO 方法的优化过程进行改进，他们采用近似策略对系统进行近似构造，改进了系统的协调优化方法，简化了 CSSO 方法的优化过程。Sellar 和 Btill 对 CSSO 方法进行了改进和发展，充分利用已经获得的设计信息，采用响应面方法对系统进行近似构造，并为子空间临时解耦提供了条件，使其能够解决连续/离散变量的问题，收敛速度也大为提高。Chi 等人对能处理连续/离散变量的 CSSO 方法进行了进一步的发展。总的看来，CSSO 方法可以分为两类，一类是早期提出的基于灵敏度分析的 CSSO 方法，另一类是基于响应面的 CSSO 方法，它们具有相同的并行子空间优化设计思想，但形成了基于 GSE 和响应面的 CSSO 优化框架，这里主要介绍本书用到的基于 GSE 的 CSSO 方法、基于响应面的 CSSO 方法。

① 基于 GSE 的 CSSO 方法。

基于 GSE 的 CSSO 方法的流程图如图 4-9 所示，该方法的过程可以分为 4 个模块：系统分析、系统灵敏度分析、子空间并行优化、系统级协调优化，CSSO 方法将原优化问题分解为一个系统级优化和多个学科级优化问题。使用该策略时，首先执行系统分析，获得初始设计点，采用 GSE 求解设计点处的灵敏度信息；然后并行执行并行子空间优化获得优化设计点，对于各学科的数学优化模型，本学科状态变量采用精确分析模型求解，所需其他学科信息通过线性近似模型得到，各学科优化各自的设计向量，其他学科设计向量值保持不变；最后进行系统级协调优化，在规定的移动限制内执行基于梯度的最优化计算，获得一组新的优化设计点，更新设计变量作为下一轮迭代的初始点，如此反复迭代，直至收敛。

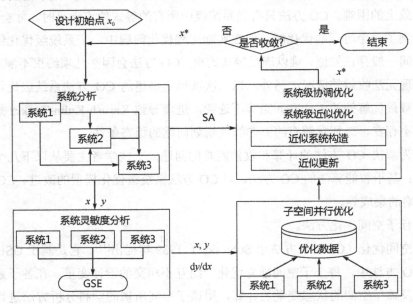

图 4-9 基于 GSE 的 CSSO 方法的流程图

基于 GSE 的 CSSO 方法将优化过程与设计分析过程分离，降低了优化难度，减少了系统分析次数。该方法能实现各学科的并行优化，各学科专家可根据本学科的实际情况选择专业的方法进行灵敏度分析和子空间优化，设计自由度高，人工干预性强。CSSO 方法的学科划分与设计部门划分一致，便于组织协调。并且，系统迭代收敛前的设计点也是可用的较优点。该方法的主要缺点：优化过程需要系统灵敏度信息，只能处理连续变量问题。此外，为保证 GSE 的近似精度，需要采用移动限制的方法，这都增大了 CSSO 方法在应用中的难度。

② 基于响应面的 CSSO 方法。

图 4-10 给出了基于响应面的 CSSO 方法的简化流程图，该流程图与基于 GSE 的 CSSO 方法的流程图相比突出了响应面近似的地位，响应面近似作为优化过程的信息集散基地，起到连接各个优化模块的纽带作用，并且，整个优化过程不再需要进行系统灵敏度分析。使用基于响应面的 CSSO 方法时，需要首先给出几组设计变量值作为初始信息，对它们进行系统分析，求出对应的状态变量值，并将这些信息存入响应面的数据库中，以此构造响应面作为状态变量的近似分析模型。系统分析之后，进行子空间并行优化，各学科的专家采用合适的分析方法或根据设计经验自由地进行优化设计，涉及其他学科的状态变量信息可通过响应面来获取。子空间并行优化结束后，利用优化结果再次进行系统分析，并把相应的设计变量和状态变量值补充到数据库中，更新响应面，构造出的响应面越来越精确。最后进行系统级优化，在系统级优化中，所有的状态变量信息均由响应面来获取，因此系统级优化计算成本较低。系统级优化结束后，对系统级设计变量最优解再次进行系统分析和更新响应面，随着这个优化迭代循环不断进行，响应面越来越精确，最终收敛到一个最优解。

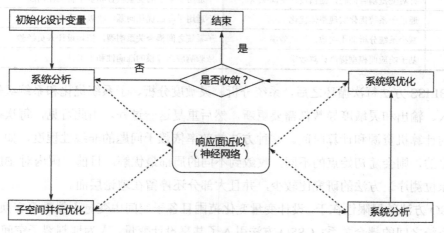

图 4-10　基于响应面的 CSSO 方法的简化流程图

基于响应面的 CSSO 方法与基于 GSE 的 CSSO 方法相似，实现了系统分析与优化的分离，可实现并行优化，各学科优化设计自由度高，学科划分与设计部门划分一致，便于组织协调，系统迭代收敛前的设计点也是可用的较优点。不仅能够处理连续设计变量问题，还可以处理离散设计变量问题。这种方法更加充分地利用设计循环过程中的数据，所有迭代循环产生的数据都在数据库中积累了下来，各子空间的设计优化结果可作为进一步构造响应面的设计点，能够提高响应面的精度，并加快设计收敛的速度。其缺点在于：获得最优设计所需的学科分析及系统分析的数量比较大，特别当问题很复杂时，该算法的收敛速度还是有限的。

### 3．优化方法比较分析

目前对 MDO 方法的研究主要集中在两方面：一方面，进一步加深并拓宽其在多学科设计优化中的应用，近几年的研究工作表明，除了传统的航空航天领域，各种 MDO 方法也在船舶、机械、兵器、汽车等领域的设计优化问题中得到了应用。但是，国内关于 MDO 方法的研究工作的应用成果尚不普及。另一方面，MDO 方法尤其是多级优化方法自身存在的诸多问题正在严重地制约其在工程中的应用，所以对方法的理论研究也在深入；希望针对几种多级优化方法各自的缺陷，做出有针对性的修改，提高它们的优化表现。表 4-2 所示为不同优化方法比较分析。

表 4-2　不同优化方法比较分析

| 优化方法 | 主要特点 | 局限性 |
| --- | --- | --- |
| MDF | 需要进行多学科分析，应用广泛 | 每次优化都需要进行多学科分析，效率低下 |
| AAO | 综合考虑多个学科因素，全局搜索 | 需要将系统分析方程转换为相等约束，无法得到学科可行解 |
| IDF | 结合了 MDF 和 AAO 的特点，效率适中 | 随着设计变量和平衡性约束增多，效率降低 |
| ATC | 针对变量耦合问题，提供设计空间探索 | 不适用于复杂的变量耦合和多学科优化问题 |
| CO | 通过子系统优化实现整体优化 | 不适用于非凸优化问题，收敛性不确定 |
| CSSO | 减少系统分析调用次数，提高效率 | 子系统之间耦合关系割裂，依赖设计人员经验 |
| RSM | 基于响应面模型提高计算效率 | 依赖响应面建模的准确性和平滑性 |

在 BLISS 方法每次循环之后，系统分析、灵敏度分析、子系统优化和系统级优化等的所有输入、输出和灵敏度导数都需要更新，然后重复这一过程。由此可见，每次循环都需要大量的计算机资源和计算时间。这种方法的效率依赖于问题的非线性程度，如果问题是非凸优化的，则会随初始点的不同，收敛到不同的局部最优解。目前，国内对 BLISS（断裂标记原位测序）方法的研究比较少，并且大部分还停留在理论层面。

CSSO 方法的局限性在于，设计变量变化范围且各子空间中变量不能重叠交换，这样割裂了子系统之间的耦合关系；CSSO 方法引入了共享设计变量，人为地割裂子空间。设计空间的划分依赖于设计人员的经验，对最后的设计优化结果造成的影响难以预料。由于 CSSO 方法基于全局灵敏度方程，一般只适用于连续设计变量的多学科设计优化。同时，CSSO 方法优化过程中需要的信息也最多，如方程约束、系统分析等，这在一定程度上加剧了计算资源的消耗。

CO 方法虽然消除了复杂的系统分析，但子系统优化目标不直接涉及整个系统的目标值，可能会使子系统分析次数大大增加，因此总的计算量很有可能并不减少。另外，该方法只有当系统级的所有等式约束满足时，才找到一个可行的优化解。在需要处理的设计优化变量数目很多时，有可能经过多次迭代计算也无法收敛。CO 方法的收敛性并没有严格的理论证明，一般只用算例来检验其收敛性和寻找全局最优解的能力。

应用响应面方法（Response Surface Methodology，RSM）是一种有效提高 MDO 方法计算效率的方法。在 BLISS 方法的系统级优化中使用响应面，可以消除系统级优化对灵敏度导数和拉格朗日乘子的依赖，还可以通过平滑数值噪声提高优化收敛速度。由此出发，相继出现了各类基于响应面的 BLISS 方法，如 BLISS/RS1、BLISS/RS2 及 BLISS 2000 等。这种思路也被借鉴到了 CSSO 方法和 CO 方法的改进中，也出现了 CSSO-RS 方法和 CO-RS 方法。

同时，对方法自身的结构进行修改，也能很好地改善在设计优化问题中的表现。例如，对 CO 方法的系统级约束做出修改，将等式约束替换成不等式约束，提升其收敛的性能。实践证明获得了良好的效果。

总之，虽然目前已经发展了多种多学科设计优化策略，但是它们都存在自身的一些问题。例如，MDF 方法的缺点是每进行一次优化寻缘，都要进行多学科分析，效率低；系统分析方程需要转换成相等约束，优化过程得不到学科可行解；IDF 方法介于 MDF 方法和 AAO 方法之间，随着系统设计变量和平衡性约束增多，优化问题规模变大，效率低；ATC 方法和 CO 方法由于相容性约束的问题，不太适合变量之间耦合严重的情况，也不适合学科较多的设计优化问题；CSSO 方法中，系统级采用协调器而不是优化器，减少了系统分析调用次数，提高了效率，但是算例显示 CSSO 方法会产生不收敛的解集情况。

# 参考文献

[1]　刘继红，李连升. 考虑多源不确定性的多学科可靠性设计优化[M]. 武汉：华中科技大学出版社，2018.

[2]　李响. 多学科设计优化方法及其在飞行器设计中的应用[D]. 西安：西北工业大学，2004.

[3]　张科施. 飞机设计的多学科优化方法研究[D]. 西安：西北工业大学，2006.

[4]　肖思男. 结构可靠性及全局灵敏度分析方法研究[D]. 西安：西北工业大学，2018.

[5] 赵海龙. 可靠性和可靠性灵敏度分析的函数替代方法研究及应用[D]. 西安：西北工业大学，2015.

[6] 卢放. 基于多学科优化设计方法的白车身轻量化研究[D]. 长春：吉林大学，2014.

[7] 付超，胡旭杰，于红艳，等. 基于卡方分布的统一多学科可靠性分析[J]. 计算机集成制造系统，2017, 07(23): 74-81.

[8] FU C, LIU J H, XU W T. A Decoupling Strategy for Reliability Analysis of Multidisciplinary System with Aleatory and Epistemic Uncertainties [J]. Applied Sciences, 2021, 11(15): 7008.

[9] FU C, LIU J H, WANG S D. Building SysML model graph to support the system model reuse[J], IEEE Access, 2021, 9: 132374-132389.

[10] FU C, LIU J H. An efficient sequential reliability analysis method for multidisciplinary system[J]. International Journal of Computational Methods, 2022, 19(09): 2250013.

# 工程化需求管理

在工程项目中，需求管理是一个至关重要的环节。随着项目规模的不断扩大和复杂度的增加，需求的准确性、完整性和一致性显得尤为重要。在本章中，我们将介绍工程化需求管理方法，旨在帮助读者更好地理解如何合理获取用户的需求、如何规范需求表达、如何建立需求追溯关系，以及如何处理和控制需求变更。

5.1 需求表达

### 5.1.1 客户需求获取

#### 1. 需求概述

需求是指人们（客户）或组织在特定时间和特定情境下所需要满足的条件或服务。需求可以包括人们（客户）需要的产品、服务、软件、硬件、人员、资源、信息等。需求是一个广泛的概念，它可以出现在不同的领域和不同的场景中，如经济、商业、科技、社会、文化等。需求的产生通常有两个基本动因：利益和需求本身。利益是指，人们因为某种目的而对产品或服务感兴趣，如追求美食、娱乐、健康等；而需求本身是指人们因为某种需要而购买产品或服务，如食物、水、住房等。因此，需求的来源可以是自然、社会和文化等因素的综合作用。

需求在工程项目中也是一个非常重要的概念，因为它关系到了产品和服务的设计、制造和营销等方面。在工程项目中，需求通常是产品设计的起点。产品设计团队需要了解市场和客户的需求，以便设计出符合市场需求的产品。例如，一家汽车制造商需要了解客户对汽车的需求，以便设计出符合客户需求的汽车。在这个过程中，产品设计团队需要考虑诸如汽车尺寸、性能、油耗、安全性等方面的需求，并据此进行设计。如果产品设计团队能够充分了解市场和消费者需求，那么他们就能够设计出一个更受欢迎的产品，并获得更高的市场份额。此外，需求还是项目管理的核心，工程项目需要满足客户的需求，以便获得客户的满意度。一家建筑公司需要在规定的时间内、符合客户要求和质量标准，并在预算范围内完成一个大型的建筑项目。为了满足这个需求，项目团队需要制订合适的计划、安排资源、与客户沟通和协调等。如果项目团队能够满足客户需求并按时交付，那么他们就能够获得客户的信任，并为公司赢得更多的业务。

### 2. 需求获取的过程

需求获取是需求开发工作的第一个环节，也是连接需求规划和需求开发领域的中间环节[1]。需求获取是一个理解并确定不同客户的需要和约束的工作活动。获取客户需求位于软件需求三层结构中的中间一层，具有承上启下的作用。项目视图和范围文档的业务需求决定了用户需求，它描述了用户利用系统需要完成的任务。从这些任务中需求分析人员能获得用于描述系统活动的特定的软件功能需求，这些系统活动有助于客户执行他们的任务，也使得开发人员清楚自己需要做什么工作。需求获取的重点工作是使用用例的分析和描述。

需求获取是一个需要高度合作的活动，而不是简单地对需求规划照搬。作为一个需求分析人员，必须全面、细致地了解需求规划中的问题和目标、组织和对象、业务域、业务过程、业务活动、业务单证等内容，并不断思考系统应该提供什么样的功能来改进客户的工作。例如，这个功能能否完成它的任务，能否达到客户的要求。需求分析人员实际上已经将一个假想的系统引进来，并对照客户的业务描述进行映射。下面是需求获取的思路和过程。

（1）定义需求目标和范围：首先需要明确需求获取的目标和范围。这个目标和范围可以根据不同的项目而不同，可以是一个新产品、一个新工艺、一个新系统或服务等。在明确了需求目标和范围之后，需要分析项目的特点、限制和预算等因素。

（2）确定需求获取的方法和渠道：根据需求获取的目标和范围，确定合适的需求获取方法和渠道。例如，可以通过现场观察、客户访谈、用户调查、竞争对手分析、文献调研等方式获取需求。这个过程需要根据项目的具体情况进行调整，选择合适的方法和渠道。

（3）进行需求分析：对收集到的需求进行分析，了解用户或系统的要求，以及问题、挑战和潜在需求。这个过程需要根据不同的需求类型进行具体的分析，如客户需求、功能需求、性能需求、安全需求等。

（4）确定需求优先级和约束条件：根据需求分析的结果，确定需求的优先级和约束条件，以便在产品或系统设计和开发过程中加以考虑。例如，需要考虑的约束条件包括预算、时间、资源、技术可行性等。

（5）做好系统关联分析及描述：在需求获取的过程中，需要对客户和系统的需求进行全面和深入的分析，并且要将不同需求之间的关联性进行详细描述和分析。这样可以帮助开发团队更好地理解用户的需求，同时确保产品或系统设计的一致性和有效性。

（6）确认需求并制定使用用例：在确定需求和约束条件之后，需要进一步确认需求，并制定相应的使用用例。用例的描述可使业务人员知道系统实现后将与原有的业务操作方式有何不同，如有无提高效率、有无减轻工作强度、有无降低工作难度等。对后续的开发人员而言，使他们清楚开发时有哪些功能点、功能开发的内容是什么等。

（7）评审使用用例的描述：将编写好的用例描述提交给客户或相关专家进行评审，以确保用例描述符合用户需求和设计要求。

### 3. 需求获取的方法

需求获取是工程开发过程中的关键环节，如果不理解客户的需求，那么很难构建出满足用户期望的系统。为了更好地理解客户的需求，需求工程领域提出了多种需求获取的方法，这些方法各有优缺点，选择何种方法需要根据具体的项目情况来综合考虑。本书将介绍以下三种方法，帮助读者更好地理解需求获取过程。

（1）面向目标的方法。

面向目标的方法是一种系统性的需求获取方法，它旨在帮助需求工程师、分析师、设计师等项目成员理解和描述项目的业务目标和要求，以便能够有效地满足客户需求。该方法强调将软件开发过程中的关注点从功能特性转移到业务目标，通过对系统所需实现的目标进行层次化描述，将需求文档结构化、分层、有序地表达出来，从而提高需求文档的可读性、完整性和一致性。同时，面向目标的方法有助于将软件需求与业务目标联系起来，从而确保软件系统能够真正满足客户的需求和期望。

面向目标的方法的核心思想是，将需求从系统的功能特性中抽离出来，转而以客户的业务目标为中心进行描述。在这种方法中，需求被看作系统实现的目标，这些目标具有层次结构，从高层次的目标开始描述，逐渐细化为底层实现的技术需求。这种层次结构不仅有助于逐步精化需求，还有助于建立需求与业务目标之间的可追溯性，帮助团队更好地理解业务需求，避免遗漏、冲突和不一致性等问题。

面向目标的方法在需求获取、需求分析、需求协商等领域都有广泛的应用，可以帮助项目团队更好地理解和满足客户需求，确保软件系统能够符合客户的期望，并且有助于提高软件开发的效率和质量。

（2）基于场景的方法。

基于场景的方法也是一种系统性的需求获取方法，它基于对应用环境的某一特定情境的描述来阐述客户的需求。这种方法通过场景的描述，可以让利益相关者之间更加清晰地理解系统的需求，从而便于利益相关者之间的交流和需求确认。此外，基于场景的方法还提供了一种将需求与实际相结合的机制，能够有效地帮助进行快速原型生成等活动。

在基于场景的方法中，基于用例的方法是应用最广泛的一种方法。用例从客户的观点、以交互的方式对于系统的行为特征进行描述,可以帮助梳理系统的功能需求,并在系统开发的各阶段中指导需求、设计、测试等活动。而场景一般认为是用例的一个实例,它通过具体的情境描述,更加详细地阐述了用例的执行过程,帮助涉众更好地理解系统的需求。在实践中,可以通过场景描述的形式化,实现对用例的验证和快速原型生成等活动,提高系统开发的效率和质量。

(3)质量功能展开。

质量功能展开(QFD)在第 2 章中已介绍过,它是一种结构化的方法,通过将客户的意见融入产品开发过程,使产品和服务的设计满足客户的要求[2]。QFD 是一种系统的、以团队为导向的产品开发方法,它利用矩阵将客户要求转化为产品规格。

QFD 是基于跨职能团队工作的原则,这意味着来自不同职能领域的代表,如市场、工程和制造,共同开发产品设计。这种跨职能团队的方法可以确保产品设计的所有方面都能得到考虑,并确保最终产品满足客户的需求和期望。客户需求矩阵就是这种跨职能团队工作过程中的一个关键工具,图 5-1 就是一个基于 QFD 的航空备件指标体系建立的例子。客户需求矩阵以一种结构化的格式捕捉到了客户的意见,可以很容易地转化为产品规格。一旦客户需求矩阵被创建,QFD 过程的下一步就是开发产品设计矩阵。产品设计矩阵是一种工具,有助于将客户需求转化为具体的设计特征和产品特性。产品设计矩阵通常以分层的形式组织,客户需求列在最上面,然后是技术要求、工程规范和制造工艺规范[3]。

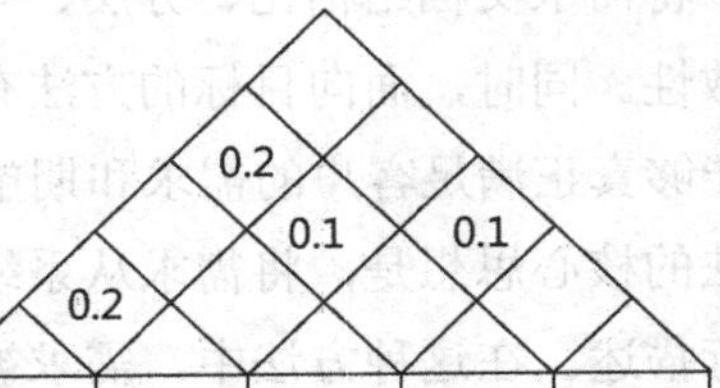

| | 重要程度 | 便携性 | 易换性 | 易损伤性 | 经济性 | 关键性 |
|---|---|---|---|---|---|---|
| 易操作 | 5 | 9 | 9 | 0 | 0 | 0 |
| 有储备 | 8 | 3 | 1 | 9 | 3 | 3 |
| 需更换 | 9 | 1 | 1 | 1 | 3 | 9 |
| 指标重要度 | | 78 | 62 | 81 | 51 | 105 |
| 指标和(0~1)重要度 | | 0.207 | 0.164 | 0.215 | 0.135 | 0.279 |
| 指标权重 | | 0.2187 | 0.1781 | 0.1976 | 0.1612 | 0.2444 |

图 5-1 基于 QFD 的航空备件指标体系建立

## 5.1.2　规范化的需求条目

### 1．需求编写的目的

需求编写是工程项目中一个非常重要的环节，它的主要目的是，将项目中所有相关的需求清晰、明确地描述出来，以确保开发团队和所有利益相关者对项目的目标和预期达成一致，从而为项目成功交付奠定坚实的基础。需求说明不是可有可无的文档，从某种程度上来说它是一个工具，通过这个工具，我们可以高效地完成不同工作领域、不同工作层次的人员对工程项目内容的全局查询、局部修改、部分导出。以下是需求编写的主要目的。

（1）作为项目的基础：需求编写是项目开发的第一步，它是所有其他开发活动的基础。只有当需求被明确定义并被各方共同理解和认可后，才能进一步开展后续的设计、开发、测试等工作。

（2）作为合同的基础：需求编写的结果通常被用作项目开发过程中的一个合同，它将所有利益相关者的期望和要求，以及开发团队的承诺和责任写下来，以确保在整个项目周期中所有方面的一致性和稳定性。

（3）精确地描述要做什么：需求编写要求精确、明确地描述项目的目标和要求，以确保开发团队和所有利益相关者了解项目的具体目标、范围和功能。

（4）可测试和可判定的需求：良好的需求编写不仅要描述项目的功能，还要描述如何测试这些功能，以及如何评估是否已经实现了所需的功能。

（5）有控制的配置基础：需求编写提供了一种有序的方法来记录、追溯和管理项目中的所有需求，以确保它们被充分考虑、审查和处理，以及确保它们可以达到项目的最终目标。

（6）明确区分需求和方案描述：需求编写将需求与解决方案的描述明确区分开来，以确保在项目的早期阶段不会陷入实现细节的讨论，而是关注于确定项目目标和所需功能。

在需求编写过程中，所有利益相关者都参与了需求的定义、分析和优先级的设定。这样可以确保需求充分考虑了所有利益相关者的要求和期望，并且在项目周期内得到充分的处理和追踪。最终的需求规格说明书（SRS）是一种结构化的文档，可以为整个项目开发过程提供明确的指导，从而使项目能够按时、按质交付。

### 2．需求条目的描述语言

需求条目的描述语言是指用于表达和记录需求的语言或格式。在项目开发过程中，需求条目的描述语言非常重要，因为它是开发团队和客户之间进行沟通的桥梁，是确保项目开发过程中对需求进行正确理解和实现的关键因素。下面是三种常用的需求条目的描述语言。

（1）自然语言。

自然语言是日常生活中使用的语言，它具有易于理解和编写的优点。但是自然语言存在语义的二义性和含糊性，容易导致需求理解的错误。因此，在使用自然语言描述需求时，需要进行详细的分析和澄清。

（2）形式化语言。

形式化语言是基于数学方法提出的一种抽象描述语言，它具有严格的语法和语义规则，可以排除自然语言的二义性和含糊性。形式化语言描述的需求可以进行自动化处理，包括解释执行形式化的需求规格说明、生成可执行的程序代码等。但是形式化语言的使用需要具有一定的数学和逻辑知识，因此学习成本较高。

（3）结构化语言。

结构化语言是介于自然语言和形式化语言之间的语言，是一种语法结构受到一定限制、语句内容支持结构化的描述语言，又称为半形式化语言[4]。结构化语言的优点与自然语言较为接近，易于理解和阅读。由于其文法和词汇受到一定的限制，用它描述软件的需求规格说明可以为需求信息的一致性和完整性检验提供准则，从而部分地排除需求规格说明中存在的某些二义性。此外，研制关于结构化语言的支持工具也相对容易。结构化语言的不足之处是语言本身仍存在语义方面的含糊性，隐含着错误的风险，不过结构化语言是目前最现实的一种需求规格说明的描述语言。伪代码是一种常见的结构化语言，用于描述算法或程序的实现步骤。除了伪代码，还有其他几种结构化语言，如下。

PSL（Problem Statement Language，问题陈述语言）：一种基于自然语言的结构化语言，用于描述问题陈述。PSL 的语法规则非常严格，可以确保需求规格说明的一致性和完整性。它具有易于阅读和理解的特点，同时避免了自然语言中的二义性。

RSL（Requirements Specification Language，需求规格语言）：一种基于自然语言的结构化语言，用于描述软件需求规格。RSL 强调的是需求规格说明的可重用性和可维护性，它将需求规格说明分成多个层次，并用图形化的方式来表示需求之间的关系。

SDL（Specification and Description Language，规范与描述语言）：一种基于形式化语言的结构化语言，用于描述系统的规范与描述。SDL 包括了描述系统功能、性能、接口、安全性等方面的语言元素，同时包括了状态机、Petri 网等形式化建模技术。

SysML（Systems Modeling Language，系统建模语言）：一种基于 UML（Unified Modeling Language，统一建模语言）的结构化语言，用于描述系统的需求、结构和行为等方面。SysML 提供了丰富的图形化建模元素，如用例图、活动图、状态机图、序列图等，用于描述系统各个方面的细节和关系。

**3. 需求条目的结构标准与描述模板**

每个需求都要描述得清楚明了，这是开发正确产品的必要条件。需求文字描述应该结构清晰、易于理解。图 5-2 所示为需求编写句子结构模板。这个模板描述了需求编写的句子结构。每个需求都要简短，只用少数几个助动词（例如：必须、应该、将）。

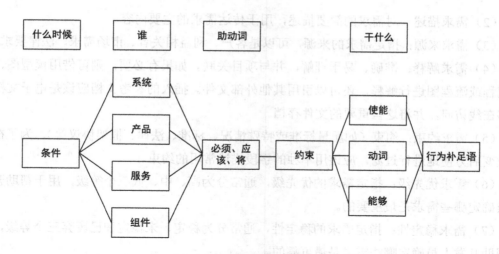

图 5-2　需求编写句子结构模板

表 5-1 所示为不同需求种类的模板语言。

表 5-1　不同需求种类的模板语言

| 需求种类 | 模板语言 | 例子 |
| --- | --- | --- |
| 产品需求，基础 | <系统>应该/必须/将<行为><动词> | 当舱门开启按钮被按下时，舱门应该运行到打开状态 |
| 产品需求，功能性的，有接口 | <系统>应该/必须/将<人><行为><动词> | 当舱门处于开启状态时，应该显示开启指示灯给舱员 |
| 产品需求，功能性的，有接口，约束 | <系统>应该/必须/将<人><行为><动词><约束> | 当检测到有物体阻挡时，舱门应该保持打开状态，即使舱员按下了关闭舱门按钮 |
| 产品需求，质量需求，有接口，约束 | <系统>应该/必须/将<人><行为><动词><约束> | 按下开启按钮后，舱门应该在 5s 内打开舱门 |
| 产品需求，质量需求，有接口，约束 | <利益相关者>应该能够达到<目标>/<属性> | 管理员应该能够在 5s 内收到系统状态变化的通知 |
| 产品需求，质量需求，有接口，约束 | <流程的结果>应该/必须/将有<能力>/<属性> | 舱门控制界面必须有汉语、英语、德语和西班牙语 4 个版本 |
| 产品需求，质量需求，有接口，约束 | <流程的结果>应该/必须/将有<能力>/<属性> | 项目组织应该由项目经理、产品经理和销售代表组成 |

　　最著名的需求规格说明书模板是在 IEEE 830 标准里定义的[IEEE 1998b]。该标准的内容将在 5.1.3 节介绍需求文档编写原则时具体阐述，这里先介绍符合[IEEE 1998b]标准的单个需求的结构。

　　（1）需求标识符：一个唯一的标识符，用于标识需求。标识符通常由一个字母和一个数字组成，如 R1、R2、R3 等。

（2）需求描述：对需求的简要描述，用于传达需求的主要内容。

（3）需求来源：指定需求的来源，可以是客户、利益相关者、市场需求、法律要求等。

（4）需求解释：准确、易于理解，并与项目关联。如果有必要，则可借用模型图、业务流程或流程图进行解释，还可以引用其他外部文件。插入的参考文档应该是电子文档，能够在线访问，并将这些重要的文件存档。

（5）需求约束：约束（如质量标准或特殊情况、标准、法律、框架协议等）。为了在基础改变后方便地进行过滤，应该用单独的字段描述常用的约束。

（6）需求优先级：指定需求的优先级，通常分为高、中、低三个等级，用于帮助开发人员确定哪些需求是最重要的。

（7）需求稳定性：指定需求的稳定性，通常分为稳定、未稳定和已废弃三个等级，用于帮助开发人员确定哪些需求是最可靠的。

（8）需求条件：描述了需求的前提条件或假设条件，这些条件可以影响需求的实现。

（9）需求用途：要充分，不能太笼统。它必须反映市场和客户的用途。它可以关联到来源（特定的市场、客户和利益相关者），或者关联到项目特定的经济核算。

（10）需求设计限制：指定了对需求的实现所做的任何设计限制，如硬件、软件或系统环境限制。

（11）需求验收标准：用于衡量需求是否已得到满足的标准或指标。

要为单个需求的描述建立一个模板，这样就可以独立于项目和作者使需求描述语言清晰，内容易于理解。以后，还能用工具（需求工程工具、配置管理工具、测试工具、项目管理工具）对其加工修改。如果是一个封闭的结构（如纯文本文件），那么后续的修改就难了。

## 5.1.3　需求文档编写原则

### 1. 需求文档概述

在使用选定的方法对需求进行分析后，以可视化的形式持续记录需求是至关重要的。需求被划分为三个层次：业务需求、客户需求和功能需求（其中包括非功能需求）。业务需求提供了一个组织或客户对系统或产品的总体目标的概述，并被记录在项目视图与结构文档中。客户需求描述了客户在使用产品时必须完成的任务，通常记录在用例文档或解决方案脚本描述中。功能需求规定了研发人员必须实现的产品功能，以使客户能够完成他们的任务并满足业务需求。制定项目需求的过程可能会产生各种类型的需求文档，这些文档在名称、内容、组织和用途上可能有所不同[5]。图 5-3 所示为需求开发过程中的常见文档。

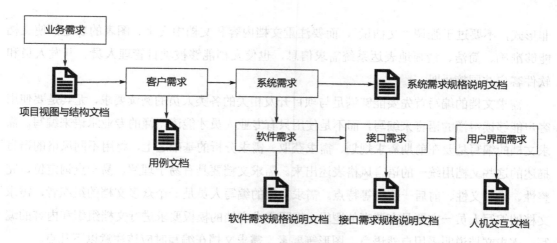

图 5-3　需求开发过程中的常见文档

业务需求代表了需求链中最高层的抽象，它定义了软件系统的项目视图和结构，并形成项目视图和结构文档。来自项目视图和结构文档的业务需求决定客户需求，它描述了客户需要利用系统完成的任务。通过对这些任务的分析，可以获得用于描述系统活动的特定的软件需求，客户需求通常形成用例文档。

在得到客户需求之后，需求工程师需要对其进行建模和分析，细化为系统需求并建立能够满足系统需求的解决方案。对系统需求、解决方案的定义和文档产生系统需求规格说明文档。系统需求规格说明文档的内容往往较为抽象，它可以被细化为软件需求规格说明文档、接口需求规格说明文档及人机交互文档。

编制需求文档不仅可以帮助需求工作人员更好地理解问题域，使文档表达的知识更准确清晰，还能定义清晰、正确、规范的需求文档，为开发人员、项目管理人员和软件用户提供相对稳定的可阅读资料。设计人员、程序员、测试人员和用户手册编写人员基于相同的文档开展每个角色各自的工作，他们获得的系统需求信息和解决方案是一致的，而且需求文档可以被反复多次阅读，其提供的信息是稳定的，克服了口头交流、聊天等方式的临时性，从而为项目开发提供了一种高效的沟通方式。

需求文档的建立能够早期识别需求错误，提高项目开发效率，促进软件开发过程的标准化，建立经验模型，并为开发团队建立一个可重复使用的知识库。此外，需求文档可以作为项目开发者和软件客户之间达成协议的基准，定义软件系统的目标。这个关键文档可以作为合同协议的重要部分，使开发者和软件客户对系统的目标达成共识。最后，需求文档可以作为软件成本估算和项目开发安排的重要基础，使整个项目开发计划更加合理。

## 2．需求文档的编写要求

需求文档编写是项目开发中至关重要的一环，具有系统性和规范性的需求文档编写可以有效地提高项目开发的效率和质量。因此，科学的态度应该是充分重视文档的实效，而非形式，不要过于强调"文档量"，而要注重文档内容和文档中文字、图表的表达，使文档能够准确、简洁、清晰地表达系统需求信息，也使文档能够被项目管理人员、开发人员和软件客户共同接受[6]。

需求文档的编写首先要能够满足与项目开发相关的各类人员的阅读要求，尤其是要使用客户能够读得懂的语言来编写，而不是使用只有专业人员才能读得懂的专业术语来编写。需求文档的编写是要在前期需求规划、需求获取、需求分析的基础之上，将用不同风格的语言描述的这些文档用统一的语言风格表述出来。需求文档要具有易于理解、易于查询定位、完整性、无二义性、前后一致性等特点。需求文档的编写人员是一个众多文档的组织者，需求文档的编写人员一定要具有清晰的逻辑，按照需求文档的模板要求进行文档组织和内容的编写。需求文档说明采用自然语言、图形等要素。需求文档在编写时应该注意以下几点。

（1）结构化描述：在编写需求时，需要以结构化的方式描述多个需求，以便在上下文中进行建模、分析、追溯，并对其进行修改。这样可以保证需求的清晰性和可维护性。

（2）使用模板：为了保证项目中需求明确、易于理解，需要系统性地应用模板。模板要求需求获取和编写要规范化，因为它规定了必须遵循的结构。在过去的几十年人们已经开发了各种产品和需求的模板，有些是标准化的，可以很容易地作为工作的基础。

（3）唯一标识：为了满足需求规格说明的可追溯性和可修改性的要求，必须唯一地确定每个项目需求。通过标识号可以在变更请求、修改历史记录、交叉引用或需求追溯矩阵中查阅特定需求。标识的方法有多种，需要根据实际情况选择。

（4）重复强化：为了保证读者能够正确理解文档内容，在文档中应有必要的重复，但要注意不是简单的重复，而是强化。强化可以帮助读者更好地理解关键信息。例如，概要描述是典型的重复内容，但它能有效地帮助读者理解全文，使读者在了解全文主要内容的基础上，再去阅读详细信息。图表有时也是一种重复，虽然图表和文字表达的信息一致，但图表表达得更清晰，文字则能更好地加强读者对图表的理解。

（5）灵活性：由于不同软件在规模上和复杂程度上差别极大，因此，在需求文档的编写过程中，应使文档具有一定的灵活性，以适应不同的项目需要。文档应能够对需求变更进行有效的管理和控制。客户需求的变化、市场需求的变化、系统需求的变化、工作环境的变化，以及由于对原有需求的误解或需求分析不充分而存在的需求漏洞都有可能导致需求变更。因此，文档应能够灵活地处理需求变更。

（6）面向读者：需求文档的读者主要是项目管理人员、开发人员和客户，其中开发人员主要包括系统设计人员、程序员、测试人员、文档编写人员。需求文档应该根据不同的读者需求进行编写。

（7）渐进式开发：为降低需求风险，提高软件开发效率，可以采用原型法，渐进式编写需求文档。但是要注意，每个项目针对要实现的每个需求集合必须有一个基准协议。基准是指正在开发的软件需求规格说明向已通过评审的软件需求规格说明的过渡过程。必须通过项目中所定义的变更控制过程来更改基准软件需求规格说明。所有的参与者必须根据已通过评审的需求来安排工作以避免不必要的返工和误解。

### 3. 需求文档的结构

一个项目的需求文档可能非常长，如航空母舰完整子系统的书面需求能够装满很多文件柜，因此编写一个清晰易理解的需求文档结构对于有效管理复杂文档至关重要。适当的需求文档结构能够实现以下目标：减少需求总量、理解大量信息、找出与具体问题有关的需求集合、发现遗漏和重复、消除需求之间的矛盾、管理迭代（如延迟提出的需求）、拒绝差的需求、评估需求，以及在多个项目中重用需求。

在需求文档的编写过程中，文档一般是分层的，对于多个层次采用节和小节来组织。文档层次是分类的有用结构，确定需求文档结构的一种方式是使用通过标题结构能够对需求语句编目的节。采用这种方式，需求语句在文档中的位置代表其一级分类。在这种结构下，二级分类可以通过指向其他节的链或通过属性给出。当需求从这类模型中被导出时，所产生的一种层次结构可以用作需求文档标题结构的一部分。

除了需求说明本身，需求文档还可以包含各种技术文档和非技术文档，以支持对文档的理解。这些文档可能包含以下内容：提供需求背景的信息，描述外围系统的外部情境，这些通常被称为"领域知识"；明确定义需求的范围（包含和不包含的内容）；术语的定义，用于需求描述；描述文档各部分之间关系的文本；利益相关者的描述；用于导出需求的模型概括，以及其他引用文档。

明确的章节结构有助于提高单个需求的标识和可追溯性，通过插入独立的文本块来描述需求的合理性和来源，进一步加强了单个需求的标识和可追溯性。将各个需求深入分析并详细记录在章节中，随时可以引用，这有助于实现有效的变更管理。表 5-2 所示为符合 IEEE830 标准的需求规格说明书的模板。

表 5-2　符合 IEEE830 标准的需求规格说明书的模板

| 章节 | 内容 |
| --- | --- |
|  | 标题、作者、收件人、标识、变更历史、目录 |
| 1 | 简介 |
| 1.1 | 目的 |
| 1.2 | 市场需求 |
| 1.3 | 术语解释 |
| 1.4 | 参考 |
| 1.5 | 系统概述 |
| 2 | 说明 |
| 2.1 | 产品角度（如系统接口、使用、软/硬件接口） |
| 2.2 | 功能 |

续表

| 章节 | 内容 |
| --- | --- |
| 2.3 | 用户 |
| 2.4 | 约束 |
| 2.5 | 质量需求 |
| 2.6 | 假设 |
| 3 | 特殊需求 |
| 3.1 | 功能需求 |
| 3.2 | 体系结构 |
| 3.3 | 约束 |
| 3.4 | 质量需求 |
| 3.5 | 标准 |
| | 附件、索引 |

## 5.2 需求追溯

### 5.2.1 需求追溯与可追溯性

#### 1. 需求追溯与可追溯性的概念

需求、项目计划和成果在项目开发过程中动态变化。变化来自工作进展、新的知识和关系、客户需求变更。需要进行控制和追溯需求，以识别其对项目和项目结果的影响。项目经理需要知道已实现的需求，测试组长需要知道测试用例与需求关联。若有变更请求，则需要估计额外工作量。系统逐步向前推进，从需求推导出设计，生成代码，并验证和确认。新需求、现有需求变更和已实现部分修正嵌入相应代码中，然后项目陷入工作结果不一致和开发进度不明朗的混乱中。所以需要追溯需求，以了解它们对哪里有影响、怎样影响，以及它们目前开发到什么程度。

可追溯性正式表明两个或多个开发成果之间的关联程度[7]。可追溯性允许在项目开发过程中，从客户的角度来衡量每个开发成果的功能和用途，如从已经测试并集成过的市场需求中可以衡量项目目前已创造的价值。保持清晰的可追溯性有助于进行影响、覆盖率和效益分析：影响分析展示了需求实施对整个方案的影响，以及需求变更对已交付工作成果的影响，是功能导向变更管理的基础；覆盖率分析展示了已经完成并测试过的功能，并以此为基础推进项目进度，对于评估项目价值非常重要；效益分析回答了为什么做出特定设计决策，以及系统需要哪些功能的问题，如果不能从功能或行为追溯到需求，就会产生特例或不必要的修饰，导致额外的成本或质量问题。可追溯性可以帮助控制开发过程中的所有关键步骤得到实施，可以追溯从需求到产品特性、现有系统的组件和开发过程中的工作成果。

需求追溯还可以分为需求彼此之间的水平追溯和从需求到其他项目成果的垂直追溯。

水平追溯可以回答一些关键问题，如单个需求如何联系、一个需求的变更如何影响其他需求、一个需求如何影响子系统、模块或类，以及哪些需求可以一起实现等。在水平追溯中，需要建立一个模型来展示需求之间的相互依赖关系，以便在设计、开发和测试过程中更好地管理这些需求。例如，对于一个必须在 1ms 内反应的效率需求，需要追溯并管理它对其他需求的影响，以确保系统的功能和性能都能得到满足。水平追溯还可以帮助确定哪些需求是互斥的，即实施一个需求会影响其他需求的实现，或者一个需求必须在其他需求实施之后才能实现。在这种情况下，水平追溯可以帮助开发团队确定正确的实施顺序，并避免冲突和错误。尽管水平追溯可以提高开发效率和质量，但实现水平追溯需要花费大量的时间和精力，并且需要在追溯需求之间建立最基本的关联，以避免成为一个没有实用价值的学术工作。因此，在实现水平追溯时需要仔细考虑和平衡各种需求，以确保追溯的效果能够真正提高软件开发的质量和效率。

垂直追溯是指从需求开始向下追踪到其他项目成果的过程，它涉及项目管理、变更管理和质量保证等方面。垂直追溯有助于评估项目进度、控制需求变更，并在项目审查时明确地了解项目的进展状况。在项目管理中，每个需求都需要进行成本效益分析，并体现在项目计划中。这可以确保项目实现的是必要的功能，而不是不必要的功能。在变更管理中，需要确保需求可以映射到后续的工作成果，以确保对已经完成的和即将完成的项目成果的影响是可控的。垂直追溯还可以是从需求到测试用例的映射，保证需求正如原作者所期望的那样在当前项目中实现，从而提高项目的质量保证水平。

要同时维护水平和垂直的可追溯性。人们在产品生命周期早期就开始注意变更对一致性的影响了。因此，可追溯性总是建立得比较容易维护。在工作成果中维护可追溯性，当然对于相关的工作成果很有用，但一致性和维护又成为一个重要的话题。关系总是在描述工作成果的时候建立，不应该有过多重复或重叠的引用，因为这会导致不一致。图 5-4 所示为水平追溯和垂直追溯，展示了在实践中如何通过引用建立需求之间（水平追溯）和需求与其他成果（垂直追溯）之间的可追溯性。

### 2．双向可追溯性

双向可追溯性是指在软件开发或项目管理过程中，通过在两个方向上建立关联和连接，可以追溯一个工作成果（如需求、测试用例、设计等）与其他工作成果之间的关系。这种关系可以从一个需求连接到测试用例，也可以从测试用例连接到需求，因此是在两个方向上的参考。

维护双向可追溯性的好处在于即使在项目后期发生变更，也能"逆流而上"追溯到源头，从而可以实现文档和工作成果之间的一致性[8]。例如，如果需求发生变更，那么可以通过追溯测试用例和设计或代码的关联，及时更新相关工作成果，确保它们仍然符合需求。

因此，双向可追溯性可以提高软件开发的质量和效率，减少错误和重复工作。

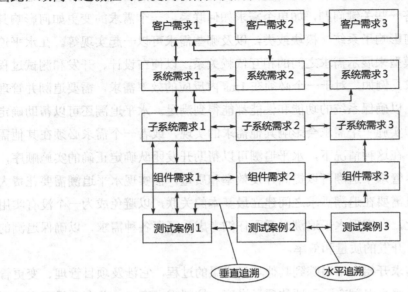

图 5-4　水平追溯和垂直追溯

双向可追溯性可以通过各种工具和技术来实现，如在表格中维护追溯关系，或者通过专门的追溯工具来管理和维护追溯关系。无论使用何种方法，都需要仔细考虑在两个工作成果之间维护关系，以确保追溯关系的准确性和完整性。

### 3. 需求追溯矩阵

需求追溯矩阵是一种表格，用于映射和追溯客户需求，通过测试用例来验证需求的完整性和正确性[9]。需求追溯矩阵有助于确保 100% 的测试覆盖率，显示需求/文档不一致，显示整体缺陷/执行状态，重点放在业务需求上。除了单独维护一个 Excel 表格，测试团队也可以选择测试管理工具来维护需求追溯矩阵。

需求追溯矩阵的创建由需求开发人员、测试用例编写人员、设计人员等负责，而过程与产品质量保证（Process and Product Quality Assurance）负责检查是否建立了需求追溯矩阵及是否所有的需求都被覆盖了。在实践中，基本共识为纵向追溯是必需的，而横向追溯则不一定需要。对于纵向追溯矩阵，必须包括客户需求与产品需求的追溯、产品需求与测试用例的追溯。100% 的接口需求要建立客户需求–产品需求–设计–编码–测试用例的追溯矩阵，全局性需求要建立客户需求–产品需求–设计–编码–测试用例的追溯矩阵，核心需求也要建立追溯矩阵。而性能需求可以不建立追溯矩阵，不影响系统架构的功能需求也不一定需要建立追溯矩阵。

需求追溯矩阵的有效性取决于其维护和更新的方式。如果不经常更新或更新不正确，那么该工具将成为负担而不是帮助，并给人留下这样的印象：该工具本身不值得被使用。因此，测试团队需要时刻注意需求追溯矩阵的更新和维护，以确保其使用的有效性和可靠性。

由于在需求追溯矩阵中，需求可能有很多项，设计、测试用例、代码等都有很多项，所以建立和维护需求追溯矩阵的工作量比较大、比较烦琐。对于变化频繁的项目，更是如此。在实践中，为了简化该需求追溯矩阵的建立与维护工作，有的企业仅仅通过需求与设计、代码、测试用例的编号来实现追溯。如果需求的编号为 r1,r2,…，则设计的编号为 r1-d1,r1-d2,…，测试用例的编号为 r1-t1,r1-t2…。

需要注意的是，需求与它们之间是多对多的关系，仅通过编号是无法实现这种关系的。如果不借助需求管理工具，一般只能通过 Excel 表格来维护需求追溯矩阵，那么工作量就比较大。要简化就要平衡管理的投入与产出，当然也可以考虑增大需求、设计、测试用例的粒度大小，但是那样需求追溯矩阵的作用就打了折扣。

需求追溯矩阵示例如图 5-5 所示，可以看到矩阵中绝大多数的单元是空的。每个单元指示相应行和列的关系，可以使用不同的符号来表示用例和功能需求间追溯和回溯的关联关系。在该矩阵中采用箭头符号的方式表示系统需求是来自哪个用户需求。

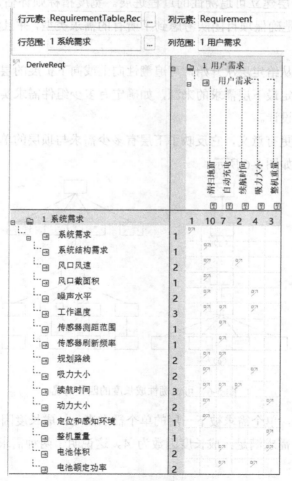

图 5-5　需求追溯矩阵示例

## 5.2.2 可追溯性指标

由于可追溯性概念在工程需求管理中相当关键，因此研究什么指标可以度量需求的可追溯性是很有意义的。可追溯性向下通过需求层次推进有三个重要指标，分别是宽度、深度和成长度。宽度表示关系向下覆盖的层次程度如何；深度表示关系可以向下延伸到多少层；成长度表示关系通过层可以向下扩展多少。

为了便于确定这些指标的什么因素有助于度量需求工程过程，需要区分以下两类指标，即层的指标和全局指标。层的指标是指与开发的单个阶段有关的度量，如只与系统需求层有关；全局指标是指跨多个开发阶段的度量。

以下讨论这三个指标及其平衡问题。

宽度：宽度与覆盖率有关，层的指标也与覆盖率有关。5.2.1 节已经提到过，覆盖率可以用来度量在单个层建立可追溯性的过程进展。宽度指标则评估需求在上下层之间的覆盖程度，它的目的是确保项目团队考虑到了所有的需求类型，并且没有遗漏任何一个重要的需求。

深度：深度研究从给定层次开始，可追溯性向上或向下扩展的层次数，是一种全局指标。可以通过深度确定最下层需求的来源，如确定有多少组件需求实际上来自涉众需求、有多少组件需求来自设计。

成长度：成长度更有意义，它反映了下层有多少需求与顶层的单个需求有关。可追溯性成长度的四种情况如图 5-6 所示。

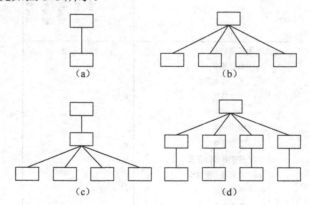

图 5-6　可追溯性成长度的四种情况

在图 5-6（a）中，单个需求被下一层的单个需求满足。成长度因数为 1。在图 5-6（b）中，单个需求被四个需求满足，成长度因数为 4。这说明了两种需求之间差别的什么问题呢？存在以下可能。

• 图 5-6（b）可能描述得很差，需要分解为多个需求。

- 图 5-6（b）本质上比图 5-6（a）复杂，因此需要特别关注。
- 变更图 5-6（b）产生的影响比变更图 5-6（a）产生的影响大，因此需要特别关注。

当然，一个层上的明显不平衡可以通过下一层解决。这种情况可以通过图 5-6（c）和图 5-6（d）说明，其两层以下的成长度因数是相同的。从这两个例子中可以得出什么结论呢？存在以下可能。

- 图 5-6（c）中的顶端需求层太高了。
- 图 5-6（d）中的中间需求层太低了。

只有当特定机构在开发特定类型的系统上积累了相当多的经验之后，才能够开始确定各层次之间需求的预期成长度因数。但是，可以直接将检查需求之间成长度的平衡，作为标识潜在伪劣需求或不平衡在过程应用中的一种手段。

平衡：指标的一个思想是研究两个给定层次之间个体需求的成长度因数分布，检查这种分布外层四分之一中的个体需求。目标是标识具有异常高或低的成长度因数的需求，并进行特别关注。图 5-7 所示为一种典型的成长度分布情况，采用成长度速率和拥有该成长度速率的需求数表示。大多数需求都在 2 和 6 之间，少量需求只有 1，或者大于 6。正是这类成长度速率大于 6 的需求需要被标识并被特别关注。

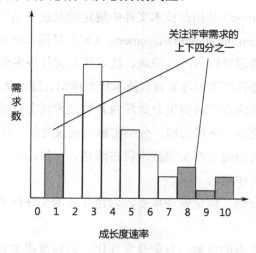

图 5-7　一种典型的成长度分布情况

可追溯性是一种多对多的关系，如图 5-8 所示，可以观察到在需求体系结构的低层存在两个需求可能会被多个较高层的需求引用或依赖。这种多对多的关联意味着这些低层需求在满足较高层需求的同时，也可能满足多个其他需求。由于这些低层需求的关键性和重要性，我们在需求描述与分析的过程中必须特别关注它们。它们可能承担着满足多个需求的责任，因此需要保证其准确性、完整性和一致性，以确保整个系统的稳健性和功能性。

在进行需求追踪与管理时，我们应当密切监控这些关键的需求，以确保它们在整个开发周期中得到满足。同时，我们还需要注意其变更情况，以便在修改高层需求时，相应地调整和更新这些低层需求。这样一来，我们能够更好地理解系统的复杂性，确保各个需求之间的协调性和一致性，从而为项目的成功交付打下坚实的基础。

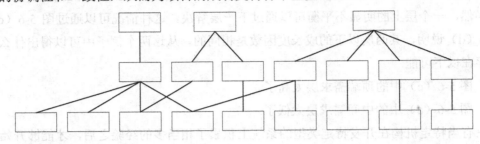

图 5-8　需求的关键性

## 5.3　需求变更

### 5.3.1　技术状态管理概述

#### 1. 技术状态管理

技术状态（Configuration）是指在技术文件中规定的及在产品中达到的功能特性和物理特性。技术状态管理（Configuration Management，CM）是指在产品生命周期内，为确立和维持产品的功能特性、物理特性与产品需求、技术状态文件规定保持一致的管理活动。管理活动主要包括技术状态管理策划与监督、技术状态标识、技术状态控制、技术状态记实、技术状态验证与审核，并应在产品的生命周期内开展技术状态管理，遵循需求牵引、要求明确、状态清楚、过程受控、分层管理、分类实施、记录完整、保持一致的原则[10]。

技术状态管理的目的是确保产品的技术状态清楚、一致。在产品生命周期过程中，技术状态管理主要发挥以下作用。

（1）支撑开展产品分解，确定管理重点，为建立技术文件体系、工作分解结构，以及资源配置奠定基础。

（2）确保实行技术要求的分解、分配及文件化，为利益相关者提供完整、准确的正式输入。

（3）建立技术状态基线，形成稳定、固化的技术状态，确保技术工作有序、质量可信。

（4）建立产品和文件标识，确保能清晰准确地识别技术状态，避免出错。

（5）控制技术状态更改和偏离，确保产品质量与设计规定一致。

（6）全面提供技术状态信息，支撑各项技术工作和管理决策。

技术状态管理与试验鉴定、需求管理、质量管理协同，在项目管理和系统工程的框架内，实现对技术状态的管理。需求管理过程包括了解需求、确定需求、控制需求更改、维持需求的双向追溯、保证项目工作与需求一致等。根据需求的来源和内涵，技术状态管理与需求管理相互独立或相互融合。

**2. 基线的概念和建立规则**

按技术状态的标识方式，技术状态基线可分为技术文件规定类型和实物技术状态类型。技术文件规定类型的技术状态基线，用于确定基线建立后的任意批次和数量的产品在实现时应满足的技术状态；实物技术状态类型的技术状态基线，用于确定特定产品实物的技术状态。技术文件规定类型的技术状态基线可按下列划分维度形成相应的类别。

（1）按性质分。

- 功能基线，用于确定产品级的设计与验证要求，关键作用是作为产品级的符合性验证依据。
- 分配基线，用于确定产品级要求向子产品（技术状态项）的传递，关键作用是作为子产品级的符合性验证依据。
- 产品基线，用于确定满足产品设计输入的全套设计结果，关键作用是作为产品级及其零部件的采购、制造和检验验收的依据，以及使用维修等的依据。
- 其他基线，在功能基线、分配基线和产品基线的基础上衍生或抽取部分内容而形成，如需求基线。

（2）按适用范围分。

- 型号主基线，以产品型号为对象，包括产品型号的功能基线、分配基线和产品基线。
- 批次基线，以产品型号的研制生产批次为对象，如初样机研制批、正样机/试样机研制批订购生产批，可包括批次的功能基线、分配基线和产品基线。
- 单件技术状态，以产品型号的单件或同一状态的小批量为对象，参考产品基线的内容范围而确立。单件技术状态通常强调产品组成，可采用产品明细表、产品结构视图进行表示。

技术状态管理计划应确定项目所需的技术状态基线的类别、形式和建立时机。技术状态基线可分阶段、分部分地建立，或者一次性建立，这取决于完成必要的验证和审查。应考虑：文件清单中的单项文件一经正式确认，就标志着相应的技术状态基线开始建立；文件清单中的所有单项文件均被正式确认，则标志着相应的技术状态基线建立；直接规定技术状态基线的单项文件一经正式确认，就标志着相应的技术状态基线建立。基线建立的时机和标志，以及不同阶段各基线的标识符分别如表 5-3 和表 5-4 所示。

表 5-3　基线建立的时机和标志

| 序号 | 基线 | 批产装备 | | 单件航天硬件产品 | |
| --- | --- | --- | --- | --- | --- |
| | | 确认阶段 | 建立标志 | 确认阶段 | 建立标志 |
| 1 | 功能基线 | 论证阶段 | 合同与研制总要求 | 论证和任务申请阶段 | 研制总要求或任务书 |

续表

| 序号 | 基线 | 批产装备 | | 单件航天硬件产品 | |
|---|---|---|---|---|---|
| | | 确认阶段 | 建立标志 | 确认阶段 | 建立标志 |
| 2 | 分配基线 | 方案阶段末期或初样初期 | 方案阶段总结评审 | 方案阶段末期或初样初期 | 方案转初样评审 |
| 3 | 产品基线 | 设计或生产定型 | 定型鉴定评审 | 初样阶段末期或正样初期 | 初样转正样评审 |

表 5-4　不同阶段各基线的标识符

| 研制阶段 | 论证阶段 | 方案阶段 | 工程研制阶段 | | | 设计定型阶段 | 生产定型阶段 | | |
|---|---|---|---|---|---|---|---|---|---|
| | | | 初样阶段 | 试样阶段 | 正样阶段 | | 试生产阶段 | 工艺定型阶段 | 批生产阶段 |
| 标识符 | M（F） | | C | S | Z | D | S | G | P |
| 基线 | 功能基线 | | 分配基线 | | | | 产品基线 | | |

　　表示功能基线、分配基线和产品基线的文件清单或直接规定技术状态基线的单项文件应按规定程序发放，并送采购单位、合同监管机构备案。文件清单所含技术状态文件按合同协议、任务书规定及合同监管要求发放给采购单位、合同监管机构；鉴定定型是有要求的，按鉴定定型的规定执行。技术状态基线之间存在矛盾时，协调依据依次为功能基线、分配基线、产品基线。技术状态基线的修订应结合技术状态控制活动进行，原始状态基线中不再适用的技术状态文件应进行适当标识后归档或作废销毁。

### 3. 技术状态更改控制

　　产品技术状态的更改、偏离和超差都应该进行控制，以保证最终实现规定的物理特性和功能特性。技术状态的更改可能在产品研制的每个阶段发生，控制好产品技术状态的变更，对产品研制的每条基线至关重要，对产品的技术状态和最终质量至关重要。技术状态偏离一般由于某种原因在产品基线建立后、投产前发生。技术状态超差一般是在生产实现环节发生。很多项目由于进度紧张、阶段交叉严重，研制过程中的技术状态变更（包括更改、偏离和超差）在所难免，给技术状态控制尤其是基线的建立带来了困难，进而影响产品的质量。

　　技术状态更改控制的范围一般包括：产品设计状态（单机及部组件设计）、材料物资使用状态（元器件、原材料）、软件状态（软件需求、架构、方法）、接口状态（接口协议、接口数）、工艺状态（工艺方法、工艺流程、工序）、试验状态（试验条件、试验方法、试验设备）、单位状态（产品外协生产定点承制单位）等。为有效控制技术状态的更改，应对各项更改进行分级（分类）管理，根据变更的严重程度及影响情况，采取不同级别的控制手段，包括不同层级的审批、利益相关者的会签和同行专家评审等。

　　技术状态更改一般分为 I 类、II 类和 III 类。其中，I 类更改对功能基线和分配基线有影响，即对外部其他产品有直接影响的更改，如性能和功能、外形尺寸、接口特性等超出规定的限值或容差值；Ⅱ 类更改对功能基线和分配基线无影响，但对产品基线有影响，即对外部产品无直接影响但对本产品的质量有影响的更改；Ⅲ 类更改仅有文字性的修改，对产品实物质量无影响，如勘误译印、修正描图、统一标准方法等。技术状态更改简要流程图如图 5-9 所示。

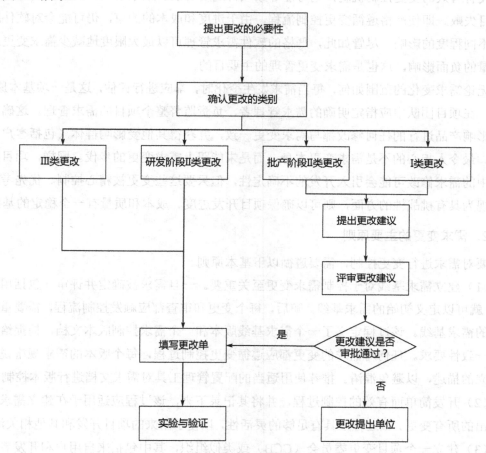

图 5-9　技术状态更改简要流程图

## 5.3.2　需求变更控制与管理

### 1. 需求变更概述

一旦需求规格说明书完成，项目需求变更就是不可避免的。根据需求工程的定义，需求规格说明书应该经过验证。在验证后，如果需要添加新的需求到原始需求中，或者原始需求需要修改或缩减，那么这被视为一次需求变更。

有效的变更管理需要评估变更的潜在影响和成本。这涉及维护清晰的需求说明、适用于每个需求类型的属性，以及与其他需求和项目文档的可追溯性。管理需求变更的活动包括定义需求基线、审查和评估每个需求变更的影响、以受控的方式将变更集成到项目中、将项目计划与需求对齐、评估变更的影响和基于此协商新的承诺、实现可追溯性，以及在整个项目期间追溯需求和其变更的状态[11]。

对于大多数项目，需求变更是不可避免的。然而，如果没有明确的需求变更控制流程，或者没有有效的变更控制机制，则可能导致项目进度延误、成本超支、人力不足，甚至整个项目失败。即使严格遵循变更控制流程，由于进度和成本的约束，仍可能会对软件质量产生不同程度的影响。尽管如此，严格的软件需求管理可以最大限度地减少需求变更对软件质量的负面影响，这也是需求变更管理的主要目的。

无论需求变化的范围如何，每当需求发生变化时，都应进行评估，这是一项基本原则。此外，在项目团队中应指定明确的需求管理者，负责监督整个项目的需求管理。这确保了对受影响产品进行的任何修改都与需求变更一致，并获得其他受影响群体（包括客户）的认可。最令人担心的不是需求变更本身，而是未能跟上需求变更的步伐。同样，项目开发过程中的需求修改可能会引入开发的不确定性，但只要这些变更被精心控制、优先考虑，并被视为具有挑战性的方面，则可以确保项目开发进度、成本和质量有一个稳定的基础。

**2．需求变更的主要原则**

要对需求进行变更控制，需要遵循以下基本原则。

（1）建立需求基线对于控制需求变更至关重要。一旦需求被确定并评审（包括用户参与），就可以定义初始的需求基线。随后，每个变更和审查都应触发控制流程，需要重新定义新的需求基线。该过程定义了一个需求基线版本和一个需求控制版本文档，捕捉给定时刻的一致性要求。任何对需求的变更都应遵循变更控制过程，每个版本的需求规格说明应是独立的描述，以避免混淆。推荐使用适当的配置管理工具对需求文档进行版本控制。

（2）开发简单而有效的控制过程，并将其记录下来，该过程应适用于在建立需求基线后提出的所有变更。该过程应具有足够的灵活性，以便于未来的项目开发和其他相关活动。

（3）建立一个项目变更委员会（CCB）或类似组织，其中包括来自用户和开发者的决策者等利益相关者。CCB 应决定是否接受提出的变更。

（4）请求需求变更，评估它们，并根据相似级别的变化大小进行确认。

（5）更新受需求变更影响的项目计划、产品和活动，以保持并更新相应的需求。

（6）妥善保存因变更产生的相关文档。

管理需求变更是任何项目更广泛的配置管理流程中不可或缺的一部分。与错误追溯类似，对需求变更做出明智的决策依赖于正确的工具和技术。然而，需要注意的是，这些工具是促进过程的工具，而不是过程本身。利用商业问题追溯工具可以支持需求变更活动，但仍然需要适当地记录和处理这些变更。当然，重大的变更会对项目产生很大的影响，而小的变更可能会有被忽略的影响。理想情况下，所有的变更都应该接受变更控制管理，然而，某些需求的确定可以委托给开发人员，尽管涉及两个以上的人的变更都应该接受控制程序。

### 3．变更控制工作与流程

需求变更控制涉及四个主要步骤：变更请求、变更评估、决策和响应。如果变更得到批准，则需要实施变更和验证它们是两个额外的步骤，有时需要取消变更。图 5-10 所示为变更控制工作模板。

```
1. 绪论
   1.1 目的
   1.2 范围
   1.3 定义
2. 角色和责任
3. 变更请求状态
4. 开始条件
5. 任务
   5.1 产生变更请求
   5.2 评估变更请求
   5.3 做出决策
   5.4 通知变更人员
6. 验证
7. 结束条件
8. 变更控制状态报告
附录：存储的数据项
```

图 5-10　变更控制工作模板

以下是对工作模板上各项内容的阐述。

（1）绪论：绪论主要说明变更控制的目的，并且界定了变更控制工作的适用范围。绪论本质上说明了当前的变更控制工作的工作宗旨和范围，是一个指导变更控制工作的思想性的纲领。

（2）角色和责任：列出了参与变更控制活动的项目组成员并描述他们的职责，实际上就是每次参加需求变更控制会议的人员，如 CCB、评估员、修改员等。

（3）变更请求状态：一个变更请求有一个生存期和相应不同的活动，对应这些活动就有不同的状态。其状态包括完成提交、完成评估、被拒绝、被采纳、已实施、已取消、验证、结束等状态。

（4）开始条件：变更控制活动开始的条件是，有一个合适的渠道接受了一个合法的变更请求。所有的潜在建议者应该知道如何提交一个变更请求，是通过书面、邮件、工具软件或是使用变更控制工具。将所有的变更控制传递到一个联系点，且为每个变更请求赋予统一的标识标签。

（5）任务：接收到一个新的变更请求后下一步是评估建议的技术可行性、代价、业务需求和资源限制。CCB 主席要求评估者执行一个系统影响分析、风险分析、危害分析及其评估。这些分析确保能很好地理解并接受变更所带来的潜在影响。评估者和 CCB 应同样考虑拒绝变更所带来的对业务和技术的影响。

（6）验证：验证需求变更的典型方法包括检查更新后的软件需求规格说明文档、示例文档及需求分析模型，确保它们正确反映变更的各个方面。使用追溯能力信息找出受变更影响的系统的各个部分，然后验证它们实现了变更。属于多个团组的成员可能会通过对下游工作产品测试或检查工作来参与验证变更工作。验证后，修改者安装更新后的部分工作产品并通过调试使之能与其他部分正常工作。

（7）变更控制状态报告：用报告、图表汇总变更控制数据库的内容，并按状态分类变更请求数量描述产生报告的过程。项目管理者通常使用这些报告来追溯项目状态。

（8）存储的数据项：每个变更请求都有一些数据项。每个数据项值的填充由变更工具自动修正或指定人工来修正。表 5-5 所示为数据项及定义。

表 5-5　数据项及定义

| 数据项 | 定义 |
|---|---|
| 变更来源 | 可以包括市场、管理、客户、测试人员、软件系统、硬件系统等 |
| 变更请求 ID | 按照规则为每个请求生成一个唯一的标识号 |
| 变更类型 | 可以包括需求变更、建议性增加、错误修正 |
| 提交日期 | 提交请求时的日期 |
| 更新日期 | 最近更新变更请求的日期 |
| 标题 | 对需求变更请求的简要描述 |
| 描述 | 对需求变更请求的详细描述 |
| 实现优先级 | 由 CCB 指定的低、中、高的优先级 |
| 修改者 | 实施变更人员的姓名 |
| 建议者 | 请求变更人员的姓名 |
| 验证者 | 负责确定需求变更实施是否正确的人员姓名 |
| 建议优先级 | 提出变更请求人员建议的低、中、高的级别 |
| 实现版本 | 计划中实现次变更的产品版本号 |
| 项目 | 需求变更的项目名称 |
| 涉及文档 | 与每个变更相对应的文档 |
| 状态 | 变更请求的当前状态 |

实施严格的变更控制流程为项目风险承担者提供了有效的需求变更管理机制。通过利用这一流程，项目管理者可以做出明智的决策，提升客户和业务价值，同时在产品生成过程中优化成本。对于变更控制流程中提出的变更建议进行密切监控，以确保没有任何建议被忽视或遗漏。在确定需求集的基准线之后，对所有建议的变更都必须启动严格的变更控制。

理解变更控制流程不是避免变更发生，而是确保采用最合适的变更并最小化任何负面影响。尽管变更流程应该被记录和简化，但有效性应该是主要的关注点。如果流程过于复杂或低效，那么利益相关者可能会恢复到以前的决策方法。

### 5.3.3 需求变更影响评估

#### 1. 需求变更涉及的问题

一项表面上简单的变更可能引发一系列不可预测的后果，使得实施所需时间变得不确定。即使是小的改动也可能对项目范围产生深远的影响，变更需求影响评估是管理需求变更的有价值方法。影响评估是项目管理的重要组成部分，它可以使利益相关者能够准确理解所提议变更的内容，并就变更批准做出明智决策。通过审查修改的内容，可以决定是修改或放弃现有系统，还是构建新系统，同时评估每个任务的工作量。进行影响分析的能力依赖于追溯能力数据的质量和全面性。

有效的需求变更管理需要遵循严格清晰的变更管理和明确的项目可交付物追溯。例如，当项目已经进入集成阶段时，出现了一个需求变更。需求规格的变更直接影响了其他项目的可交付物，这些可交付物通过文档相互关联。这种变更影响了需求规格、解决方案规格和系统测试，并且对用于集成和单元测试的设计、代码和测试用例产生了复杂的间接影响。

将需求追溯到单独的代码行并不是通过直接相关性实现的，而是通过一系列连接实现的。例如，一个代码段由多个单元测试用例进行测试，可以通过将测试用例与一个类或程序关联来追溯和更新。代码也与设计说明和需求相关联。受原始变更影响的组件可以使用合适的过滤器轻松显示，以确保一致的追溯。

CCB 通常会请资源开发人员对提出的需求变更申请进行影响分析。为了帮助影响分析人员理解和接受一个建议变更的影响，可设计一系列问题核对表和工作任务核算表，来实现规范化、标准化的变更申请影响分析工作。变更涉及的问题如表 5-6 所示。

**表 5-6 变更涉及的问题**

| 问题项 | 是 | 否 | 备注 |
|---|---|---|---|
| 基线中是否已有需求与建议的变更相冲突？ | | | |
| 是否有待解决的需求变更与已建议的变更相冲突？ | | | |
| 不采纳变更会有什么业务和技术上的后果？ | | | |
| 进行建议的变更会有什么样的负面效应或风险？ | | | |
| 建议的变更是否会不利于需求实现或其他质量属性？ | | | |
| 从技术条件和员工技能角度看该变更是否可行？ | | | |
| 执行变更是否会在开发、测试等方面提出不合理要求？ | | | |
| 实现或测试变更是否有额外的工具要求？ | | | |
| 建议的变更如何影响任务的执行顺序、工作量或进度？ | | | |
| 评审变更是否要求原型法或别的用户提供意见？ | | | |
| 采纳变更要求后，浪费了多少以前曾做过的工作？ | | | |
| 建议的变更是否导致产品单元成本增加？ | | | |
| 变更是否影响任何市场营销、制造、培训或用户支持计划？ | | | |

### 2. 需求变更的定量影响

图 5-11 所示为需求变更和对项目规模的影响。横轴代表时间，纵轴分为两个部分：上半部分代表标准工作量，下半部分代表实际或预估项目工作量。在项目启动前（左侧），存在更大的不确定性，但也有更广泛的实施选项。随着项目启动时间的临近，可用选项变得更有限，导致更精确和约束的项目定义。图 5-11 中下半部分的实线表示实际工作量。图 5-11 中下半部分的虚线表示基于实际工作量的不确定性表达，略微不对称，与上半部分图形中的需求不确定性有关。

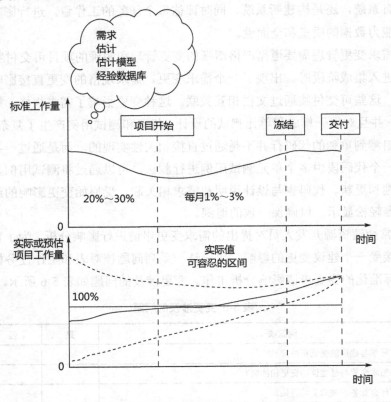

图 5-11　需求变更和对项目规模的影响

假设比预测的月度工作量增长率高 3%，则估计的不确定性缓冲区向下调整，使用的工作量少于最初估计的工作量。随着项目的进展，这种不对称性逐渐向上发展，因为需求变化通常需要额外的工作量。因此，图表上的实线单调递增。随着需求冻结时间的临近，图 5-11 中上半部分的需求变化变得稳定，工作量线变得平稳。此时，项目不再像预期的那样随着需求修改而发生变化。由于其他不确定性，工作量仍然会发生变化，这些因素在此处未予考虑（如集成问题、低质量问题）。然而，任何有经验的项目经理都会意识到这些潜在的问题。

### 3. 测量变更活动

测量是对项目、产品和过程的全面审查和研究，相比于主观印象或模糊的回忆，其提供了更高的准确度。选择测量方法应基于问题和目标的情况。测量变更活动是评估需求稳定性和确定流程改进的最佳时机的一种方式，最终减少未来变更请求的数量。值得考虑需求变更活动的几个方面，包括收到的变更请求、未决定的请求和关闭的请求的数量、实现的需求变更总数、每个人发出的变更请求数量、每个项目需求的提出和实现变更的数量，以及投入处理变更的人力、材料和时间。

为了有效管理项目，应最初实施简单的测量方法，以建立组织中的良好环境并收集关键数据。随着经验的积累，可以采用复杂的测量方法。图 5-12 中，建议变更数量的简单统计曲线可以追溯开发期间需求变更的模式。该图表明建议变更数量的趋势从低到高再到低。类似地，可以监测需求变更的数量。由于需求在不断变化，因此在确定基线之前不需要知道需要实施的变更数量。但是，一旦建立了需求基线，就应遵循变更控制流程处理建议的变更，并追溯变更的频率，以确定基线稳定的拐点。最终，这种图表的趋势应该为零。需求变更的频率持续高表示项目超支的风险，强调了需要改进需求规划流程和建立明确定义的需求基线的必要性。

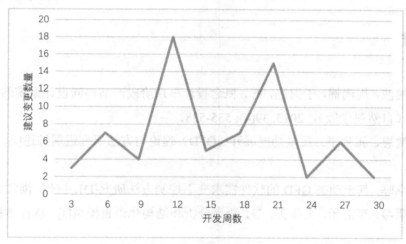

**图 5-12　建议变更数量与开发周期的关系**

频繁的需求变更可能会阻碍产品交付时间。因此，项目经理应该意识到产生需求变更的来源，并进行深入分析以确定问题的根源。图 5-13 所示为不同变更来源的建议变更数，说明了需求来源与建议变更数量之间的关系。基于该图，项目经理可以得出结论，市场部门提出了大部分的需求变更。随后，项目经理可以与市场代表和项目团队讨论采取哪些步骤来减少市场部门的需求变更数量。将图表和数据作为讨论的起点比盲目的面对面会议更有效和有意义。

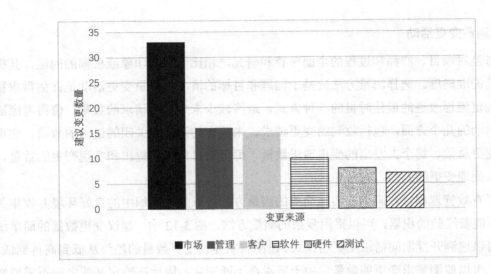

图 5-13　不同变更来源的建议变更数

　　实际上，所有项目都会遇到需求变更。严格控制变更需求管理策略可以减少变更引起的混乱，改进需求开发技术可以减少所面临的需求变更数量。高效的需求规划、开发和管理策略将提升按时交付的能力。

# 参考文献

　　[1]　单鸿波，周尚锦，于海燕，等. 概念设计早期阶段产品协同设计系统的开发[J]. 东华大学学报（自然科学版），2013, 39(4): 535-538.

　　[2]　刘鸿恩，张列平. 质量功能展开（QFD）理论与方法研究进展综述[J]. 系统工程，2000(2): 1-6.

　　[3]　周晶晔. 基于动态 QFD 的软件需求变更控制方法研究[D]. 杭州：浙江大学，2007.

　　[4]　李明琴，李涓子，王作英，等. 语义分析和结构化语言模型[J]. 软件学报，2005(9): 1523-1533.

　　[5]　罗贤昌. 软件需求文档的自动化建模分析与分类研究[D]. 安徽：中国科学技术大学，2022.

　　[6]　宋阿泥. 军事需求文档的术语识别和一致性检验技术研究[D]. 北京：中国电子科技集团公司电子科学研究院，2022.

　　[7]　朱日兴. 航空发动机需求追溯管理分析[J]. 民用飞机设计与研究，2022, 146(3): 105-111.

[8]　张洁婧. 基于追溯与链接的民用飞机需求管理技术[J]. 科技信息，2013, 448(20): 381.

[9]　翟宇鹏，洪玫，杨秋辉. 功能需求到测试用例的可追溯性研究[J]. 计算机科学，2017, 44(S2): 480-484.

[10] 康毅，高山，纪新春，等. 技术状态管理与标准化研究[J]. 中国设备工程，2023, 515(1): 40-42.

[11] 康燕妮，张璇，王旭，等. 软件需求变更管理的系统动力学仿真建模[J]. 软件学报，2020, 31(11): 3380-3403.

**实践篇**

# 第 6 章

# 国产基于模型的系统工程系列软件及案例背景简介

　　蕴象系统工程软件（SysDeSim）是一款由北京机电工程研究所联合国内多家优势单位研发的拥有完全自主知识产权的基于模型的系统工程（MBSE）系列软件。该软件面向航天、航空、船舶、兵器、汽车等行业，以规范化的数字模型为核心，支撑数字化需求论证、系统设计与仿真验证、多方案权衡与综合优化、任务运行分析与数据可视化等应用，提升复杂产品高质量、低成本、短周期研发能力。本章首先介绍 SysDeSim 系统工程软件的总体框架，针对 SysDeSim 系列的需求管理系统（SysDeSim.Req）和架构建模与仿真软件（SysDesim.Arch）进行介绍，然后介绍 SysDesim.Arch 软件分别与 SysDeSim.Req、MATLAB软件的集成配置，为实践做好准备，最后对后续实践的案例背景进行总体介绍。

## 6.1　蕴象系统工程软件（SysDeSim）简介

　　蕴象系统工程软件是根据作战使命任务，构建用户–系统–分系统–单机各层级的需求模型，开展装备设计工作逻辑（包括原理、流程、指令时序、接口等）的匹配与仿真、多方案权衡分析，将对接联调试验、实战性验证提前到设计初期。

　　蕴象系统工程软件的总体框架如图 6-1 所示，该图呈现了各个模块之间的紧密连接与相互作用，模块包括需求管理、架构建模与仿真、多领域仿真验证、多学科综合优化及系统运行可视化。

　　需求管理模块在系统工程的初期扮演着重要角色。它负责收集、记录和分析系统的需求。这些需求来自客户、利益相关者或内部团队。需求管理模块有助于确保对系统的功能、性能、约束和接口等方面的需求得到准确捕获和表达。架构建模与仿真模块的双向箭头连接表达了需求管理模块和架构建模与仿真模块之间能够实现信息的反馈和沟通，以确保系统设计满足用户需求及各层次需求。

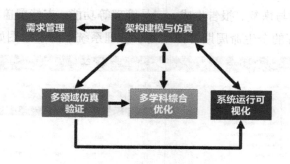

图 6-1　蕴象系统工程软件的总体框架

架构建模与仿真模块是系统工程软件的核心。在这个模块中，工程师可以创建系统的总体架构并进行建模与仿真。通过对系统进行建模与仿真，工程师可以快速验证和评估不同的设计方案，以便在实际系统开发之前就发现可能存在的问题。此模块与其他模块之间存在多个双向箭头，表示它可以与需求管理模块、多领域仿真验证模块、多学科综合优化模块和系统运行可视化模块进行数据和信息的交换，以便全面而高效地完成系统设计与仿真任务。

多领域仿真验证模块用于对系统的不同子系统或模块进行仿真验证。它有助于确保系统中的每个组成部分都能够在自己的领域内正常运行，且整体表现符合预期的要求。在验证完成后，该模块还支持将验证的结果传递给多学科综合优化模块和系统运行可视化模块，从而为整体系统的优化和监控提供数据支持。

多学科综合优化模块用于对整个系统进行综合优化。在这个模块中，系统工程师可以根据不同的约束条件和目标函数，对系统的各种参数进行优化，以实现最佳性能和效率。这个模块与架构建模与仿真模块之间有一条虚线双向箭头，表达了多学科综合优化模块与架构建模与仿真模块之间的信息交换是一个迭代的过程，可以通过多次优化来逐步优化系统设计。

系统运行可视化模块负责监控系统的实际运行情况，并将数据可视化，以便工程师和决策者能够实时了解系统的性能和状态。该模块接收来自架构建模与仿真模块和多领域仿真验证模块的信息，可以根据仿真数据实时地展示系统的运行状态，并帮助工程师进行决策和调整。

综上所述，从需求管理模块到系统运行可视化模块，每个模块都扮演着重要的角色，并通过数据和信息的传递与交流，形成了一个高效、全面的系统工程设计与优化过程。通过蕴象系统工程软件，工程师可以在设计和开发系统之前进行全面的验证与优化，从而提高系统的性能，实现更加成功的系统工程项目。

### 1. 需求管理系统（SysDeSim.Req）

需求管理系统提供复杂产品研制过程中需求编辑与条目化管理、追踪分析、变更影响分析、版本管理、归档与恢复、报告生成、三员管理等功能，支持覆盖需求定义、确认、跟踪、验证、变更等过程的全生命周期管控。需求管理系统界面示意图如图 6-2 所示。

图 6-2　需求管理系统界面示意图

### 2. 架构建模与仿真软件（SysDeSim.Arch）

架构建模与仿真软件提供基于图形化建模语言（SysML/UML/UAF）的复杂产品设计方案快速生成与仿真环境，支持多人在线协同的系统架构建模、软件架构建模和体系架构建模，具备活动、状态、顺序、参数、UI、配置仿真，以及与 MATLAB、FMI 等联合仿真接口，开展产品设计逻辑（包括原理、流程、指令时序、接口等）的匹配分析和多方案权衡，实现需求规范可追溯、方案合理可验证、指标闭环可联动。图 6-3 所示为架构建模与仿真软件不同模块可以支持的领域与场景。

图 6-3　架构建模与仿真软件不同模块可以支持的领域与场景

蕴象体系架构设计模块主要用于设计和规划整个项目或企业的体系架构，其主要业务功能包括组织结构设计和流程集成，允许用户设计组织的层级结构和职能划分，并考虑各个业务流程之间的依赖和交互，以支持业务的顺利运转和有效管理。

蕴象系统架构设计模块专注于设计和规划特定系统的架构，确保系统能够满足预期的需求和性能，主要业务功能包括系统结构建模、功能建模与行为建模等，允许用户设计系统的整体架构，包括模块划分、组件关系和数据流程，确保系统具备合理的结构和功能分配。

蕴象系统软件架构设计模块关注系统内部的软件组织和设计，允许用户设计系统内部的软件组件，包括模块功能划分、接口定义等，以便实现软件系统功能的模块化和复用。

本书重点应用于系统级架构设计部分，基于蕴象系统工程软件的系统架构设计如图 6-4 所示。从参数到需求有细化和验证的关系，从结构到参数有值绑定，从行为到结构有分配关系，从行为到需求有满足关系等。这种系统架构设计软件的使用有助于工程师更好地理解和规划复杂系统的构建，确保系统满足各种需求并具备良好的性能和功能，通过对各部分之间关系的合理把握和分析，工程师能够逐步构建出高质量、稳健可靠的系统。

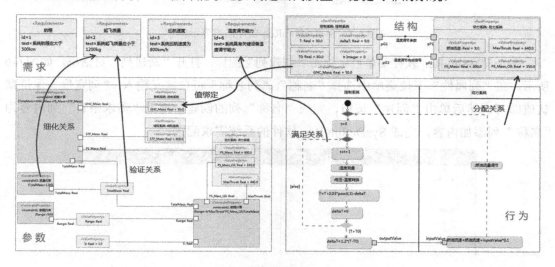

图 6-4 基于蕴象系统工程软件的系统架构设计

## 6.2 SysDeSim.Arch 软件的集成配置方法

### 6.2.1 SysDeSim.Arch 软件与 SysDeSim.Req 软件的集成配置

SysDeSim.Arch 软件支持与 SysDeSim.Req 软件进行需求数据的同步。说明：该功能需要部署 SysDeSim.Req 软件。

SysDeSim.Req 软件与 SysDeSim.Arch 软件之间通过匹配需求表中指定的列属性，实现需求的同步功能。SysDeSim.Arch 软件需求表中的"name"列内容匹配 SysDeSim.Req 软件需求表中列属性为"名称"列的内容；SysDeSim.Arch 软件需求表中的"text"列内容匹配 SysDeSim.Req 软件需求表中列属性为"需求条目"列的内容。在 SysDeSim.Req 软件需求表中，"需求条目"列和"名称"列都默认显示，如图 6-5 所示。

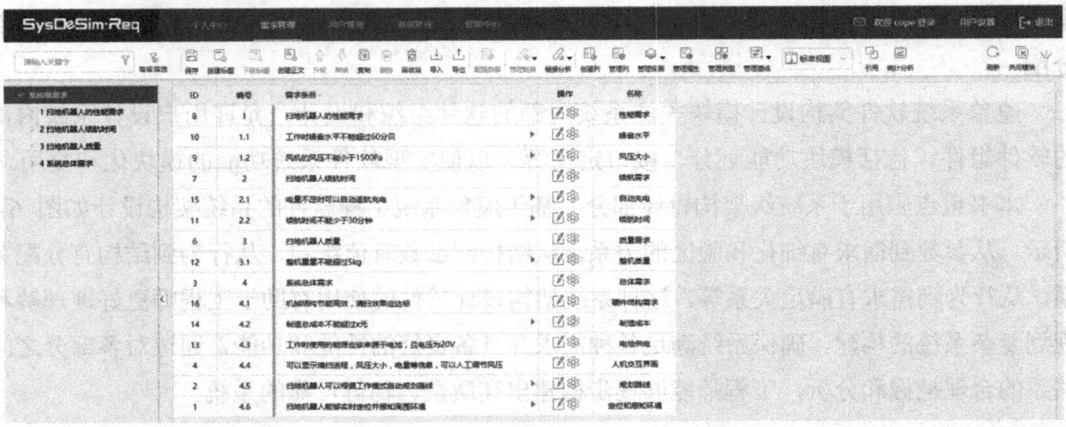

图 6-5　SysDeSim.Req 软件需求表示例

在 SysDeSim.Req 软件菜单栏中单击"创建列"图标，打开"新建列"对话框，如图 6-6 所示，在"列属性"下拉菜单中选择"名称"，"列名称"可自定义输入，"列宽度"保持默认值即可，然后单击"创建"按钮，完成"名称"列的创建，根据"需求条目"列内容为"名称"列添加内容，完成 SysDeSim.Req 软件的系统需求配置。

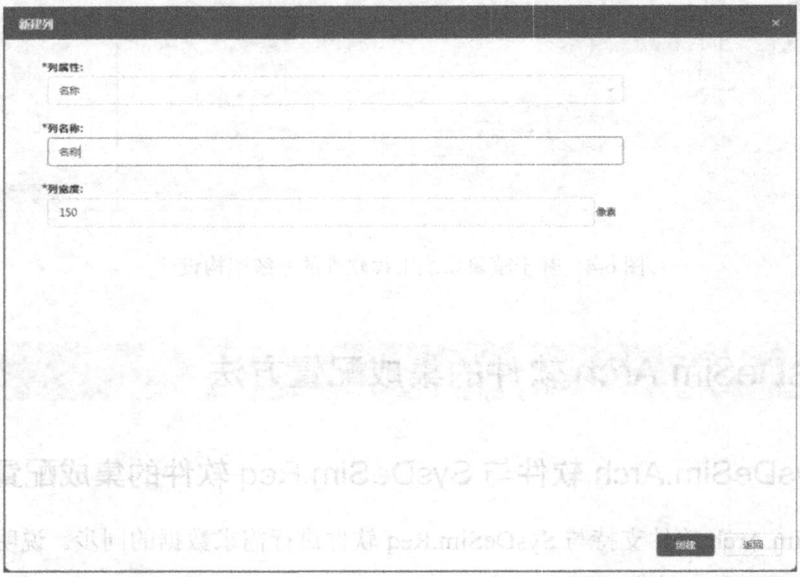

图 6-6　SysDeSim.Req 软件的系统需求配置

在 SysDeSim.Arch 软件主菜单中单击"操作"按钮，选择"环境配置项"选项，在集成窗口选择"需求系统"选项，配置与 SysDeSim.Req 软件集成的相关数据。如图 6-7 所示，其中主机地址填写 SysDeSim.Req 软件的服务器 IP 地址（IP 地址前不添加 http://）；端口填写 SysDeSim.Arch 软件与 SysDeSim.Req 软件通信的端口（默认为 10000）；用户名与密码填写 SysDeSim.Req 软件中的账号用户名与密码。

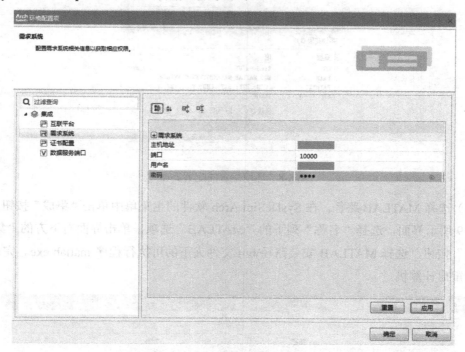

图 6-7　SysDeSim.Arch 软件的需求系统环境配置界面

## 6.2.2　SysDeSim.Arch 软件与 MATLAB 软件的集成配置

SysDeSim.Arch 软件提供复杂计算工具集成功能，支持集成 MATLAB 等第三方专业计算工具。在数据分析的过程中，对 SysDeSim.Arch 软件本身无法完成的复杂计算求解，可以通过集成第三方专业计算工具完成。

SysDeSim.Arch 软件支持在不透明表达式及约束属性中调用 MATLAB 对软件本身不支持的计算公式进行求解。环境配置及建模步骤如下。

（1）添加环境变量。在本地计算机右键菜单中选择"属性"选项，单击"高级系统设置"按钮，打开"高级系统设置"界面，在该界面中单击"环境变量"按钮，打开如图 6-8 所示的环境变量的配置界面，然后在系统变量"Path"中添加 MATLAB 的安装路径。安装路径为 D:\ProgramFiles\ MATLAB\R2018a\bin\win64，完成 MATLAB 本地环境变量的配置（注意盘符应为大写）。如果安装了多个版本的 MATLAB，则应保证 R2018a 版本相关的环境变量在其他版本相关的环境变量（包括%MD_MATLAB_MATHENGINE%）之前。

图 6-8　环境变量的配置界面

（2）选择 MATLAB 路径。在 SysDeSim.Arch 软件的主菜单中单击"集成"按钮，打开如图 6-9 所示界面，选择"名称"列下的"MATLAB"选项，单击界面右下方的"集成/取消集成"按钮，选择 MATLAB 安装路径\bin 文件夹下的可执行程序 matlab.exe。完成集成后，需重启计算机。

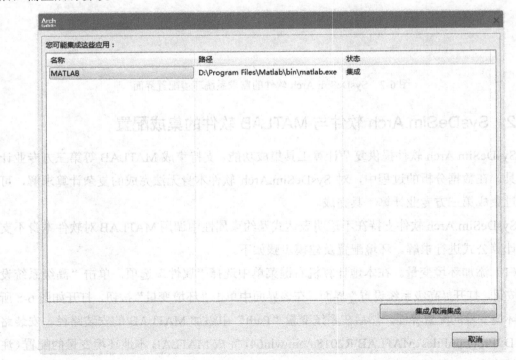

图 6-9　SysDeSim.Arch 软件集成 MATLAB 界面

## 6.3　案例综述

滑翔炸弹是一种空中武器系统，它可以在发射后通过滑翔或飞行控制来准确地击中目标。这种炸弹通常由飞行器携带到射程范围内进行发射，然后通过控制舵和翼面来控制滑翔和飞行，以实现更远的射程和更高的精确度。通常配备制导系统，如惯性导航系统、全球定位系统（GPS）或激光制导，以便在飞行过程中能够定位目标并调整飞行轨迹。这使得滑翔炸弹能够精确打击固定目标，如建筑物、桥梁、雷达站等。通过在防区外发射，可以更有效地保护空中平台的安全。

### 6.3.1　防区外打击作战样式的体系架构建模

现代作战模式已非过去单兵种、各类装备独立的对抗。随着信息化的发展，多种装备在体系环境下协同作战，发挥出了更大的效益。装备的设计也朝着适应多兵种联合作战的模式发展。从作战模式出发，对作战体系进行建模，并基于体系架构模型进行分析已成为装备论证的主流方法。体系架构（Architecture）既是体系各组成系统的结构和它们之间的关系，也是指导其设计和随时间演化的原则与指南。在体系工程领域，美国国防部体系架构框架（DoDAF）是主流标准之一，其从 C4ISR 框架发展演变而来。体系架构视图包括全景视图、作战视图、系统视图和技术视图等视图，部分体系架构视图如表 6-1 所示。

**表 6-1　部分体系架构视图**

| 视图 | 产品 | 产品名称 | 描述 |
| --- | --- | --- | --- |
| 全景视图 | AV-1 | 概述与摘要 | 范围、用途、设想的用户、适用环境、经过分析的发现等 |
| | AV-2 | 综合词典 | 所有产品中定义的全部术语的体系结构数据知识库 |
| 作战视图 | OV-1 | 高层作战概念图 | 以图形的方式描述高级作战概念 |
| | OV-5 | 作战活动模型 | 能力、活动、活动间的关系、输入和输出、执行节点或其他有关的信息 |
| 系统视图 | SV-2 | 系统通信接口描述 | 描述系统、系统节点及它们之间的关系 |

#### 1. 高层作战概念描述

高层作战概念图（OV-1）以图形的方式描述体系的作战能力、主要的作战节点及其他对体系运行感兴趣的、独特的方面，如图 6-10 所示。

#### 2. 作战活动描述

基于一定的想定和背景，描述系统在作战过程中进行的作战活动、它们之间的关系及其输入/输出信息流等。如图 6-11 所示，作战活动模型（OV-5）提供了多个作战节点之间信息交互的时间序列，描述了某一场景或关键事件系列中的行动踪迹，有助于定义节点接口，并能够确保特定作战节点具有必要的信息，以便在正确的时间完成赋予它的作战活动。

远程武器投掷点
X装备
防区外轰炸机
蓝方防空区
轰炸目标
红方指挥中心

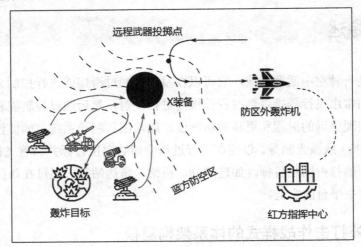

图 6-10　高层作战概念图

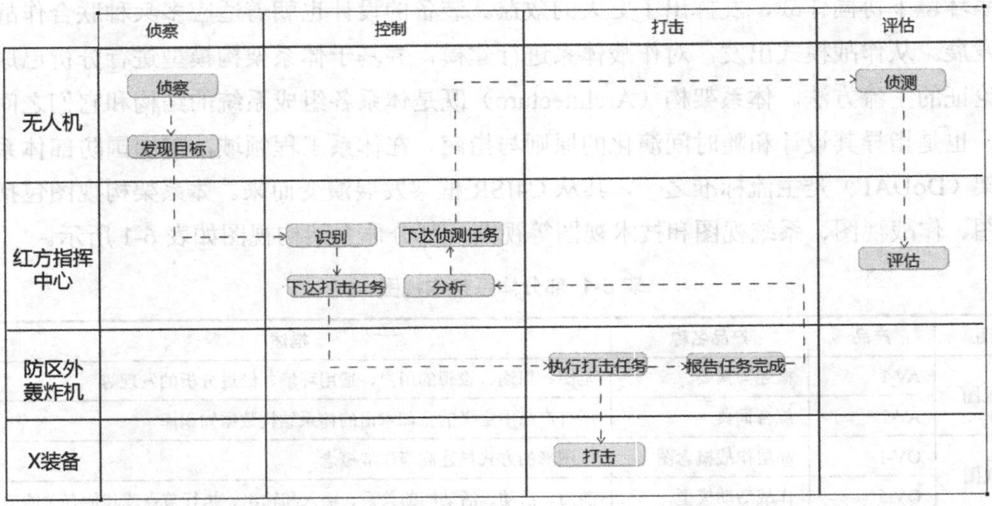

侦察
控制
打击
评估
无人机
侦察
发现目标
侦测
红方指挥中心
识别
下达侦测任务
评估
下达打击任务
分析
防区外轰炸机
执行打击任务
报告任务完成
X装备
打击

图 6-11　作战活动模型

### 3．体系对关键打击装备系统的需求

为了满足体系的要求，目标系统需要具备以下功能和特性。

（1）攻击目标对象：甲方要求目标系统主要用于攻击地面固定目标。这意味着系统需要具备足够的精确性和破坏力，以有效摧毁敌方的固定目标，如建筑物、设施或装备。

（2）适应多平台：甲方要求目标系统能够适应多种挂载平台进行作战。这意味着系统需要具备通用性和灵活性，可以安装和使用在不同类型的平台上，如飞机、直升机、无人机等。这样可以提高系统的适应性和部署的灵活性。

（3）适应多种地形作战：甲方要求目标系统在多种地形条件下能够完成指定的作战活动。这包括平原地形、荒漠地形、丘陵地形和高原地形。系统需要具备足够的适应性和稳定性，以在不同地形环境下保持正常的操作和性能。

（4）无动力滑翔：甲方要求目标系统能够以无动力滑翔的飞行方式进行投送。这意味着在挂载平台提供初速度的情况下，系统需要能够在飞行过程中保持稳定的滑翔轨迹，以将目标系统准确投送到指定位置。

（5）最大飞行距离：甲方要求目标系统在无动力滑翔的飞行方式下，能够投送的最大距离不小于指定值。这要求系统具备优化的气动设计和飞行控制，以最大程度地延长滑翔距离，从而增加目标系统的作战范围和覆盖面积。

（6）寻的制导：甲方要求滑翔炸弹具备自主地搜索、捕获、识别、跟踪和攻击目标的能力。这要求系统集成先进的传感器、图像处理和目标识别算法，以实现目标的智能识别和精确打击。

（7）最大总质量：甲方规定滑翔炸弹的最大总质量不能超过 3200kg（示例数据）。这要求系统在设计和制造过程中要考虑质量控制和结构强度，以确保滑翔炸弹在保证总质量限制下的性能和可靠性。

这些需求的制定是为了满足体系在现实战场环境中的作战需求。攻击固定目标能够对敌方的关键设施和目标造成重大打击，削弱其战斗能力。适应多平台的要求可以使目标系统在不同类型的平台上使用，增加系统的灵活性和扩大应用范围。多种地形作战的适应性能够确保目标系统在各种地理环境下均能正常执行任务。无动力滑翔的飞行方式可以在初始投放阶段节省能量，提高系统的效能。确定最大飞行距离的要求能够确保目标系统在作战中具备较大的覆盖范围。寻的制导功能能够使目标系统自主寻找、追踪并攻击敌方目标，提高系统的打击精确性和反应速度。最大总质量的限制是为了确保目标系统在合理的质量范围内进行设计和制造，以提供可靠的性能和安全性。

这些用户需求的制定旨在确保滑翔炸弹能够满足体系的作战需求，提供高效、精确和可靠的打击能力。通过满足这些需求，目标系统能够在现代战场中发挥重要作用，为甲方提供有效的作战手段，并增强战斗力和作战效果。

## 6.3.2　防区外打击装备的概念方案

当前，在攻防作战环境下防空系统对空中平台形成了较大的威胁。为了实现打击目标，需要对作战装备概念进行定性评估，如表 6-2 所示。

表 6-2　作战装备概念定性评估表

| 作战装备概念 | 空战平台战损率 | 打击效果（战斗部质量） | 价格 | 体系综合效能 |
| --- | --- | --- | --- | --- |
| 地-地导弹 | 低 | 轻 | 高 | 中 |

| 作战装备概念 | 空战平台战损率 | 打击效果（战斗部质量） | 价格 | 体系综合效能 |
|---|---|---|---|---|
| 空战平台打击 | 高 | 重 | 中 | 低 |
| 防区外无动力自主滑翔 | 低 | 重 | 低 | 高 |

由表 6-2 可以看出，利用现有的航弹进行改装，即可通过滑翔实现防空区外打击，又由于航弹数量众多且价格便宜，战斗部相对较大，总体作战效能突出。

已有滑翔炸弹在行动中被使用，并逐步提高精确打击能力，滑翔炸弹实物外观如图 6-12 所示。它们可以被用于对付固定目标，也可以用于对抗移动目标，具体取决于其制导系统的能力。滑翔炸弹通常不带动力装置，大多采用控制的方式实现滑翔增程。在飞行过程中，滑翔炸弹通过其飞行控制系统调整姿态，改变作用在弹体上的升力，从而改变飞行轨迹，达到增加射程的目的。滑翔炸弹由飞机携带至高空投放，依靠滑翔翼、舵面和弹体产生的升力，利用空气升力进行滑翔，达到增程的目的。因此，滑翔炸弹的设计通常采用飞机型的气动外形。滑翔炸弹的作战使用示意图如图 6-13 所示。

图 6-12　滑翔炸弹实物外观

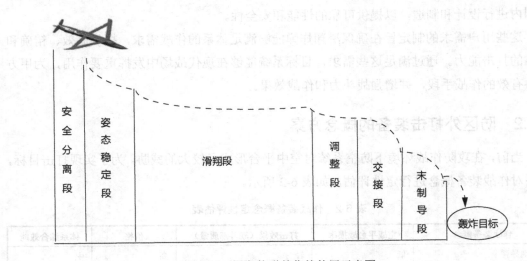

图 6-13　滑翔炸弹的作战使用示意图

以滑翔炸弹为例[1-3]，将 MBSE 的理论应用于实践，滑翔炸弹系统设计流程如图 6-14 所示。

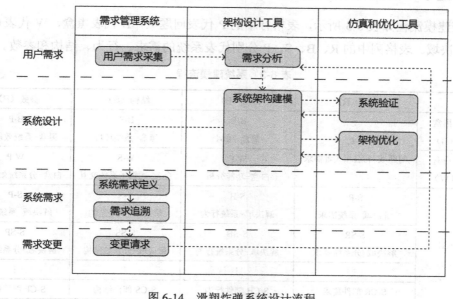

图 6-14　滑翔炸弹系统设计流程

（1）系统建模是将滑翔炸弹的结构、功能和行为以图形化方式表示的过程。通过使用系统建模软件，可以创建滑翔炸弹的系统模型，包括各个组件、接口、交互关系等。这些模型可以帮助工程师更好地理解系统的复杂性，进行分析和优化，并支持决策制定。

（2）仿真验证是通过使用仿真工具对滑翔炸弹的系统模型进行测试和验证的过程。使用 MATLAB 等仿真软件，可以对滑翔炸弹进行各种仿真实验，评估其性能、稳定性、可靠性等方面。这有助于发现潜在问题、优化设计，并提供对系统行为更深入的理解。

（3）多学科综合优化是在滑翔炸弹设计过程中综合考虑多个学科领域的要求和约束，以实现最优设计。通过使用多学科综合优化软件，可以将各种设计变量、目标函数和约束条件纳入考虑，进行设计空间搜索和优化，以找到最佳的设计方案。

（4）需求管理是系统工程的重要环节，它有助于明确和跟踪滑翔炸弹的功能需求、性能要求和限制条件。通过使用专门的需求管理软件，可以有效收集、分析和跟踪滑翔炸弹项目中的需求，并确保需求的一致性和完整性。

通过将系统建模、仿真验证、多学科综合优化和需求管理结合起来，并借助相应的软件工具，MBSE 方法可以提供更全面、高效的滑翔炸弹设计和开发过程。它可以缩短设计迭代周期，降低开发风险，并提供更好的系统性能和质量。这种模型驱动的方法在滑翔炸弹及其他复杂系统的工程实践中具有广泛的应用前景。

### 6.3.3　基于 MBSE 的防区外打击装备设计过程

系统建模流程如表 6-3 所示，表格行中的 P 代表问题域，B 代表黑盒，W 代表白盒，S 代表解决域。表格列中的 R、B、S、P 分别代表系统的需求、行为、结构和参数。

**表 6-3　系统建模流程**

| | | 需求（R） | 行为（B） | 结构（S） | 参数（P） |
|---|---|---|---|---|---|
| 问题域（P） | 黑盒（B） | P-R<br>问题域-利益相关者需求 | B-B<br>黑盒-用例 | B-S<br>黑盒-系统环境 | B-P<br>黑盒-系统效能指标 |
| | 白盒（W） | | W-F<br>白盒-功能分析 | W-S<br>白盒-逻辑子系统交互 | W-P<br>白盒-分系统效能指标 |
| 解决域（S） | | S-R<br>解决域-系统需求 | S-B<br>解决域-系统行为 | S-S<br>解决域-系统结构 | S-P<br>解决域-系统参数 |
| | | S-SR<br>解决域-分系统需求 | S-SB<br>解决域-分系统行为 | S-SS<br>解决域-分系统结构 | S-SP<br>解决域-分系统参数 |
| | | ⋮ | ⋮ | ⋮ | ⋮ |
| | | S-CR 部件需求 | S-CB 部件行为 | S-CS 部件结构 | S-CP 部件参数 |

#### 1．问题域分析阶段

问题域定义的目的是分析利益相关者需求并使用 SysML 模型元素细化，以得到目标系统必须解决问题的清晰描述。如表 6-3 所示，问题域分析分两个阶段进行。在第一个阶段，目标系统被认为是一个黑盒，主要关注其与环境的交互，不需要了解内部结构和行为。执行目标系统的操作分析，包括利益相关者需求 P-R、系统环境 B-S、用例 B-B 和系统效能指标 B-P 的建模。第二个阶段打开黑盒，从白盒角度分析目标系统，有助于详细了解系统应如何运行。执行目标系统的功能分析 W-F，包括功能分析与分解、逻辑子系统交互 W-S 和分系统效能指标 W-P 的建模。最后完成白盒阶段利益相关者需求的追溯关系 P-R 建模。

#### 2．解决域分析阶段

解决域架构定义了系统逻辑设计的精确模型，甚至是它的几个变体，即这一抽象层为第一层抽象中定义的问题提供了一个或多个解决方案（包括黑盒和白盒的视角）。有几种解决方案，可以进行权衡分析以选择最佳的解决方案来实现系统。问题域由一个组织指定，而解决域架构可以由另一个组织指定，不同的组织可以提供不同的解决方案。如表 6-3 所示，构建解决域架构包括指定设计中系统的需求、行为、结构和参数。此外，构建解决域架构的任务通常包括不止一次迭代，从系统级到子系统级，从子系统级到组件级架构，甚至更深。系统架构模型的精度取决于迭代次数。

# 参考文献

[1]　薛晓东.滑翔炸弹加装末制导导引头总体设计技术[D].上海：上海交通大学，2012.

[2]　吕晨.滑翔制导炸弹可视化仿真系统设计[D]．南京：南京理工大学，2014.

[3]　Russian Air Force Receives New Smart Bombs[EB/OL].［2022-01-19］. https://airrecognition. com/index.php/news/defense-aviation-news/2021/april/7219-russian-air-force-receives-new-smart-bombs.html.

# 第 7 章

# 基于 SysDeSim 的系统总体设计与建模应用——问题域

本章以"滑翔炸弹"系统建模为例，运用 SysDeSim.Arch 系统建模工具，将 MBSE 的理论方法应用于实践。该案例覆盖了系统建模的各个阶段，即利益相关者需求分析，系统功能分析，系统需求、行为、结构和参数建模，还包含了相关需求管理和跟踪性的建立。本章研究利益相关者需求分析、系统功能分析这部分内容，首先从涉众需求分析开始，完成对利益相关者需求、系统环境、系统用例、系统效能指标等方面的建模（黑盒分析），然后进行系统的功能分配和逻辑子系统的交互建模（白盒分析）。后续阶段内容将在第 8 章详细论述。

## 7.1 问题域概述

问题域定义的目的是分析利益相关者的需求，并用 SysML 模型元素对其进行完善，以获得明确和连贯的描述，即在定义的环境中期望系统或系统实体（System of Interest，SoI）提供哪些功能。通过对问题域的深入分析，可以确保系统满足利益相关者的期望，并提供所需的功能和性能。

问题域分析分为两个阶段，如表 6-3 所示。在第一个阶段，将 SoI 视为一个黑盒，将重点放在它如何与定义的环境进行交互上，而不需要了解其内部结构和行为（操作分析）。这种黑盒分析有助于理解 SoI 与外部实体之间的交互方式，以及它在整个系统中扮演的角色。通过黑盒分析还可以确定 SoI 与其他实体之间的接口和通信需求，确保系统各个部分之间的协调性和一致性。

在第二个阶段，将 SoI 从白盒的角度进行分析，关注 SoI 的内部结构、组成部分及其预期行为和概念结构（功能分析）。通过功能分析可以深入了解 SoI 的内部工作原理，识别其所需的功能和特性，有助于设计和开发出满足需求的系统，确保其能够正常运行并达到预期的目标。如表 6-3 所示，问题域定义的两个阶段都包括指定 SoI 的需求、结构、行为和参数，唯一的区别是角度不同。

需要注意的是，问题域定义并不涉及 SoI 的逻辑或物理结构的详细描述。它的重点是理解系统与外部环境之间的交互和所需功能，以便为系统设计提供清晰的指导。通过问题域定义，可以明确系统的边界和范围，了解利益相关者的需求，并确保系统开发的成功和用户满意度。

在进行问题域定义时，与利益相关者的紧密合作至关重要。利益相关者的意见和反馈对于确保系统满足期望和需求至关重要。通过有效的问题域定义，可以确保在系统开发的早期阶段就建立起共识，并为后续的系统设计和开发工作提供指导。

## 7.2 黑盒视角问题域分析与建模

本节将从黑盒视角开展问题域的分析与建模，本节是确定和明确系统所需要解决问题的第一个阶段。此阶段目标系统被视为一个黑盒，意味着我们只关注系统的输入和输出，而不深入了解其内部结构和行为。黑盒视角下问题域分析的核心在于研究目标系统、其他相关系统及目标系统在各种系统环境中的预期用户之间的交互。这种方法有助于我们深入了解系统如何在实际应用场景中发挥作用，从而更好地满足利益相关者的需求。通过对这些交互的分析，可以明确系统设计的目标，确保解决方案在现实环境中实现其预期功能。

### 7.2.1 P-R 初始阶段：利益相关者需求建模

P-R 初始阶段的任务主要是搜集系统各利益相关者的信息，涉及用户需求、政府法规、政策、程序及内部指南等方面。获取利益相关者需求的方式包括采访、问卷调查、专家小组讨论等形式。尽管这些信息比较原始，但不需要对其进行特别的重构，而是在问题域模型的后续阶段进行分析和改进。这些改进将作为制定系统需求的依据，因此系统需求源于利益相关者的需求。为了建立完整的问题域模型，还需要执行 P-R 最终阶段任务，即建立需求的可追溯性关系，将利益相关者的需求与问题域模型的其他部分关联起来，以展现目标系统的行为和结构元素是如何满足利益相关者需求的。

在建模过程中，我们可以使用 SysML 需求来捕捉各个利益相关者的需求。每个 SysML 需求都具有唯一标识符、名称和文本描述，便于需求的识别、追踪和管理。完整的利益相关者需求列表可以在 SysML 需求表格或需求图中展示。为了实现分组和管理，利益相关者的需求可以通过包含关系在层次结构中关联起来。这些关系在 SysML 模型中可以用多种方式表达，通过它们，利益相关者需求得以被组织、追踪和管理，从而确保系统满足各方的需求和期望。利益相关者需求的建模步骤如下。

**步骤 1  为 P-R 初始阶段梳理模型**

一个井然有序的包结构能够让模型更易于阅读、理解和维护。在 SysML 模型中，包的功能类似于图形用户界面里的文件夹，文件夹用于整理文件，而包则用于组织 SysML 视图和元素（包括其他包）。捕捉利益相关者需求的模型元素应存放在图 7-1 所示的包结构中，梳理利益相关者需求包结构的步骤如下。

注：在包名称中使用数字能使包保留在模型树中的固定位置。

（1）右击"model"包（这是根包的默认名称）并选择"创建元素"选项。

（2）单击"Package"按钮，如图 7-2 所示。

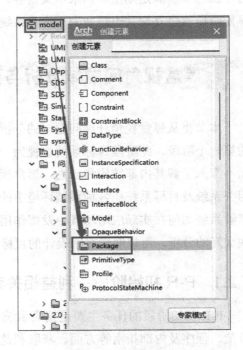

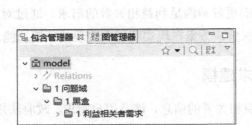

图 7-1  利益相关者需求的包结构　　　　　　图 7-2  创建包元素

（3）键入"1 问题域"以指定新包的名称并按"Enter"键。

（4）右击"1 问题域"包并选择"创建元素"选项。

（5）重复上述步骤以创建名为"1 黑盒"的包。

（6）右击"1 黑盒"包并选择"创建元素"选项。

（7）重复上述步骤以创建名为"1 利益相关者需求"的包。

**步骤 2  为利益相关者需求创建表格**

建议使用 SysML 需求表捕获和显示利益相关者需求。创建用于捕获利益相关者需求的 SysML 需求表的步骤如下。

（1）右击"1 利益相关者需求"包并选择"创建图"选项。

（2）单击"需求表"按钮，完成需求表的创建，如图 7-3 所示。

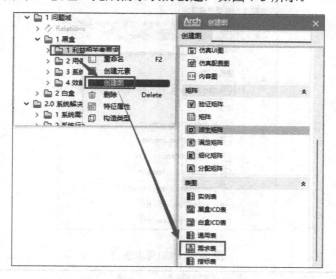

图 7-3　创建需求表

需要注意的是，该表默认用存储它的包命名，这个名字也适用于此表格，只需要从其名称中删除序列号。

（3）选择"1 利益相关者需求"包并将其拖到表的条件区域中的范围框中，之后每次在"1 利益相关者需求"包下添加需求时都会自动更新该表，如图 7-4 所示。

图 7-4　选择需求表格范围

**步骤 3　捕捉利益相关者的需求**

单个利益相关者需求可以存储为 SysML 需求，该需求具有唯一标识、名称和文本规范。添加利益相关者需求的步骤如下。

（1）打开步骤 2 创建的需求表。

（2）在该表的工具栏上，单击"添加新内容"图标并选择"Requirement"选项，需求表中将会新增一条空白的需求，如图 7-5 所示。

（3）在新创建的需求的"name"和"text"字段中，分别键入利益相关者的名称和文本。

（4）重复上述步骤，直到创建完所有需求为止，如图 7-6 所示。

图 7-5　添加需求条目

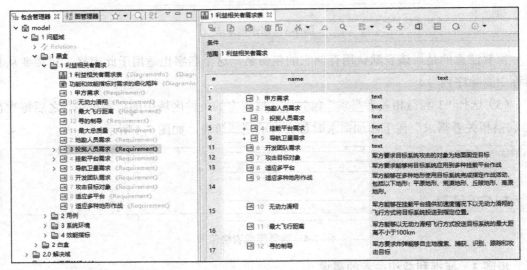

图 7-6　创建完成的需求表格

**步骤 4　对利益相关者的需求进行分组**

根据需求性质对利益相关者需求进行分组，这些分组可以包括政府法规、用户需求、业务需求等，具体分组取决于与系统相关的利益相关者。通常的做法是将不同性质的利益相关者需求从各自的来源导入模型中。以滑翔炸弹为例，甲方需求便是其中一个利益相关者需求，可以将其归类到 SysML 需求类型的"甲方需求"元素下。建议使用常规的 Requirement 元素作为分组元素，这些分组元素本身可以不包含任何文本。对利益相关者需求进行分组的步骤如下。

（1）创建分组需求：在模型浏览窗口中，右击"1 利益相关者需求"包并选择"创建元素"选项；单击"Requirement"按钮，如图 7-7 所示，创建一个"Requirement"类型的新元素；键入"甲方需求"以指定需求的名称，然后按"Enter"键。

（2）如图 7-8 所示，在模型浏览窗口中，选择步骤 3 捕获的利益相关者需求，并将它们拖到"甲方需求"上，然后这些需求就会嵌套到"甲方需求"的分组下。

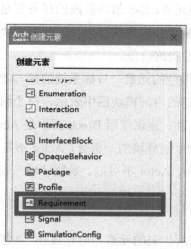

图 7-7　创建需求元素　　　　　　　　　　　　图 7-8　需求条目分组

（3）查看 SysML 需求表中的相应更改。注：确保表格以完整树模式显示。单击表格工具栏上的"设置"按钮，然后选择"显示模式"→"完整树"选项，如图 7-9 所示。

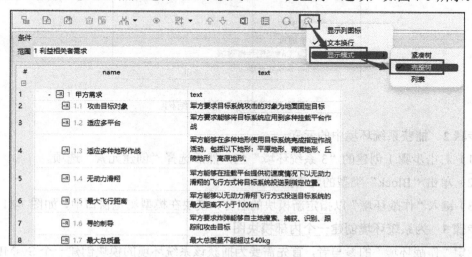

图 7-9　显示模式切换及需求条目分组结果

## 7.2.2 B-S 初始阶段：系统环境元素建模

系统环境或操作环境决定了系统的外部视角，在这个阶段需要引入与目标系统交互的外部环境元素，这些元素不属于目标系统本身。针对一个目标系统，可以定义多个系统环境元素。除了系统本身，系统环境中的元素集合还包括与目标系统在该环境中互动的外部系统和用户（包括人类和组织）。这个阶段可以分为两个子阶段：B-S 初始阶段和 B-S 最终阶段。B-S 初始阶段主要是定义一个或多个系统环境元素。B-S 最终阶段的任务则是确定目标系统与每个系统环境元素的交互，由于这个阶段需要分析系统行为，因此首先要确定系统环境的用例并为用例场景建模，然后才能进行 B-S 最终阶段。

在建模工具中，系统环境可以被捕获为 Block 类型的元素。目标系统的参与者可以被指定为系统环境的组成属性，并在为该系统环境创建的内部模块图中表示。每个组成部分都用模块表示，定义了目标系统、用户或其他系统。注：建议使用 Block 而不是 Actor 来定义人（如目标系统的用户），原因如下：Block 被视为系统环境的一部分，Actor 不是；Block 可以标记为外部，Actor 不可以；Block 可以定义行为，Actor 不可以。系统环境元素的建模步骤如下。

**步骤 1 为 B-S 阶段梳理模型**

系统环境及其对应的 SysML 内部模块图和它们所代表的元素，应存放在"1 黑盒"包内的一个独立包中。建议以"3 系统环境"命名该包，如图 7-10 所示。

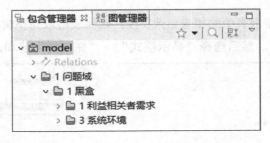

图 7-10 系统环境的包结构

**步骤 2 捕获系统环境中的元素**

（1）右击步骤 1 创建的"3 系统环境"包，然后选择"创建元素"选项。

（2）单击"Block"类型的元素按钮。

（3）键入"作战环境"以指定新模块的名称，模块在模型浏览窗口中，如图 7-11 所示。

**步骤 3 为系统环境创建一个内部模块图**

指定"作战环境"的参与者，首先需要为捕获该系统环境的模块创建一个 SysML 内部模块图，步骤如下。

（1）右击"作战环境"模块并选择"创建图"选项。

（2）单击"内部模块图"按钮，创建的"作战环境"内部模块图如图 7-12 所示。

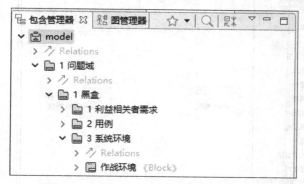

图 7-11　创建"作战环境"模块

图 7-12　创建的"作战环境"内部模块图

**步骤 4　捕获系统环境的参与者**

系统环境的参与者可以被捕获为"作战环境"模块的"PartProperty"，根据滑翔炸弹作战时的外部环境分析可知，作战环境包括"滑翔炸弹"、"导航卫星"、"载机"和"被轰炸目标"，步骤如下。

（1）打开步骤 3 创建的内部模块图。

（2）创建"PartProperty"模块时，确保在名称前输入英文的"："。否则，在此图中创建的 part 将不会自动生成对应名称的 Block。

（3）单击模块图面板上的"组成属性"按钮，然后单击模块图窗口上的空白位置，将创建一个未命名的"PartProperty"图块。

（4）直接在"PartProperty"图块上键入冒号（:）和"滑翔炸弹"，然后按"Enter"键，则对应的"滑翔炸弹"模块将在模型浏览窗口中被创建。

注：在"PartProperty"图块上输入的内容是用于定义新模块名称的，代表了该"PartProperty"的类型，而非"PartProperty"本身的名称。若要指定"PartProperty"的名称，则需要在图块上的冒号（:）前输入，格式为"name:type"。然而，名称并非必需，因为在该图中创建的"PartProperty"可以通过它们的类型轻松识别。滑翔炸弹的"PartProperty"如图 7-13 所示。

图 7-13　滑翔炸弹的"PartProperty"

（5）重复上述步骤以创建另外三个"PartProperty"：导航卫星、载机和被轰炸目标。如图 7-14 所示，完成后，将拥有四个"PartProperty"及在模型浏览窗口中对应键入的相同数量的 Block。

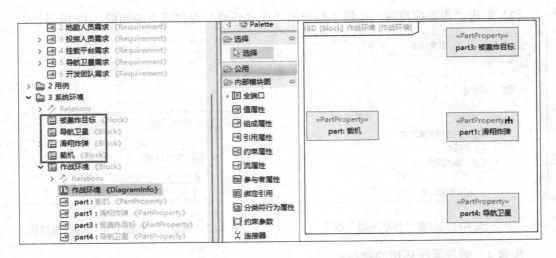

图 7-14 "作战环境"的内部模块图

### 7.2.3 B-B：用例与用例场景建模

用例与用例场景可以对功能性利益相关者需求进行细化。与利益相关者需求相比，用例能更精确地描述用户对系统的期望及使用系统希望实现的目标。这个阶段的任务是为用户提供具有可衡量价值的功能性用例，并描述目标系统与用户或其他系统交互的用例场景。

为捕捉目标系统的用例，我们可以在建模工具中使用 SysML 的用例图来细化利益相关者需求。在用例图中，执行一个或多个用例的实体应该被表示为 Block，这些 Block 构成了作战环境的组成部分。可以使用 SysML 活动图或序列图来描述用例场景。在活动图中，可以通过泳道分区来表示目标系统、系统用户或其他系统。而在序列图中，它们则表现为生命线。用例与用例场景建模步骤如下。

**步骤 1　为 B-B 阶段梳理模型**

SysML 活动图或序列图形式的用例及其场景，连同它们代表的元素，建议放在"1 黑盒"包内的单独包中，以"2 用例"命名包，如图 7-15 所示。

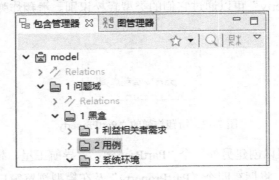

图 7-15　用例包结构

### 步骤 2　创建用例图

捕获"滑翔炸弹"的使用用例，需要先创建一个 SysML 用例图。创建用例图来捕获滑翔炸弹的执行用例的步骤如下。

（1）右击"2 用例"包并选择"创建图"选项。

（2）单击"用例图"按钮，完成用例图的创建。注：如果有多个系统环境，建议将每个系统环境的用例存储在单独的包中。

（3）键入"滑翔炸弹使用用例"以指定新用例图的名称。

（4）在模型浏览窗口中选择"滑翔炸弹"模块并将其拖到用例图窗口中。

（5）在模型浏览窗口中，将"载机"和"导航卫星"模块也拖到该用例图窗口中，如图 7-16 所示。

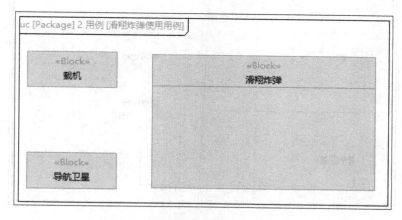

图 7-16　将用例的参与模块拖入用例图窗口

### 步骤 3　捕获用例

通过分析利益相关者需求，可以识别出"滑翔炸弹"有"轰炸目标"的用例，用例的创建步骤如下。

（1）打开步骤 2 创建的用例图。

（2）拖曳用例图窗口上的"用例"按钮到"滑翔炸弹"模块的图块上。

（3）当看到"滑翔炸弹"图块出现蓝色边框时，松开鼠标，一个未被命名的用例在模块的图块中被创建。

（4）键入"轰炸目标"来指定这个用例的名称。

（5）右击用例打开它的特征属性，并确保将"滑翔炸弹"模块设置为它的"Subject"属性。

（6）选择"轰炸目标"用例，单击其智能操纵器工具栏上的"关联"按钮，然后分别选择"载机"和"导航卫星"模块，将其分别与"轰炸目标"关联起来，如图 7-17 所示。

创建完成的用例图如图 7-18 所示。

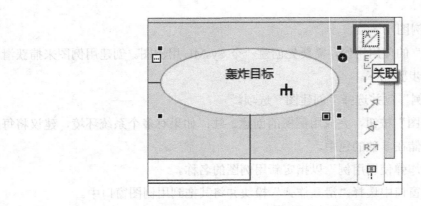

图 7-17　创建用例与参与者的关联

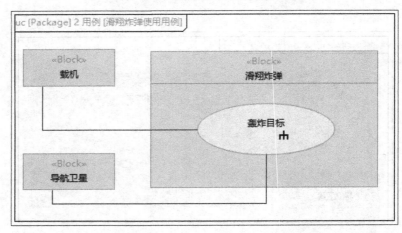

图 7-18　创建完成的用例图

**步骤 4　创建用于指定用例场景的图**

可以用活动图或序列图捕获用例场景。以活动图为例指定"轰炸目标"的用例场景的步骤如下。

（1）在"滑翔炸弹使用用例"的用例图中，右击"轰炸目标"用例的图块，然后选择"创建图"选项。

（2）单击"活动图"按钮，活动图创建完成并打开，它由同名的 SysML 活动元素所有。

注：现在返回"滑翔炸弹使用用例"的用例图，可以看到该用例的图块装饰有耙子图标。该装饰意味着用例包含一个内部图，即"轰炸目标"活动图，可以双击用例的图块打开该内部图。"轰炸目标"用例如图 7-19 所示。

**步骤 5　指定用例场景**

指定用例场景步骤如下。

（1）打开"轰炸目标"活动图。

（2）确保在输入的动作名称前加英文的“:”。否则，活动图中创建的动作将不会以活动（Activity）自动添加。

（3）单击活动图面板上的“初始节点”按钮，然后单击活动图窗口上的空白处，初始节点被创建并显示在活动图上。

图 7-19　“轰炸目标”用例

（4）单击初始节点的智能操纵器工具栏上的“控制流”按钮，然后单击活动图窗口上的空白处，则创建了一个未被命名的“动作”，类型为 Activity。

（5）单击“动作”图块并在冒号（:）后键入“检查滑翔炸弹状态”以命名活动。

（6）重复（4）和（5）捕获其他动作。

（7）选择最后一个“动作”图块，然后单击其智能操纵器工具栏上的“控制流”按钮。

（8）右击活动图窗口上的空白处，选择“活动最终节点”选项，终止节点创建并显示在活动图上。

假设希望通过添加替代操作流来指定如果滑翔炸弹状态不正常会发生什么情况，从而使场景更加复杂。需要插入决策节点，在控制流的特征属性“guard”添加两个带判定条件的控制流。完成后，“轰炸目标”活动图如图 7-20 所示。

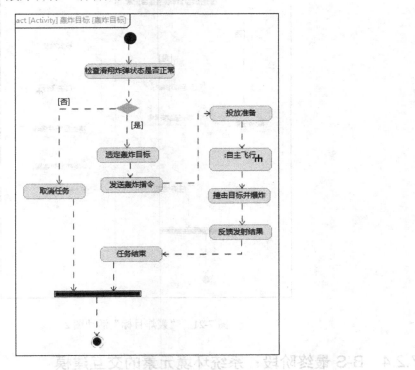

图 7-20　“轰炸目标”活动图 1

**步骤 6　将动作分配给系统环境的参与者**

拥有用例的整个场景后，可以指定系统环境的哪个参与者负责执行哪个动作。对此有一个通用术语：将行为分配给结构。可以使用泳道分区来表示系统环境的参与者。在这个例子下，需要其中的两个，它们是模型中捕获的作为系统环境的"PartProperty"：一个是"载机"模块，另一个是"滑翔炸弹"模块。步骤如下。

（1）单击活动图面板上的"垂直泳道"按钮，然后单击该活动图窗口上的空白处，泳道被创建。

（2）在系统环境中分别选择"载机"和"滑翔炸弹"模块，并将其拖入泳道上方的名称区域。

（3）将"载机"执行的动作拖到"载机"泳道内。

（4）将"滑翔炸弹"执行的动作拖到"滑翔炸弹"泳道内。完成后，"轰炸目标"活动图如图 7-21 所示。

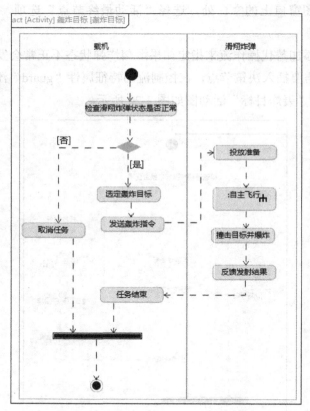

图 7-21　"轰炸目标"活动图 2

## 7.2.4　B-S 最终阶段：系统环境元素的交互建模

在建模工具中，可以使用连接器来捕捉系统环境中参与者之间的关系，这些参与者可通过代表它们的"PartProperty"进行连接。在创建连接器后，需要指定从连接器一端流向另一端的一个或多个交互项，因为连接器本身并未说明交互性质。这些交互项可以根据它们的性质（物理、信息或控制流）作为信号（Signal）、模块（Block）或数值（Value）类型存储在模型中。系统环境元素的交互建模步骤如下。

**步骤 1　指定系统环境参与者之间的交互**

用例场景揭示了这些"PartProperty"如何相互关联："载机"控制"滑翔炸弹"，"导航卫星"提供定位信息，绘制连接器来表示交互的步骤如下。

（1）打开"作战环境"的内部模块图。

（2）选择由"载机"模块键入的"PartProperty"，然后单击其智能操纵器工具栏上的"连接器"按钮。

（3）选择由"滑翔炸弹"模块键入的"PartProperty"，完成连接器的创建。

**步骤 2　分配系统环境参与者之间流动的交互项**

建议将捕获这些项目的元素存储在"3 系统环境"包中的单独包内，捕获项目流并将它们分配给"PartProperty"之间的连接器的步骤如下。

（1）右击"1 交互项"包并选择"创建元素"选项。

（2）单击"Signal"类型的元素。

（3）键入"控制指令"以指定新信号的名称。

（4）将信号拖动到"作战环境"的内部模块图中由"滑翔炸弹"模块输入的"PartProperty"与由"载机"模块输入的"PartProperty"之间的连接器上。

（5）在打开的对话框中，选择"From:载机 To:滑翔炸弹"作为流动方向，控制指令分配给连接器。

（6）重复上述步骤完成其他信号的创建和分配。完成后，"作战环境"的内部模块图如图 7-22 所示。

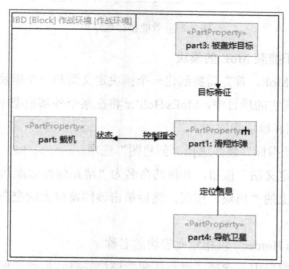

图 7-22　"作战环境"的内部模块图

### 7.2.5　B-P：系统效能指标建模

通过系统效能指标（MoE）对非功能性利益相关者的需求进行细化，以数字形式捕获目标系统的特征。MoE 是系统工程中广泛使用的术语，用于描述系统在特定环境中执行任务的程度。在问题域模型中，它们充当顶层关键性能指标，将在方案域模型中自动检查。

同一组 MoE 可用于不同模型，以指定其他目标系统的数值特征。可以使用 SysML 模块定义图捕获 MoE。如果要定义一组可重用的 MoE，则应创建一个单独的模块，并将其设置为代表目标系统的模块的父类。在实际项目中，MoE 被捕获为应用了«moe»类型的值属性，具有可重用 MoE 的模块存储在外部模型中，也称为库。目标系统的模块从父类模块继承 MoE。效能指标的建模步骤如下。

**步骤 1　为 B-P 阶段梳理模型**

捕获效能指标的模型元素应存储在"1 黑盒"包内的单独包中，建议以"4 效能指标"命名包，如图 7-23 所示。

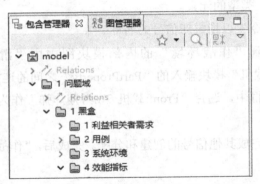

图 7-23　效能指标包结构

**步骤 2　创建用于捕获 MoE 的模块**

捕获滑翔炸弹的 MoE，首先需要创建一个模块定义图和一个模块，以设置为"滑翔炸弹"模块的父类。在真实的项目中，MoEs Holder 将在某个外部模型中被创建。创建用于捕获 MoE 的模块定义图和模块步骤如下。

（1）右击"4 效能指标"包并选择"创建图"选项。

（2）单击"模块定义图"按钮，并将其命名为"滑翔炸弹效能指标"。

（3）单击图面板上的"模块"按钮，然后单击该图窗口上的空白处，则创建了一个未被命名的模块。

（4）键入"MoEs Holder"以指定此模块的名称。

（5）在模型浏览窗口中，选择"滑翔炸弹"模块并将其拖到图窗口中。

（6）单击"MoEs Holder"模块的智能操纵器工具栏上的"泛化"按钮，然后单击"滑翔炸弹"模块的图块，"MoEs Holder"模块成为滑翔炸弹模块的父类。

**步骤 3　捕获 MoE**

本案例的非功能性利益相关者需求有最大总质量和最大飞行距离，捕获滑翔炸弹的 MoE 步骤如下。

（1）选择"MoEs Holder"模块的图块，然后单击"创建元素"按钮，选择"ValueProperty"选项。

（2）键入"MaxDistance"以指定新值属性的名称。

（3）右击"MaxDistance"属性并选择"moe"类型的构造类型。

（4）重复整个过程以捕获 TotalMass 的 MoE。

（5）单击"滑翔炸弹"模块"显示"快捷按钮，勾选"值属性"复选框，如图 7-24 所示，继承的属性将显示在模块上。效能指标模型如图 7-25 所示。

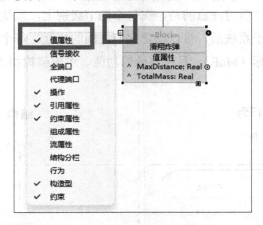

图 7-24　显示继承的值属性

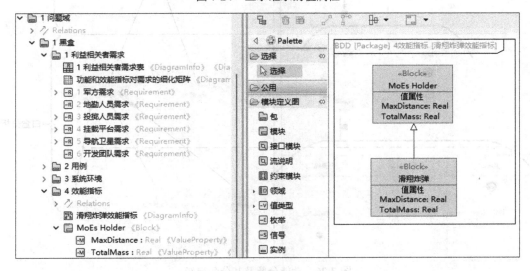

图 7-25　效能指标模型

## 7.3 白盒视角问题域分析

在完成了黑盒视角的问题定义，即目标系统的操作分析后，就可以转向从白盒视角对目标系统进行分析。这有助于更详细地了解系统应如何运行，而非仅生成系统设计。在问题域定义的第二个阶段，应深入分析系统功能，以识别功能模块，也称为目标系统的逻辑子系统。功能模块是系统方案架构的起始步骤，更深入地分析系统功能被称为功能分解。如图 7-26 所示，目标系统执行的每个功能都在下一层级中进行分解。随后，这些详细的功能行为将按功能模块进行分组，以表明每个功能模块负责执行一个或多个功能。

功能分解过程可以根据需要多次迭代，以实现问题域定义的适当粒度。功能模块相应地分解为更基本的结构。值得注意的是，在每个细节级别上，系统行为和结构的粒度必须保持一致。在识别逻辑子系统后，可以指定它们之间的交互。每个子系统都可以具有自己的数值特征，即效能指标（MoE）。目标系统的功能、逻辑架构和 MoE 共同为确定系统需求奠定基础。

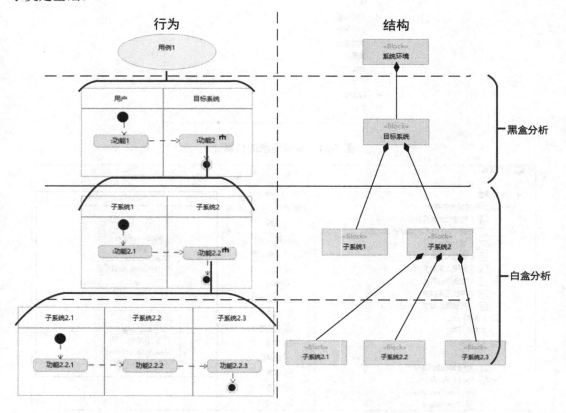

图 7-26　功能分解及其分配层级

## 7.3.1　W-F 初始阶段：功能分析

　　白盒-功能分析阶段通过对目标系统用例进行分解，以更深入地分析系统行为，其分为两个阶段：W-F 初始阶段和 W-F 最终阶段。在 W-F 初始阶段，通过分解目标系统执行的顶级功能用例来指定更详细的系统行为。这有助于识别执行这些功能的功能模块，也称为逻辑子系统。捕获逻辑子系统后，进入 W-F 最终阶段，并指定哪些子系统负责执行哪些功能。当进行更深入的分析时，功能分解后的子功能也可以进行进一步的分解。可以根据需要进行多次分解，以达到需要解决的问题的相关粒度。从子功能的角度来看，每个分解的子功能都被视为一个功能。功能分解过程如图 7-27 所示。

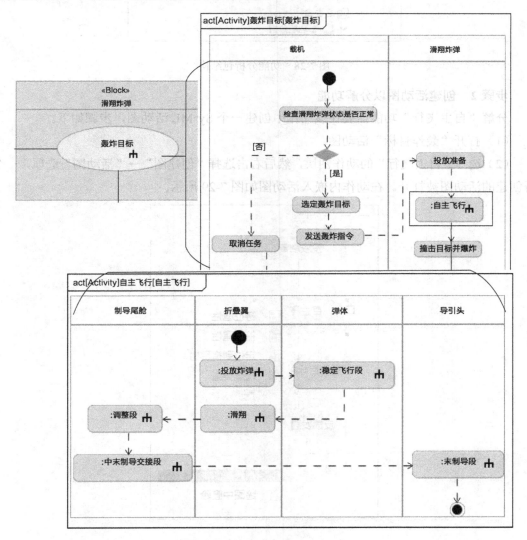

图 7-27　功能分解过程

为了对用例场景进行持续细化，可以采用 SysML 活动图对功能进行分解，并为目标系统的每个功能用例创建一个新的 SysML 活动图。功能分解建模步骤如下。

**步骤 1　为 W-F 阶段梳理模型**

捕获分解系统功能的模型元素建议存储在图 7-28 所示的包结构下。

图 7-28　功能分析包结构

**步骤 2　创建活动图以分解功能**

分解"自主飞行"功能需要在该动作中创建一个 SysML 活动图，步骤如下。

（1）打开"轰炸目标"活动图。

（2）选择"自主飞行"的动作图块，然后右击选择"创建图"→"活动图"选项，一个新创建的活动图被打开。在动作内嵌入活动图如图 7-29 所示。

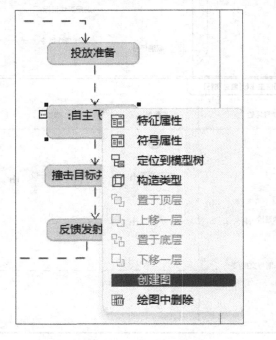

图 7-29　在动作内嵌入活动图

（3）在模型浏览窗口中，选择"自主飞行"活动。

（4）将"自主飞行"活动及其相关活动图拖到"2 功能分析"包中。

**步骤 3　指定白盒场景**

指定"自主飞行"活动的白盒场景步骤如下。

（1）打开"自主飞行"活动图。

（2）单击图面板上的"初始节点"按钮，然后单击图窗口上的空白处，则完成了初始节点的创建。

（3）单击"初始节点"图块的智能操纵器工具栏上的"控制流"按钮，然后单击图窗口上的空白处，则创建了新动作。

（4）键入"投放炸弹"以命名该动作。

（5）捕获其他动作以构建完整的场景，如图 7-30 所示。

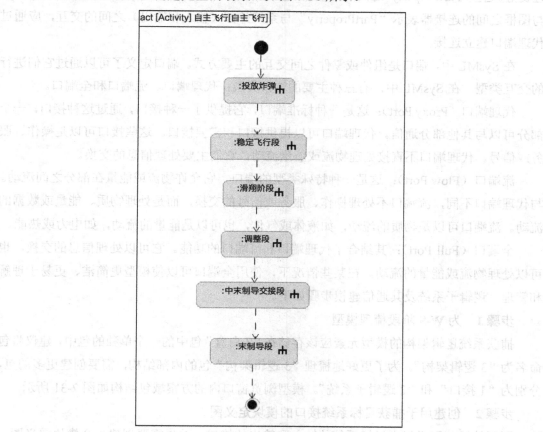

图 7-30　"自主飞行"活动功能分析

## 7.3.2　W-S：逻辑子系统交互及其通信建模

W-F 初始阶段的功能分析有助于识别逻辑子系统，逻辑子系统应被视为一组互连和交互的部件，它们执行目标系统的一个或多个功能。需要注意的是，每个子系统都可以分解为更基本的结构。这种分解的迭代次数取决于要解决的系统架构的粒度级别。从其内部部件的角度来看，每个子系统都被视为一个系统。

要定义目标系统的输入和输出，可以先创建目标系统模块，然后将输入和输出指定为目标系统模块的代理端口。其中一些通常是通过分析系统环境来确定的，而其他一些则是根据功能分析的结果来确定的。代理端口应按接口模块输入，建议将其存储在单独的文件夹中，以保持模型梳理良好。

要定义目标系统的逻辑子系统及它们之间的交互，可以在目标系统模块下创建内部模块图。在执行功能分析时识别的逻辑子系统可以指定为表示目标系统的模块的"PartProperty"。输入这些"PartProperty"的模块应存储在单独的文件夹中，以保持模型梳理良好。这些"PartProperty"之间的连接器表示适当的逻辑子系统之间的交互。"PartProperty"与图框之间的连接器表示"PartProperty"与系统外部（输入和输出）之间的交互，应通过代理端口建立连接。

在 SysML 中，端口是组件或零件之间交互的主要方式。端口定义了可以通过它们进行的交互类型。在 SysML 中，有三种主要的端口类型：代理端口、流端口和全端口。

代理端口（Proxy Port）：这是一种标准端口，它提供了一种接口，通过这种接口，一个部分可以与其他部分通信。代理端口可以提供接口和需要接口。这些接口可以是操作、服务或信号。代理端口不直接处理物流或能量流动，它们主要处理信息的交换。

流端口（Flow Port）：这是一种特殊类型的端口，它允许物流或能量在部分之间流动。与代理端口不同，流端口不处理操作、服务或信号的交换，而是处理物质、能量或数据的流动。流端口可以是物质的流动，如液体或气体，也可以是能量的流动，如电力或热能。

全端口（Full Port）：其结合了代理端口和流端口的功能。它可以处理信息的交换，也可以处理物流或能量的流动。在某些情况下，使用全端口可以使模型更简洁、更易于理解和管理。逻辑子系统及其通信建模步骤如下。

**步骤 1　为 W-S 阶段梳理模型**

捕获系统逻辑架构的模型元素应该存储在"2 白盒"包中的一个单独的包中，建议将包命名为"3 逻辑架构"。为了更好地梳理"3 逻辑架构"包的内部结构，需要创建更多的包，分别为"1 接口"和"2 逻辑子系统"。模型浏览窗口内的方案域包结构如图 7-31 所示。

**步骤 2　创建用于捕获目标系统接口的模块定义图**

要开始捕获用于指定目标系统的输入和输出的接口，首先需要创建一个模块定义图，并在图窗口上显示捕获系统的模块。但是在此之前，应该通过单击并拖曳将"滑翔炸弹"模块移动到"3 逻辑架构"包下，来更改模型浏览窗口中该模块的位置。创建和准备用于捕获目标系统接口的模块定义图步骤如下。

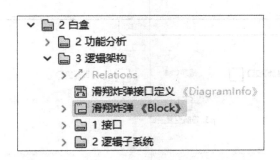

图 7-31　模型浏览窗口内的方案域包结构

（1）创建模块定义图：右击"3 逻辑架构"包并选择"创建图"选项；单击"模块定义图"按钮，创建完成；键入"滑翔炸弹接口定义"指定新图的名称。

（2）在模型浏览窗口中，选择"滑翔炸弹"模块。

（3）拖动"滑翔炸弹"模块到新创建的"3 逻辑架构"包下。

（4）将"滑翔炸弹"模块拖到图窗口中，模块的图块出现在图上。

**步骤 3　捕获目标系统接口**

通过分析系统环境，可以得出结论，滑翔炸弹在执行轰炸目标任务时必须由载机控制，导航卫星提供了位置信息，使其能够锁定轰炸目标并进行轰炸。因此，输入和输出可以指定为"滑翔炸弹"模块的代理端口。代理端口不需要名称，但是它们应该由接口模块来定义，接口模块定义了上面描述的输入和输出。"in"方向的接口模块的流属性表示输入，"out"方向的接口模块的流属性表示输出。捕获目标系统接口的步骤如下。

（1）右击"1 接口"包选择"创建元素"选项，选择"InterfaceBlock"选项，新的接口模块被创建。

（2）打开"滑翔炸弹接口定义"图。

（3）选择新建的接口模块并将其拖到图窗口中，接口模块的图块出现在图上。

（4）编辑接口模块的名称，单击该图块的"黑色加号"按钮，选择"流属性"按钮，完成接口定义。

（5）选择"滑翔炸弹"模块的图块，并在其智能操纵器工具栏上单击"代理端口"按钮，一个新的代理端口出现在图块的边界上。

注：代理端口默认为 p1,p2,…,p$n$。没有必要重命名它们，因为它们不传递任何语义。

（6）在代理端口图块上选择"Set Type"选项，选择预定义好的接口类型，完成接口的创建。一个双向箭头出现在代理端口的图块上。这表明代理端口既是目标系统的输入接口，也是目标系统的输出接口。

（7）重复以上操作指定其他接口。完成之后，滑翔炸弹的逻辑接口定义如图 7-32所示。

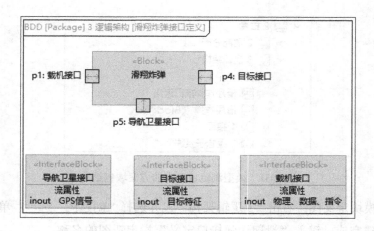

图 7-32　滑翔炸弹的逻辑接口定义

**步骤 4　创建用于捕获逻辑子系统的内部模块图**

滑翔炸弹的逻辑子系统可以在内部模块图中被指定，内部模块图的边框表示目标系统的边界，因此允许通过代理端口指定目标系统内部与系统外部之间的交互，显示在该边框上。创建一个内部模块图来捕获目标系统的逻辑子系统步骤如下。

（1）在模型浏览窗口中，右击"滑翔炸弹"模块，选择"创建图"选项。

（2）单击"内部模块图"按钮，打开"部件/端口显示"对话框。

（3）单击"清除全部"按钮，然后单击对话框内的"代理端口"按钮。在左侧的结构树中，只有"滑翔炸弹"模块的代理端口被选中。

（4）单击"确定"按钮，内部模块图被创建，且代理端口显示在它的边框上。

（5）键入"滑翔炸弹逻辑子系统交互"以指定新图的名称。

（6）将"in"代理端口的图块移动到图框的左边框上，将"inout"代理端口的图块移动到图框的右边框上。

"滑翔炸弹"的内部模块图的最终视图如图 7-33 所示。

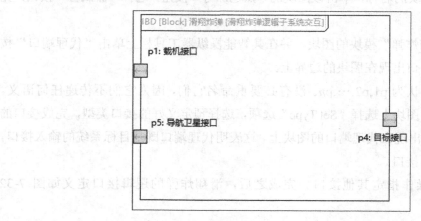

图 7-33　"滑翔炸弹"的内部模块图的最终视图

**步骤 5 捕获逻辑子系统**

滑翔炸弹由以下几个逻辑子系统组成:"制导尾舱"、"弹体"、"导引头"和"折叠翼"。这些子系统可以指定为滑翔炸弹模块的"PartProperty"。"PartProperty"不需要名称,但它们应该由定义上述逻辑子系统的模块输入。定义逻辑子系统的步骤如下。

(1)打开步骤 4 创建的"滑翔炸弹逻辑子系统交互"内部模块图。

(2)单击图面板上的"组成属性"按钮,然后单击图窗口上的空白处,则创建了一个未被命名的"组成属性"图块。

(3)直接在"组成属性"图块上键入":制导尾舱",然后按"Enter"键。用于输入"组成属性"的"制导尾舱"模块在模型浏览窗口中被创建。

(4)重复(2)和(3),从上面的列表中创建其他逻辑子系统。

完成后的"滑翔炸弹逻辑子系统交互"内部模块图如图 7-34 所示。

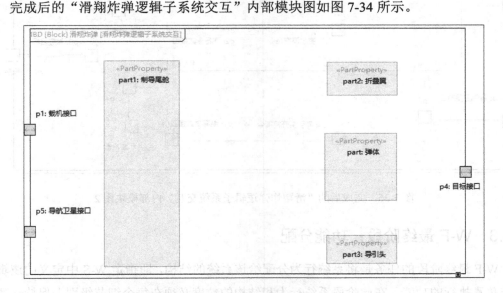

图 7-34 完成后的"滑翔炸弹逻辑子系统交互"内部模块图 1

**步骤 6 在目标系统的上下文中指定交互**

逻辑子系统可以相互交互,也可以与系统外部交互。两个子系统之间的交互可以指定为连接两个适当"PartProperty"的连接器。子系统和目标系统外部之间的连接可以指定为连接适当的"PartProperty"和图框架的连接器。在这两种情况下,连接器都是通过代理端口建立的,通过代理端口在图边框和制导尾舱"PartProperty"之间绘制一个连接器,步骤如下。

(1)选择"载机接口"代理端口,并单击其智能操纵器工具栏上的"连接器"按钮。

(2)单击 PartProperty "制导尾舱"按钮。

(3)选择"New Proxy Port"选项,在 PartProperty "制导尾舱"上创建代理端口,并在

图边框和所选 PartProperty 之间建立连接器。

重复上述步骤，建立其他子系统之间的交互。完成后的"滑翔炸弹逻辑子系统交互"内部模块图如图 7-35 所示。定义逻辑子系统的模块默认情况下与滑翔炸弹模块存储在同一个包中。为了保持模型的良好结构，建议将它们移到"2 逻辑子系统"包中，它是"3 逻辑架构"包的子包。

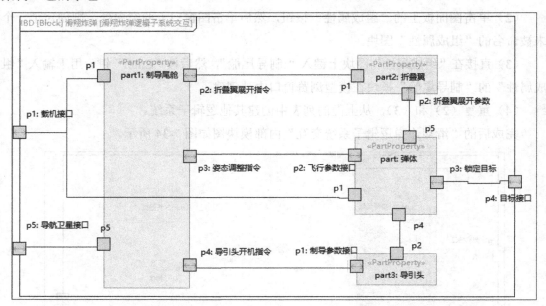

图 7-35　完成后的"滑翔炸弹逻辑子系统交互"内部模块图 2

### 7.3.3　W-F 最终阶段：功能分配

W-F 最终阶段的任务是将系统行为分配给该系统的结构，即指定 W-S 中定义的逻辑子系统负责执行的功能。在此阶段系统行为和结构的粒度必须在每个细节级别上保持一致。这意味着不能将子系统组件的功能分配给该子系统。因此在目标系统的功能-结构分解的每次迭代中，按照当前层级的粒度依次执行 W-F 初始阶段、W-S 和 W-F 最终阶段。只有在完全完成当前粒度级别之后，才能进行更深入的分析。

在显示 W-F 初始阶段捕获的白盒场景的 SysML 活动图中，子系统可以表示为泳道分区。泳道分区实际上代表了目标系统块的 PartProperty。捕获系统功能的"动作"可以很容易地分配给相关的泳道分区，方法是将该"动作"拖到它上面。

功能分配建模首先需要通过逻辑子系统对功能进行分组，用泳道分区更新"末制导段"活动图，泳道分区代表滑翔炸弹的逻辑子系统。将"动作"分配给这些泳道分区，以便指定哪些逻辑子系统负责执行哪些功能。以"末制导段"为例，按照逻辑子系统对功能进行分组步骤如下。

（1）打开"末制导段"活动图。

（2）在图工具栏里单击"垂直泳道"按钮创建泳道。

（3）在模型浏览窗口中选择"滑翔炸弹"模块。

（4）展开选定的模块，并选择它所包含的所有 PartProperty。

（5）将逻辑子系统模块拖到泳道的标题区域，空白的泳道分区将命名为相应的 PartProperty，并显示在图中。

（6）将相应的活动拖入相应的分区，完成后的"末制导段"活动图如图 7-36 所示。

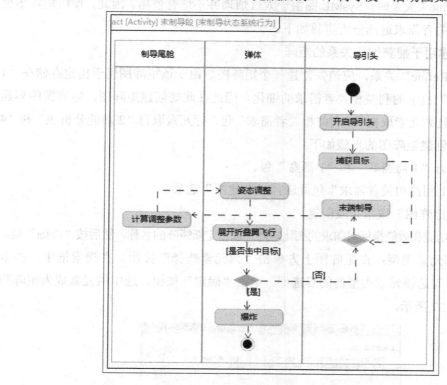

图 7-36　完成后的"末制导段"活动图

以同样的方式完成其他子功能的功能分配。尽管此阶段的定义比黑盒场景更详细，但这仍然是一个高层次场景，也应该继续进行分解。为此，应该分解每个功能，并根据需要执行尽可能多的迭代。

## 7.3.4　W-P：分系统效能指标

本阶段应该为目标系统的子系统指定效能指标，以进一步细化非功能性利益相关者的需求。此阶段是可选的，因为可能不需要指定除 B-P 阶段中定义的效能指标外的其他效能指标。要在建模工具中捕获子系统的效能指标，可以利用模块定义图并按照 B-P 阶段捕获目标系统的效能分析来完成子系统的效能指标建模。

### 7.3.5　P-R 最终阶段：利益相关者需求追溯分析

为了建立完整的问题域模型，需要建立可追溯的关系，即将捕获利益相关者需求的元素与捕获目标系统的功能、逻辑架构和非功能特征的元素联系起来。由于后者更具体，因此建议建立细化关系，并将这些关系指向最低细节层次的元素。在理想情况下，每个利益相关者的需求都必须通过其他 SysML 类型的一个或多个元素进行细化。在创建大量整合关系，如创建 "Refine" 关系时，SysML 图由于太过烦琐并不适合使用。因此，使用矩阵图更为合适。利益相关者需求追溯分析步骤如下。

**步骤 1　创建用于捕获细化关系的矩阵**

为了捕获 "Refine" 关系，应该先创建一个矩阵图。由于该矩阵图用于指定存储在 "1 利益相关者需求" 包下的利益相关者需求的细化，因此在此处创建矩阵图。矩阵图的列显示需求元素，并且列元素取自 "1 利益相关者需求" 包，行元素取自 "2 功能分析包" 和 "4 效能指标" 包。创建矩阵图的步骤如下。

（1）连续展开 "1 问题域" 和 "1 黑盒" 包。

（2）右击 "1 利益相关者需求" 包并选择 "创建图" 选项。

（3）单击 "矩阵图" 按钮完成创建。

（4）键入 "功能和效能指标对需求的细化矩阵" 以指定新矩阵的名称，然后按 "Enter" 键。

（5）指定列元素类型：在矩阵图上方单击 "列元素选择" 按钮；在搜索框中，搜索 "Requirement"，勾选该元素类型前的复选框，单击 "确定" 按钮，选中的元素成为矩阵列的元素，如图 7-37 所示。

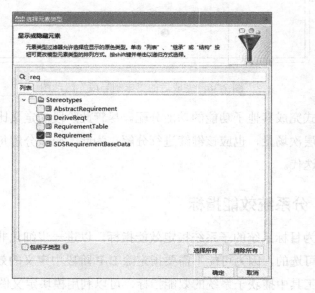

图 7-37　选择列元素类型

（6）指定行元素类型：在矩阵图上方单击"行元素选择"按钮，后续步骤同指定列元素类型。

（7）指定行元素范围：在模型浏览窗口中，选择"2 功能分析"包→"4 效能指标"包，将所选内容拖到矩阵内容上方区域的行范围框中，选中的包成为矩阵行的范围。

矩阵行列元素与范围相关条件如图 7-38 所示。

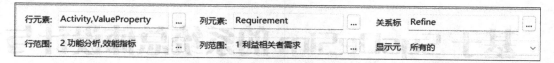

图 7-38　矩阵行列元素与范围相关条件

### 步骤 2　捕获细化关系

指定矩阵中的细化关系的步骤如下。

右击"无动力滑翔"需求的列与"滑翔阶段"活动的行交叉处的单元格，选择"Refine"关系，完成活动与需求之间的 Refine 关系。

捕获所有细化关系后，细化矩阵结果如图 7-39 所示。

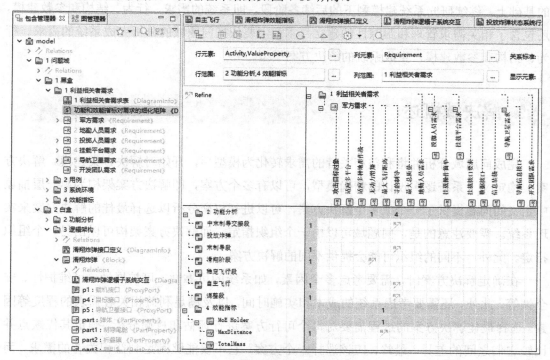

图 7-39　细化矩阵结果

第 **8** 章

# 基于 SysDeSim 的系统总体设计与建模应用——解决域

本章继续以"滑翔炸弹"系统建模为例，运用 SysDeSim.Arch 系统建模工具，在第 7 章的基础上，继续研究系统建模剩下的后续各阶段，即系统的需求、行为、结构和参数建模，还包含了相关需求管理和跟踪性的建立。本章主要依据问题域的分析完成系统的需求、行为、结构和参数建模，生成系统的解决方案模型。

## 8.1 解决域概述

完成问题域分析并将利益相关者的需求转化为模型后，开始对解决方案建模。解决方案架构定义了系统逻辑设计的精确模型，可以有多个方案，即解决方案架构为第一层抽象中定义的问题提供了一个或多个解决方案，可以进行权衡分析以选择最佳的解决方案来实现系统。需要注意的是，问题域可以由一个组织指定，而解决方案架构可以由另一个组织指定。此外，不同的组织可能会提供不同的解决方案。

在确定解决方案时，需要考虑多个因素，如系统的可靠性、可扩展性、可维护性、安全性等。此外，还需要考虑系统的成本和实施时间，以及满足利益相关者需求的程度等因素。选择最佳解决方案的过程需要对每个可行方案进行评估和权衡分析，确定其优缺点并比较它们之间的差异。最终，应该选择一个方案，它不仅能够满足利益相关者的需求，而且能够在成本和时间限制的前提下实现系统的高质量设计。解决域与问题域的关系如图 8-1 所示。

构建解决方案架构是一个重要的任务，该任务的目标是指定设计中系统的需求、行为、结构和参数。这不仅针对目标系统，而且涉及整个系统的各个方面。构建解决方案架构的过程通常需要进行多次迭代，从系统级到子系统级，从子系统级到组件级架构，甚至更深入细节。通过多次迭代，可以逐步完善和优化系统架构模型的精度，以满足系统设计的需求和要求。需要注意的是，构建解决方案架构是一个复杂的任务，需要系统工程师具备相关的技能和知识。只有经过深入的分析和设计，才能确保系统架构的稳健性和可靠性，以及最终实现系统设计的目标。

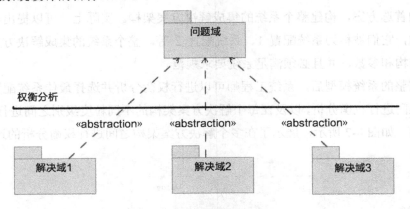

图 8-1　解决域与问题域的关系

解决方案架构可以在单个模型中指定，甚至可以在与问题域定义相同的模型中指定。然而，在大多数情况下，解决方案架构的范围和复杂性超过了问题域定义的范围和复杂性的数倍，尤其在它包含多个解决方案架构时。因此，在两个或多个单独的模型中定义解决方案架构有助于管理复杂性。此外，这种模型划分能够实现更细粒度的模型所有权、变更分析和控制、访问控制、并发修改和模型重用。

正如前面所述，对于同一个问题，可以提供不止一个解决方案架构。为了解释我们的方法，我们介绍了三种解决方案架构的案例：解决域 1、解决域 2 和解决域 3。虽然解决域 1 和解决域 2 的内容没有展示，但它们与解决域 3 的内容相似。在每个解决方案架构中，顶层解决方案架构（High-Level Solution Architecture）模型是核心部分。根据问题域分析的结果，它在单层层次结构中定义了所设计系统的子系统。在这种情况下，共有三个子系统：子系统 1、子系统 2 和子系统 3。顶层系统架构模型还指定了每个子系统的接口，以确定它们如何相互操作并集成到整个系统中。此处并未包括接口，以避免混淆。顶层系统架构模型的所有者是系统工程师（系统架构师），他负责整个系统的"大局观"，就像一个管弦乐团的指挥一样，确保每个人演奏相同的旋律。

顶层系统架构模型中子系统的定义有助于识别任务并将其分配给不同的工程团队。每个团队为分配的子系统开发一个或多个解决方案架构，以实现系统设计的需求和要求。这些团队可以并行工作，为不同子系统设计出不同的解决方案。

每个子系统的解决方案架构可能包含不同数量的组件，但都要定义该子系统的需求、行为、结构和参数。例如，在图 8-2 中所示的三个子系统中，每个子系统都定义了多个解决方案，其中的一个解决方案如解决域 1 所示，其他的则隐藏在下方。其中，子系统 1 和子系统设计 1.1 之间的泛化关系（实线带空心三角形箭头）表示从事子系统 1 模型的系统工程师知道或继承设计约束（如顶层系统架构模型中定义的子系统的接口），并且必须遵循它们。其他概括则传达适当的信息。

完成子系统的解决方案架构后，系统工程师可以将它们集成到一个模型中，选择每个子系统中的首选方案，构建整个系统的集成解决方案架构。实际上，可以提出不止一个解决方案架构，它们被称为系统配置 1、系统配置 2 等。整个系统的集成解决方案架构定义了行为、结构和参数，并且必须满足系统要求规范。

拥有完整的系统模型后，系统工程师可以进行权衡分析并选择最佳系统配置。在解决方案架构之间进行权衡分析，以及在每个解决方案架构的不同粒度级别之间进行权衡分析，都是可能的。如图 8-2 所示，展示了在多个解决方案架构之间进行权衡分析的过程。

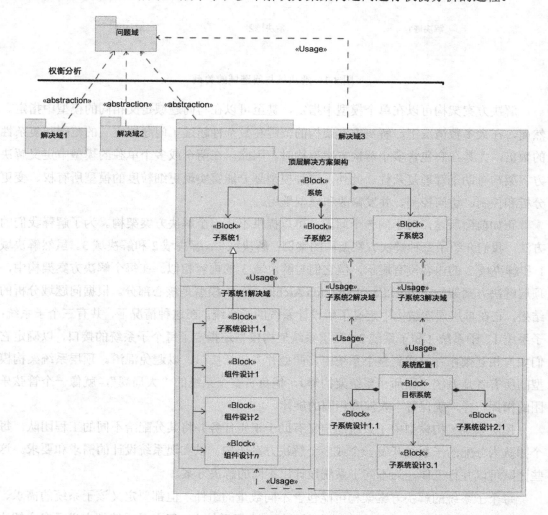

图 8-2　多个解决方案架构权衡分析过程

需要注意的是，构建解决方案架构和进行权衡分析是一个复杂的任务，需要系统工程师具备相关的技能和知识。只有经过深入的分析和设计，才能确保系统架构的稳健性和可靠性，以及最终实现系统设计的目标。

## 8.2　系统结构建模

### 8.2.1　S-R 初始阶段：系统需求及其衍生关系建模

　　设计系统结构的第一步是获得系统需求规范，并确保在设计过程中遵循这些规范。通过黑盒分析，可以确定系统的功能和性能需求，以满足利益相关者的需求。通过白盒分析，可以深入了解系统内部的结构和行为，以确定系统的实现细节和技术要求。系统需求规范是从利益相关者需求细化而来的，同时会细化 B-B、B-S、B-P 和 W-F、W-S、W-P 中捕获的元素。它们包含了系统的功能、性能、可靠性、安全性、可维护性等方面的要求和约束。

　　解决域-系统需求阶段包含以下两个子阶段。

　　**S-R 初始阶段**：从系统需求到利益相关者需求——明确哪些系统需求源自哪些利益相关者需求，在本节展开描述。

　　**S-R 最终阶段**：从系统需求到问题域模型的其余部分——明确哪些元素由哪些系统需求细化，在 8.3.2 节展开描述。

　　在设计逻辑架构时，可以不断更新系统需求规范。子系统、组件甚至更精确的项的逻辑架构的需求都源自系统需求。与利益相关者需求不同，系统需求是可验证的。必须建立满足关系以确定哪个设计元素满足哪个系统需求。

　　系统需求规范必须由执行问题域分析的系统分析师或系统工程师制定。在建模工具中，可以将系统需求规范存储为 SysML 需求，它具有唯一的标识符、名称和文本规范。系统需求可以通过包含关系组织成一个或多个层次结构级别。为了建立可追溯的满足关系，可以使用 SysML 中的«satisfy»关系。这些关系应该在建模工具中被建立，并使用相应的标记和标识符标记。满足关系的建立需要花费一定的时间和精力，但可以确保系统的正确性和一致性，从而提高系统开发效率和质量。

　　因此，系统需求规范是设计系统架构的关键。通过将问题域分析转换为 SysML 需求模型，可以创建可追溯的系统需求规范。系统需求及其衍生关系建模的步骤如下。

　　**步骤 1　为 S-R 阶段梳理模型**

　　捕获系统需求的模型元素应存储在图 8-3 所示的包结构下。在实际项目中，方案域模型与问题域模型通常是分开的，建议在另一个模型文件中指定滑翔炸弹的解决方案架构。

问题域模型的内容应该能够在解决域模型中使用，因为问题域分析的结果应该作为系统需求规范的基础。

图 8-3　系统需求包结构

**步骤 2　为系统需求创建图表**

建议使用需求图或表格捕获和显示系统需求，创建用于指定系统需求的 SysML 需求图的步骤如下。

（1）右击"1 系统需求"包并选择"创建图"选项。

（2）单击"需求图"完成创建。

**步骤 3　指定系统需求**

捕获系统需求的步骤如下。

（1）打开"系统需求图"。

（2）单击图面板上的"需求"按钮，然后单击图窗口上的空白处，则创建了一个空需求。

（3）直接在图块上键入需求的名称。

（4）单击图块上的"Text"属性值，属性切换到编辑模式。

（5）键入需求的文本。

（6）完成后单击图块外部的空白处。

（7）重复（2）～（6）以获取其余需求。

（8）单击需求的图块，并单击图块的"包含"快捷按钮，单击与其有包含关系的需求条目，需求之间的包含关系创建完成，重复该步骤，完成的系统需求图如图 8-4 所示。

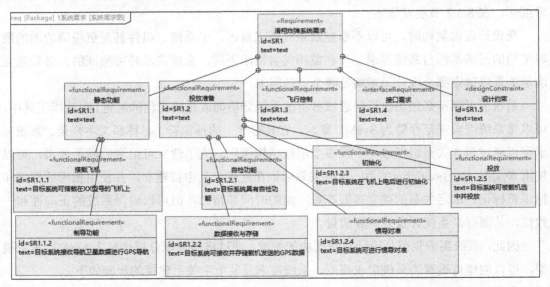

图 8-4　完成的系统需求图

**步骤 4　建立对利益相关者需求的可追溯性**

建立系统需求到利益相关者需求的可追溯性关系，需要确定哪些系统需求源自哪些利益相关者的需求，即建立派生关系"DeriveReqt"。创建派生需求矩阵的步骤如下。

（1）在模型浏览窗口中，右击"1 系统需求"按钮并选择"创建图"选项。

（2）单击"矩阵图"按钮。

（3）键入"系统需求对利益相关者需求的追溯矩阵"以指定新矩阵的名称。

（4）在模型浏览窗口中，选择"1 系统需求"包并将其拖到矩阵内容上方区域中的"行范围"框中，"1 系统需求"包成为矩阵行的范围。

（5）在模型浏览窗口中，选择"1 利益相关者需求"包并将其拖到矩阵内容上方区域中的"列范围"框中，"1 利益相关者需求"包成为矩阵列的范围。

（6）单击"方向"框并选择行到列，因为需要建立从系统需求（行元素）到利益相关者需求（列元素）的派生关系。

（7）分别在"行元素"和"列元素"选择需要建立追溯的元素类型。

（8）单击区域下方通知框中的刷新按钮，更新矩阵的内容（目前所有的单元格都是空的）。

矩阵的行列范围及其元素类型的相关条件如图 8-5 所示。

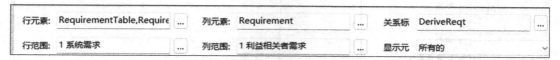

| 行元素： | RequirementTable,Require | ... | 列元素： | Requirement | ... | 关系标 | DeriveReqt | ... |
| 行范围： | 1 系统需求 | ... | 列范围： | 1 利益相关者需求 | ... | 显示元 | 所有的 | |

图 8-5  矩阵的行列范围及其元素类型的相关条件 1

指定矩阵中的派生关系步骤如下。

右击"滑翔翼展开"的行和"无动力滑翔"的列交叉处的单元格，选择"DeriveReqt"选项，派生关系创建完成并显示在单元格中。

以同样的方式建立所有派生关系后，系统需求与利益相关者需求的追溯矩阵如图 8-6 所示。在理想情况下，每个系统需求都必须源自一个或多个利益相关者需求，并且每个利益相关者需求都必须由一个或多个系统需求覆盖。否则，必须修改和更新系统需求规范。

**步骤 5  建立对问题域模型其余部分的可追溯性**

建立从系统需求到问题域模型的其余部分的可追溯性关系使用矩阵图，需要确定哪些问题域元素是由哪些系统需求细化的，即在它们之间建立"Refine"关系。将捕获系统结构和接口的模块、捕获系统功能的活动及捕获系统可计算特征的效能分析显示为列，而系统需求显示为矩阵的行。创建细化需求矩阵的步骤如下。

该步骤同步骤 4，不同的是行范围是"1 系统需求"包，列范围是"4 效能指标"包和"2 白盒"包。行元素是"Requirement"，列元素是"Activity"、"Block"和"ValueProperty"。矩阵的行列范围及其元素类型的相关条件如图 8-7 所示。

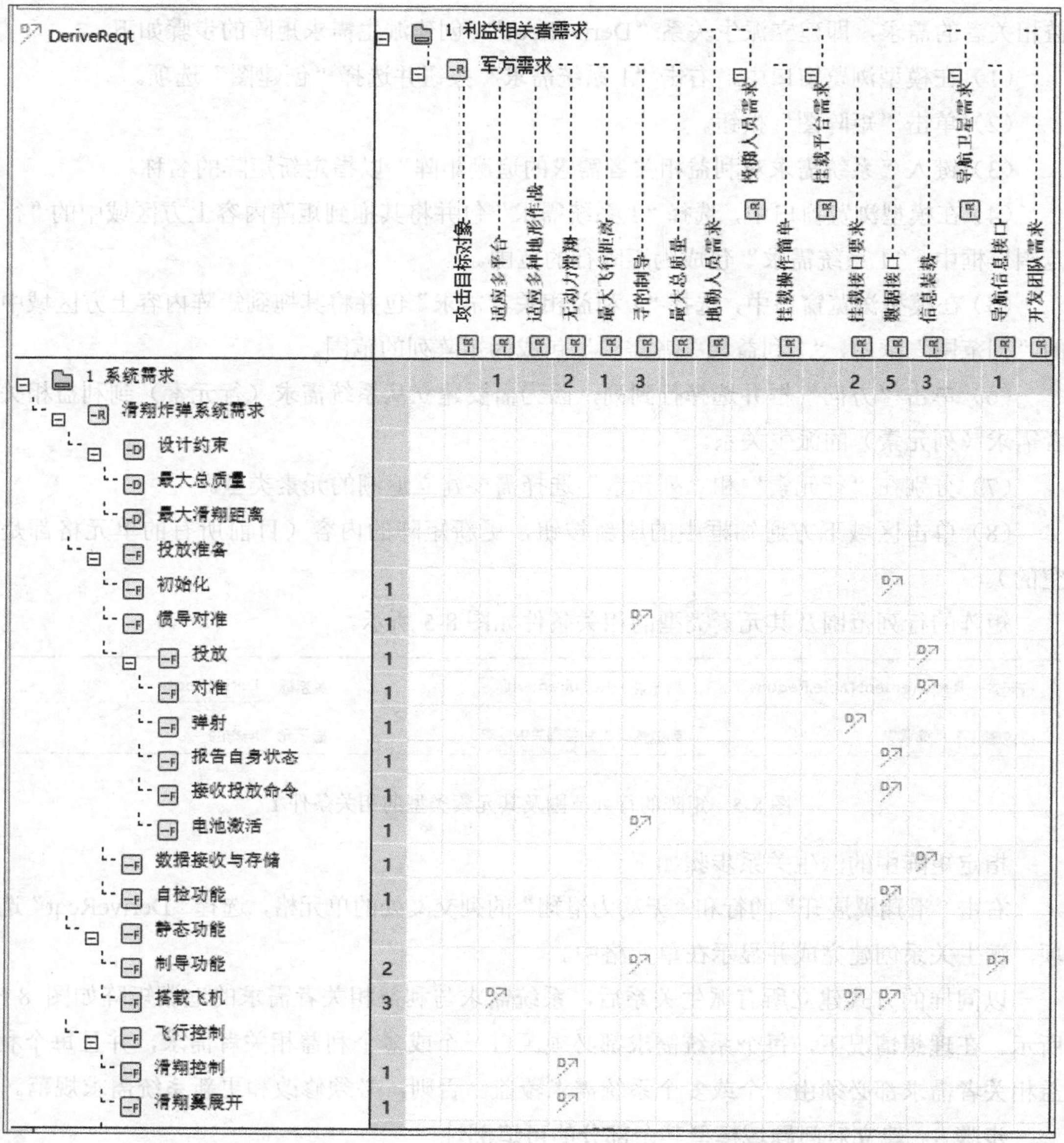

**DeriveReqt**

1 利益相关者需求
- 军方需求

列元素（旋转列标题，自左至右）：攻击目标对象、适应多平台、适应多种挂形作成、无动力滑翔、最大飞行距离、寻的制导、最大总质量、地勤人员需求（传勤人员需求）、挂机操作简单、挂机接口要求、挂载平台需求、数据接口、信息装载、导航信息接口（导航卫星需求）、开发团队需求

| 1 系统需求 | 1 | | 2 1 3 | | | | | | | 2 5 3 | | | 1 |
|---|---|---|---|---|---|---|---|---|---|---|---|---|---|
| 滑翔炸弹系统需求 | | | | | | | | | | | | | |
| 　设计约束 | | | | | | | | | | | | | |
| 　　最大总质量 | | | | | | | | | | | | | |
| 　　最大滑翔距离 | | | | | | | | | | | | | |
| 　投放准备 | | | | | | | | | | | | | |
| 　　初始化 | 1 | | | | | | | | | | | ⟋ | |
| 　　惯导对准 | 1 | | | | | ⟋ | | | | | | | |
| 　　投放 | | | | | | | | | | | | ⟋ | |
| 　　　对准 | | | | | | | | | | | | ⟋ | |
| 　　　弹射 | 1 | | | | | | | | | ⟋ | | | |
| 　　　报告自身状态 | 1 | | | | | | | | | | ⟋ | | |
| 　　　接收投放命令 | 1 | | | | | | | | | | ⟋ | | |
| 　　　电池激活 | 1 | | | | | ⟋ | | | | | | | |
| 　数据接收与存储 | 1 | | | | | | | | | | ⟋ | | |
| 　自检功能 | 1 | | | | | | | | | | ⟋ | | |
| 　静态功能 | | | | | | | | | | | | | |
| 　　制导功能 | 2 | | | | | | | | | | | ⟋ | |
| 　搭载飞机 | 3 | ⟋ | | | | | | | ⟋ | | | | |
| 　飞行控制 | | | | | | | | | | | | | |
| 　　滑翔控制 | 1 | | ⟋ | | | | | | | | | | |
| 　　滑翔翼展开 | 1 | | ⟋ | | | | | | | | | | |

图 8-6　系统需求与利益相关者需求的追溯矩阵

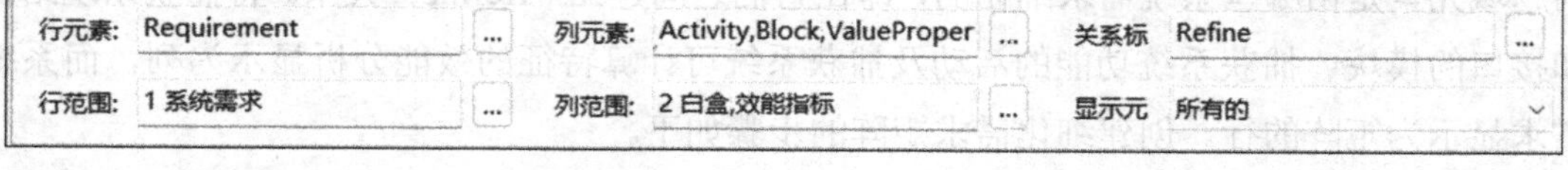

| 行元素: | Requirement | … | 列元素: | Activity,Block,ValueProper | … | 关系标 | Refine | … |
|---|---|---|---|---|---|---|---|---|
| 行范围: | 1 系统需求 | … | 列范围: | 2 白盒,效能指标 | … | 显示元 | 所有的 | ⌄ |

图 8-7　矩阵的行列范围及其元素类型的相关条件 2

建立所有细化关系后，系统需求与问题域的追溯矩阵如图 8-8 所示。

在理想情况下，每个系统需求都必须细化问题域模型中捕获的一个或多个元素，并且每个元素都必须由一个或多个系统需求细化。否则，必须修改和更新系统需求规范。

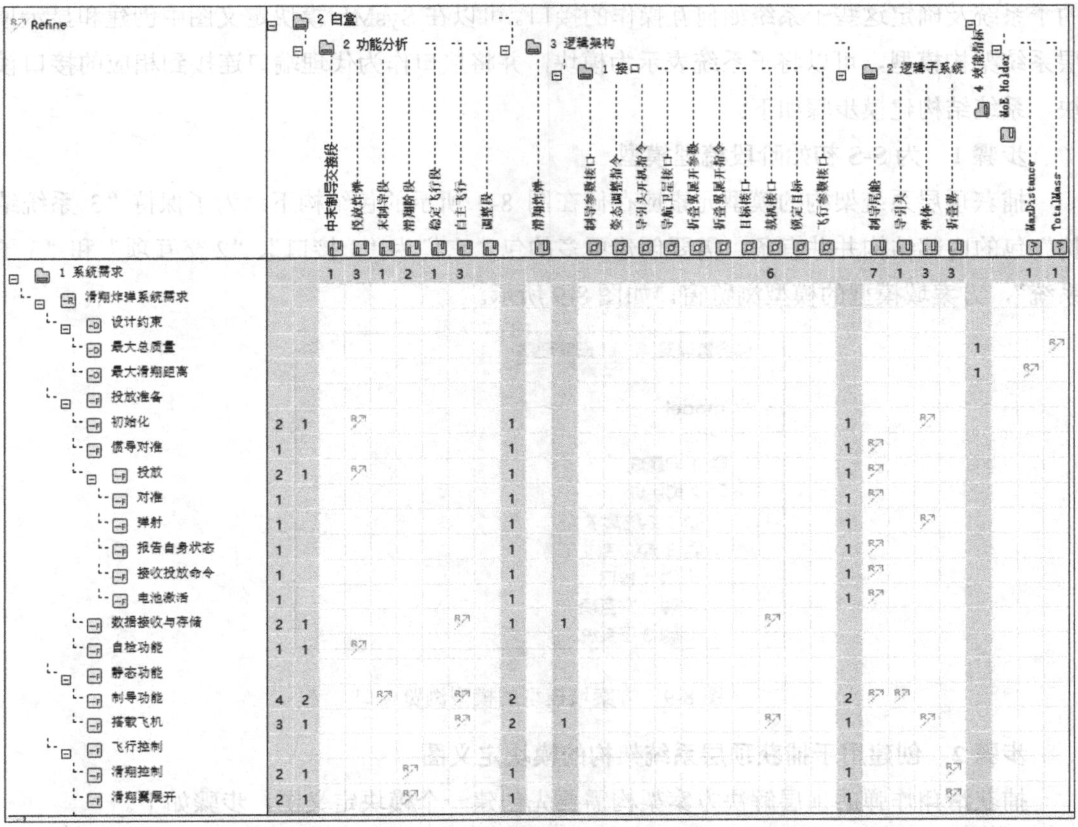

图 8-8　系统需求与问题域的追溯矩阵

## 8.2.2　S-S 初始阶段：系统结构建模

在完成系统需求规范之后，就可以开始构建目标系统的解决方案架构。通常从捕获系统的顶层系统架构开始，顶层系统架构模型将目标系统的所有子系统指定为单级层次结构。此外，顶层系统架构模型还明确了接口，用于确定这些子系统如何相互作用并集成到整体系统中。方案域的子系统可能与问题域中识别的子系统有所不同，因为问题域的定义不如解决方案架构精确。可以通过整合关系建立问题域模型中解决方案架构的子系统与逻辑架构的子系统的追溯关系。

定义顶层系统架构模型中的子系统有助于进行任务分工，并将其分配给各个工程团队。每个工程团队为分配的子系统开发一个或多个解决方案架构，可能会同时进行。在工程团队完成子系统解决方案架构后，系统工程师可以将其整合到一个模型中。实际上，可能会有多种解决方案，因此系统工程师需要进行权衡分析，以选择每个子系统的首选解决方案，并构建整个系统的集成解决方案架构，这是 S-S 最终阶段的任务。

如前文所述，顶层系统架构是一个单级层次结构，捕获了正在设计的系统、其下一级的子系统及确定这些子系统如何互操作的接口。可以在 SysML 模块定义图中创建和显示顶层系统架构模型，可以将子系统表示为模块，并将接口作为代理端口连接到相应的接口模块。系统结构建模步骤如下。

**步骤 1　为 S-S 初始阶段梳理模型**

捕获顶层系统架构的模型元素应存储在图 8-9 所示的包结构下：为了保持"3 系统结构"包的内部结构井井有条，需要创建更多的包。它们为"1 接口"、"2 交互项"和"3 子系统"，方案域模型的模型浏览窗口如图 8-9 所示。

图 8-9　方案域模型的模型浏览窗口

**步骤 2　创建用于捕获顶层系统架构的模块定义图**

捕获滑翔炸弹的顶层解决方案架构需要先创建一个模块定义图，步骤如下。

（1）右击"3 系统结构"按钮并选择"创建图"选项。

（2）单击"模块定义图"按钮完成创建。

（3）键入"系统顶层方案架构"以指定新图的名称。

**步骤 3　在顶层系统架构中捕获子系统**

如前所述，顶层系统架构是一个单级层次结构，如图 8-10 所示。每个子系统的详细设计应随后由独立的工程团队在独立模型（文件）中执行。捕获顶层系统架构的子系统步骤如下。

（1）打开步骤 3 创建的"系统顶层方案架构"图。

（2）捕获设计中的系统：单击图面板上的"模块"按钮，然后单击图窗口；键入"滑翔炸弹系统"为模块命名。

（3）捕获子系统：单击滑翔炸弹解决方案模块的智能操纵器工具栏上的"组成关联"按钮，然后单击图窗口上的空白处；键入"制导尾舱系统"以命名模块；重复前述步骤以捕获其他子系统。

（4）在模型浏览窗口中，选择子系统的所有模块并将它们拖到在 S-S 初始阶段的步骤

1 中创建的 "3 子系统" 包中，如图 8-11 所示。

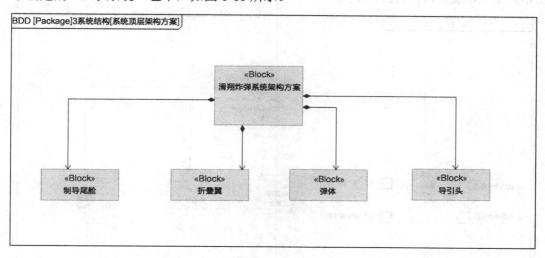

图 8-10　顶层系统架构

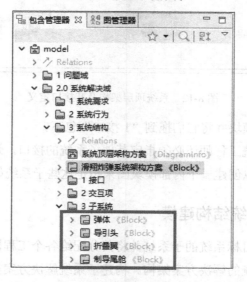

图 8-11　梳理子系统模块在模型树中的位置

**步骤 4　捕获解决方案架构的接口**

假设系统需求规范确定了 "制导尾舱系统" 的以下接口："GPS 信息接口"、"载机命令接口"、"制导参数接口" 和 "飞行参数接口"。这些接口来自相应子系统之间的逻辑接口。与白盒定义的逻辑架构的逻辑接口相比，顶层系统架构的接口更加精确。接口被捕获为子系统模块上输入代理端口的接口模块。要确定接口是接收子系统的输入还是从中产生输出，应该为该接口指定至少一个流属性。捕获制导尾舱的接口的步骤如下。

（1）构建方法同 "问题域" → "白盒" → "逻辑架构" → "滑翔炸弹接口定义"，图 8-12

所示为系统顶层架构及其接口定义。

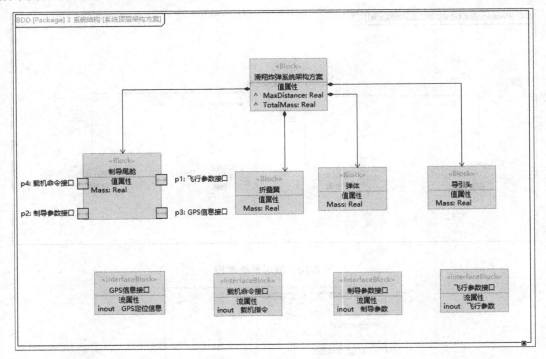

图 8-12　系统顶层架构及其接口定义

（2）选择所有接口模块并将它们拖到"1 接口"包下。

在实际情况下，系统工程师还必须指定其他子系统的接口，这里仅以制导尾舱子系统的接口定义为例，还可以创建一个内部模块图来指定这些子系统如何交互。

## 8.2.3　S-SS：分系统结构建模

系统工程师确定了目标系统的子系统并将其分配给各个工程团队后，这些工程团队便可以开始研究每个子系统的解决方案架构。构建子系统解决方案架构的过程可以从定义子系统的内部结构开始，明确其部件如何协同工作及如何与子系统外部进行交互。

为了制定子系统的解决方案架构，负责的工程团队需要分析特定子系统的系统需求和问题域模型。在必要时，还可以细化子系统结构的各个部分，这是 S-CS 阶段的任务。本节主要关注构建制导尾舱子系统的结构模型，这只是滑翔炸弹的众多子系统之一。在为制导尾舱构建解决方案架构时，其他工程师或工程团队会并行工作以建立其他子系统的结构模型。

在建模工具中，可以利用 SysML 模块定义图来定义子系统的各个部分。设计中的子系统及其组件用模块表示，接口用接口模块表示。为了指定设计中子系统各部分如何协同工作、如何与子系统外部交互，以及它们交换什么信息或材料，可以使用 SysML 内部模块图。

下图以 SysML 内部模块图的形式展示了制导尾舱各部分的内部结构和相互作用。分系统结构的建模步骤如下。

**步骤 1　为 S-SS 创建和梳理包结构**

制导尾舱的方案域模型能够访问滑翔炸弹的方案域模型，因为工程团队只有了解滑翔炸弹的系统需求和顶层系统架构模型中定义的制导尾舱接口，才能遵循它们。制导尾舱的方案域模型的模型浏览窗口如图 8-13 所示。

图 8-13　制导尾舱的方案域模型的模型浏览窗口

**步骤 2　准备建模制导尾舱的结构**

在创建了用于捕获制导尾舱解决方案架构的模型后，在将模型交付给指定的工程团队之前，还需要完成一个重要的步骤。作为系统工程师，需要在以下两个概念之间建立继承关系：顶层系统架构模型中的制导尾舱模块（父类）及方案域模型中表示相同子系统的概念（子类型）。通过建立继承关系，工程团队能够了解在顶层系统架构模型中确定的子系统的所有接口。在模型中，继承关系以泛化关系的形式捕获。可以简单地通过利用模块定义图来创建这种关系。在制导尾舱的方案域模型中，可以在"3 子系统结构"包下创建模块定义图，步骤如下。

（1）创建模块定义图：右击"3 子系统结构"按钮并选择"创建图"选项；单击"模块定义图"按钮，完成创建；键入"制导尾舱系统结构"以指定新图的名称。

（2）在设计中创建子系统的模块：单击图面板上的"模块"按钮，然后单击图窗口；键入"制导尾舱子系统设计"以命名模块。

（3）在图上显示来自顶层系统架构模型的"制导尾舱系统"模块：在模型浏览窗口中选择"制导尾舱系统"模块；将选中项拖到图窗口中，"制导尾舱系统"模块的图块在图上创建。

（4）在"制导尾舱系统"模块（父类）和"制导尾舱子系统设计"模块（子类型）之间创建泛化关系：单击图面板上的"泛化"按钮；选择"制导尾舱子系统设计"模块的图块；

选择"制导尾舱系统"模块的图块,如图 8-14 所示。

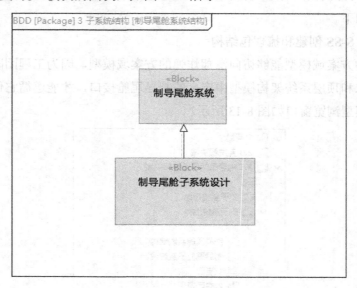

图 8-14　建立子系统与系统顶层系统架构之间的继承关系

**步骤 3　捕获制导尾舱的组件**

捕获制导尾舱的组件步骤如下。

(1)打开"制导尾舱系统结构"模块定义图,如图 8-15 所示。

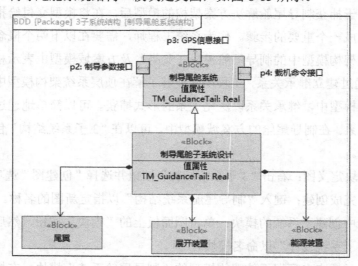

图 8-15　制导尾舱系统结构

(2)选择"制导尾舱子系统设计"模块,单击其智能操纵器工具栏上的"组成关联"按钮,然后单击图窗口上的空白处。这将在模型浏览窗口中创建另一个模块,并在图窗口中选中其图块。

（3）在所选图块上键入"尾翼"以指定"制导尾舱子系统设计"相应组件的名称。

（4）根据需要多次重复（2）和（3），以创建其他组件。

（5）在模型浏览窗口中，选择所有子系统/组件模块并将它们拖到"3 子系统"包下。

**步骤 4　创建用于指定交互的内部模块图**

模块定义图适合捕获组件，当需要指定这些组件之间交互时，内部模块图则更为合适。指定交互需要在内部模块图中表示制导尾舱系统的所有代理端口及直接使用的组件，这些组件和端口都是在"制导尾舱系统结构"的模块定义图中捕获的。创建用于指定制导尾舱交互的内部模块图步骤如下。

（1）在"制导尾舱系统结构"模块定义图中，右击"制导尾舱子系统设计"模块并选择"创建图"选项，如图 8-16 所示，单击"内部模块图"按钮，创建内部模块图并自动打开"部件/端口显示"对话框。

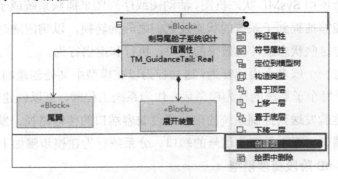

图 8-16　创建制导尾舱子系统设计的内部模块图

（2）确保所有"代理端口"和"PartProperty"都被选中，然后单击"确定"按钮，对话框关闭。

（3）在模型浏览窗口中，在编辑模式下选择新创建的图，键入"制导尾舱子系统的组件交互"以指定其名称，如图 8-17 所示，然后按"Enter"键。

（4）制导尾舱子系统的组件交互建模方法同 7.2.4 节。

图 8-17　制导尾舱子系统的组件交互

## 8.2.4　S-SB：分系统行为建模

在设计中，系统的行为融合了子系统的行为，因此需要先明确子系统的行为。各个独立的工程团队分别负责一个子系统的解决方案架构，并为此并行开展工作。行为模型可以较为抽象，并需要满足功能性系统需求。利用建模工具的功能，可以针对测试用例执行这些模型，以评估是否满足了功能性需求。

接下来，将所有子系统的行为模型整合为一个整体的系统行为模型。行为模型整合的主要目标是检查这些子系统如何通过在 S-S 中定义的兼容端口相互发送信号来实现通信。因此，系统工程师的主要任务是测试一个子系统发出的信号能否被另一个子系统接收。同样，可以利用建模工具的模拟能力来实现这一目标。

可以通过结合使用 SysML 状态机图、活动图或序列图来捕获系统或子系统在设计中的行为模型。前者能够捕捉到子系统的状态及它们之间的转换，以响应随时间发生的事件。后者则应用于指定这些状态或转换效果的入口、执行和退出行为。

状态可以具有一个或多个内部行为，这些行为以在模型中某处创建的 SysML 活动图的形式指定。在设计每个子系统的行为模型后，作为系统工程师，可以创建一个 SysML 活动图来指定从制导尾舱发送到控制系统的信号通过兼容端口的传输路径。发送信号动作应该指定发送信号的端口，而不是接收信号的端口。分系统行为建模步骤如下。

**步骤 1　为 S-SB 阶段梳理模型**

滑翔炸弹自主飞行的状态可以在该系统的方案域模型中捕获。根据 SysML 规范，状态只能存储在它们所代表的行为模型下。在这种情况下，它是滑翔炸弹系统模块。因此，不需要创建任何额外的包来在模型中存储状态。它们应该直接出现在滑翔炸弹系统模块下，该模块存储在"3 系统结构"包下。但是，如果需要指定系统在处于一种状态或从一种状态转换到另一种状态时执行的某些行为，那么建议在"2 系统行为"包中指定该行为。这个包应该存储在图 8-18 所示的包结构下。

图 8-18　系统行为的包结构

**步骤 2　创建用于捕获滑翔炸弹系统状态的图**

描述滑翔炸弹系统状态的 SysML 状态机图应直接在"滑翔炸弹系统"的模块下创建。创建用于捕获滑翔炸弹"自主飞行状态"的 SysML 状态机图步骤如下。

（1）打开"2.0 系统解决域"模型。

（2）在模型浏览窗口中，选择"滑翔炸弹系统"模块。

（3）为"滑翔炸弹系统"模块创建 SysML 状态机图：

右击"滑翔炸弹系统"模块并选择"创建图"选项；单击"状态机图"按钮，该图是使用初始状态和一个未命名的状态创建的，用于启动状态定义；

键入"滑翔炸弹自主飞行状态分析"以指定新图的名称。

**步骤 3　捕获滑翔炸弹的状态**

本节后续将讨论触发状态之间切换的事件发生，这一步主要关注创建状态和它们之间的切换，指定滑翔炸弹状态的步骤如下。

（1）打开"滑翔炸弹自主飞行状态分析"图，该图已包含初始状态和未命名状态。

（2）选择未命名状态的图块，然后单击该图块中间的某个位置，图块切换到名称编辑模式。

（3）键入"挂载状态"以指定状态的名称。

（4）选择"挂载状态"的图块并单击其智能操纵器工具栏上的"转换"按钮。

（5）单击图窗口上的空白处，另一个状态被创建。

（6）在该状态的图块上键入"投放炸弹状态"以命名状态名称。

（7）可以拖动图块的边角将图块放大，这是在状态内创建内部状态所必要的步骤。

（8）单击图面板上的"初始状态"按钮并将鼠标移到"自主飞行状态"的图块上。

（9）当看到"自主飞行状态"图块周围的蓝色边框时，单击图块，"初始状态"在"自主飞行状态"的图块内创建，"自主飞行状态"自动变为复合状态。

（10）单击"初始状态"按钮并单击其智能操纵器工具栏上的"转换"按钮。

（11）选择另一个状态，状态之间通过转换关系完成连接。

（12）在新状态的图块上键入"稳定飞行状态"。

（13）重复上述步骤创建其余状态，完成后状态机图如图 8-19 所示。

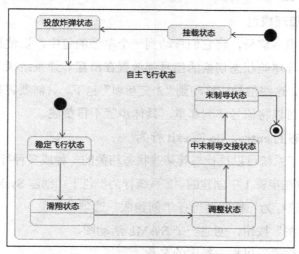

图 8-19　滑翔炸弹自主飞行的状态及其转换

**步骤 4　在切换中指定发生的事件**

状态之间的切换可以由各种类型的事件触发，如时间、变化和信号事件等。滑翔炸弹自主飞行状态之间的大部分切换是由信号事件触发的。例如，滑翔炸弹系统在收到投放指令信号后由"挂载状态"进入"投放炸弹状态"。指定滑翔炸弹"挂载状态"和"投放炸弹状态"之间切换的信号事件的步骤如下。

（1）在"3 系统结构"→"2 交互项"包下创建"接收投放命令"信号。

（2）将"接收投放命令"信号拖入"挂载状态"和"投放炸弹状态"转换的连线上，信号作为信号事件自动分配给从"挂载状态"到"投放炸弹状态"的切换。

（3）用同样的方法完成其他转换信号的创建与信号分配，如图 8-20 所示。

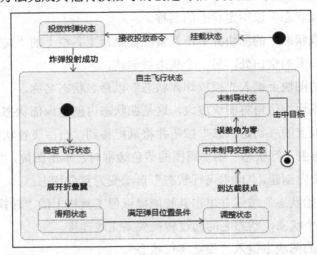

图 8-20  触发状态转换的信号事件

**步骤 5  将信号梳理成包**

前述步骤创建了很多信号，将它们移动到一个单独的包中，以使模型井井有条。默认情况下，所有触发制导尾舱状态切换的信号都放置在滑翔炸弹系统状态机下。与要交换的项目的所有定义一样，这些信号应移动到"2 交互项"包下。只需要将信号拖到模型浏览窗口中的那个包下，就可以将信号移到那里，具体步骤不再赘述。

**步骤 6  指定状态的 entry、do 或 exit 行为**

设计中的系统或子系统可以执行与其某些状态相关的一种或多种行为，行为可以被捕获为 SysML 活动图，放在步骤 1 中创建的"2 系统行为"包下。创建 SysML 活动图步骤如下。

（1）右击"2 系统行为"按钮并选择"创建图"选项。

（2）单击"活动图"按钮，创建一个 SysML 活动图。

（3）键入"投放炸弹"以指定新图的名称。

指定投放炸弹活动：活动图的创建方法前文已做介绍，这里不再赘述。投放炸弹和稳定飞行活动图如图 8-21 所示，用同样的方式完成其他状态下的活动图，分别如图 8-22、图 8-23 和图 8-24 所示。

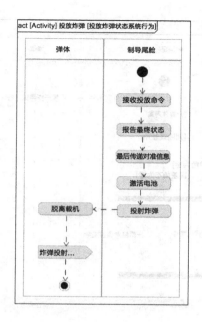

（a）投放炸弹

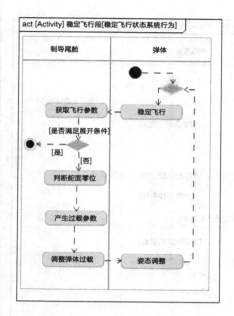

（b）稳定飞行

图 8-21　投放炸弹和稳定飞行活动图

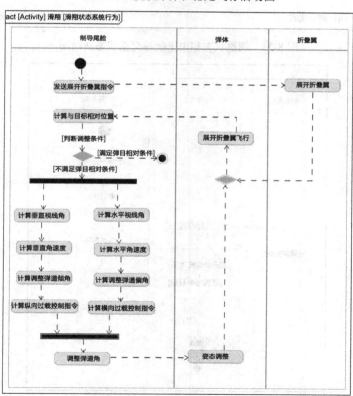

图 8-22　滑翔状态活动图

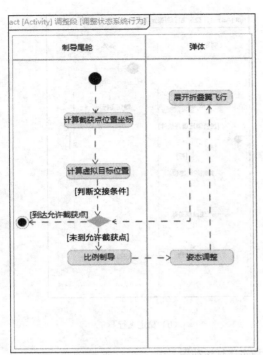
（a）调整状态

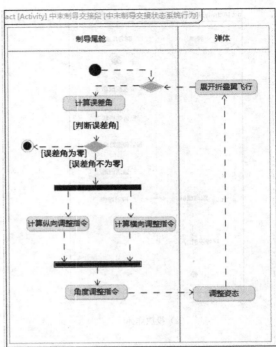
（b）中末制导交接状态

图 8-23　调整状态和中末制导交接状态活动图

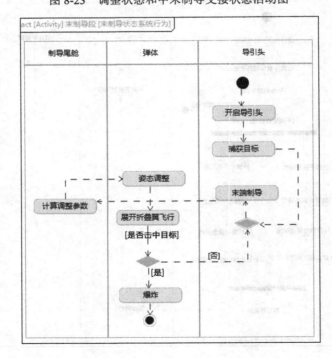

图 8-24　末制导状态活动图

完成了各种状态的活动，就可以将其分配到状态作为其执行的行为。将活动设置为状态的 do 行为的步骤如下。

（1）打开"滑翔炸弹自主飞行状态分析"图。

（2）在模型浏览窗口中，选择"投放炸弹"活动并将其拖到"投放炸弹状态"的状态图块上。

（3）当看到图块周围的蓝色边框时，松开鼠标。

（4）选择"Do Activity"选项，如图 8-25 所示，do 行为已被设置。

（5）用同样的方式完成其他状态下的行为并将其分配给状态。

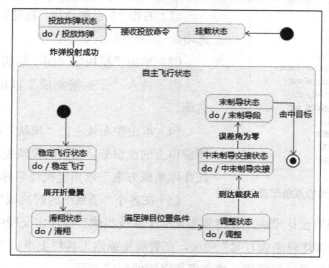

图 8-25　滑翔炸弹自主飞行状态的最终状态机图

## 8.3　系统结构配置

### 8.3.1　S-S 最终阶段：系统结构配置

在各工程团队完成子系统解决方案架构之后，系统工程师可以将这些子系统集成到一个统一的模型中。实际上，每个子系统都可能存在多个可行的解决方案。因此，系统工程师需要进行权衡分析，从而在各子系统中选择最优解，并构建整个系统的综合解决方案架构。

系统结构集成的核心目标是验证所设计的子系统是否能够顺利进行相互通信。因此，系统工程师的主要职责是检查各个子系统的接口是否具备兼容性。若系统工程师发现一个或多个不兼容的接口，则相应的工程团队需要对其模型进行适当的审查和更新。待工程团队按要求完成修改后，系统工程师将再次尝试集成模型。

在进行系统结构集成和审查时，建议采用模块定义图来选择最佳的子系统解决方案。至于接口兼容性的可视化和验证，可以使用 SysML 的内部模块图来实现。系统结构配置步骤如下。

**步骤 1　为 S-S 最终阶段梳理模型**

已经有了制导尾舱的解决方案架构（包括结构和行为模型），可以将其集成到整个滑翔炸弹的解决方案架构中（连同由虚构的工程团队同时开发的其他子系统的解决方案架构）。创建滑翔炸弹的系统配置包结构如图 8-26 所示。

图 8-26　创建滑翔炸弹的系统配置包结构

**步骤 2　捕获系统配置的集成结构**

（1）右击"3 系统结构"按钮，并选择"创建图"选项。

（2）单击"模块定义图"按钮。

（3）键入"子系统集成"以指定模块定义图的名称。

（4）单击图面板上的"模块"按钮，然后单击该图窗口上的空白处，则新的模块完成构建。键入"滑翔炸弹集成方案"以指定模块名称。

（5）在各个"子系统的解决域"→"子系统结构"包下选中各子系统的设计模块，并将其拖入"子系统集成"模块定义图中。

（6）选中"滑翔炸弹集成方案"模块，在智能操纵器工具栏上单击"组成关联"按钮，选择"制导尾舱系统设计"模块，建立模块之间的组成关系。

（7）重复（6）完成其他模块间的连接，结果如图 8-27 所示。

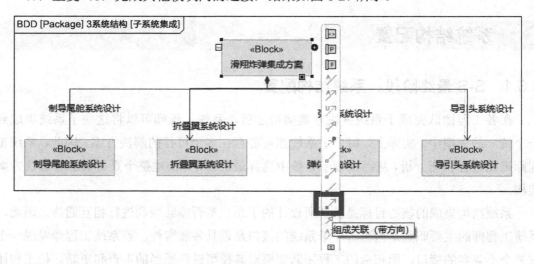

图 8-27　系统结构集成配置

## 8.3.2　S-R 最终阶段：系统配置方案与系统需求之间的细化关系建模

要拥有完整的方案域模型，需要在捕获的系统需求元素和捕获的系统解决方案架构之间建立可追溯关系。通常用满足关系建立系统需求与解决方案架构的可追溯关系。在理想情况下，方案域模型中的一个或多个元素满足所有系统需求。

**步骤 1　为 S-R 最终阶段梳理模型**

假设要在系统需求和具体系统解决方案架构的元素之间建立可追溯性关系，应在"1 系统需求"包下创建需求满足矩阵图，这是滑翔炸弹配置模型中"3 系统配置"包的子包，如图 8-28 所示。

图 8-28　系统需求的包结构

**步骤 2　创建用于捕获满足关系的矩阵**

创建需求满足关系矩阵的步骤如下。

（1）在模型浏览窗口中，右击"1 系统需求"包并选择"创建图"选项。

（2）单击"矩阵"按钮新建一张矩阵图。

（3）键入"系统集成方案与系统需求之间的满足关系矩阵"以指定新矩阵的名称。

（4）在模型浏览窗口中，展开"2.0 系统解决域"包，选择"1 系统需求"包，并将其拖到矩阵内容上方区域中的"列范围"框中。展开"3 系统配置"包，选择"SR 系统配置"包，然后将其拖到矩阵内容上面区域中的"行范围"框中。

（5）在行元素类型中选择"PartProperty"、"代理端口"、"约束属性"和"ValueProperty"，在列元素类型中选择"Requirement"类型。

矩阵的行列范围及其元素类型的相关条件如图 8-29 所示。

| 行元素: | PartProperty,ValuePropert | ... | 列元素: | Requirement | ... | 关系标 | Satisfy | ... |
|---|---|---|---|---|---|---|---|---|
| 行范围: | SR系统配置 | ... | 列范围: | 1 系统需求 | ... | 显示元 | 所有的 | ∨ |

图 8-29　矩阵的行列范围及其元素类型的相关条件

### 步骤 3　捕获满足关系

在相对应的满足关系的行列交叉处右击"Satisfy"按钮，满足关系将在元素之间创建并显示在单元格中。

建立所有满足关系后，系统配置满足系统需求矩阵应类似于图 8-30 所示的矩阵。在理想情况下，每个系统需求都必须由系统配置模型中的一个或多个元素来满足。矩阵的最终版本可告诉系统工程师系统配置满足系统需求的程度。

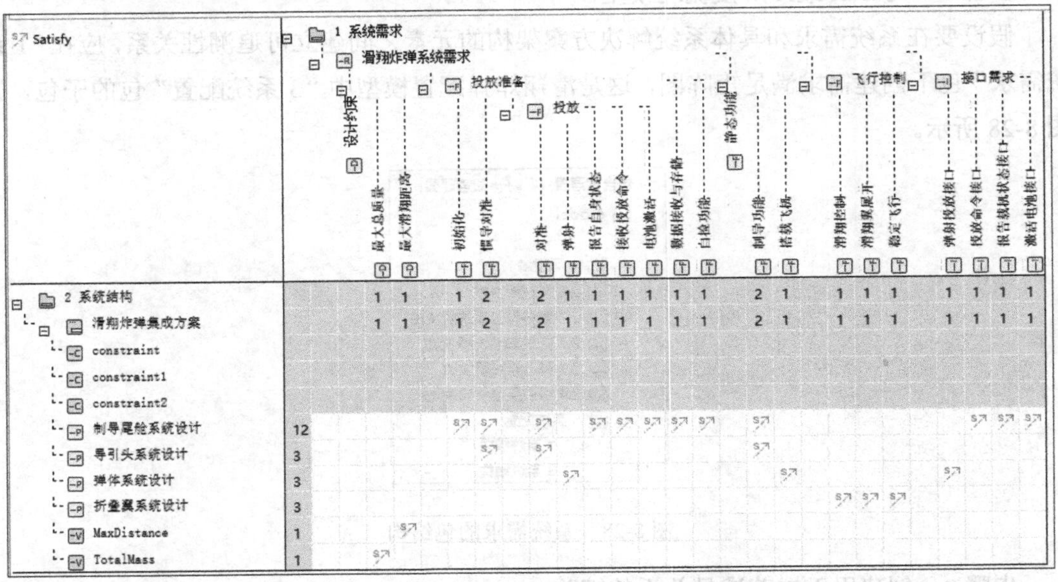

| Satisfy | | 1 系统需求 滑翔炸弹系统需求 | | | | | | | | | | | | | | | | | | | |
| --- | --- | --- | --- | --- | --- | --- | --- | --- | --- | --- | --- | --- | --- | --- | --- | --- | --- | --- | --- | --- |
| | | 最大总质量 | 最大弹翼跨度 | 初始传递 | 惯导对准 | 对准 | 弹药 | 接收自身状态 | 接收校验命令 | 电池激活 | 数据接收与存储 | 自检功能 | 制导功能 | 恪放飞弹 | 弹翼控制 | 弹翼展开 | 稳定飞行 | 弹射投放接口 | 校准命令接口 | 报告系统状态接口 | 激活电池接口 |
| 2 系统结构 | | 1 | 1 | | 1 | 2 | | 2 | 1 | 1 | 1 | 1 | | 2 | 1 | | 1 | 1 | 1 | 1 | 1 |
| 滑翔炸弹集成方案 | | 1 | 1 | | 1 | 2 | | 2 | 1 | 1 | 1 | 1 | | 2 | 1 | | 1 | 1 | 1 | 1 | 1 |
| constraint | | | | | | | | | | | | | | | | | | | | | |
| constraint1 | | | | | | | | | | | | | | | | | | | | | |
| constraint2 | | | | | | | | | | | | | | | | | | | | | |
| 制导尾舱系统设计 | 12 | | | | | | | | | | | | | | | | | | | | |
| 导引头系统设计 | 3 | | | | | | | | | | | | | | | | | | | | |
| 弹体系统设计 | 3 | | | | | | | | | | | | | | | | | | | | |
| 折叠翼系统设计 | 3 | | | | | | | | | | | | | | | | | | | | |
| MaxDistance | 1 | | | | | | | | | | | | | | | | | | | | |
| TotalMass | 1 | | | | | | | | | | | | | | | | | | | | |

图 8-30　系统配置方案与系统需求的追溯矩阵

第 9 章

# 系统仿真验证应用

系统仿真验证通常涉及使用一系列模型和仿真工具来模拟系统的行为和交互,并评估系统的性能和可靠性。这些模型可以涵盖各种系统组件,包括硬件、软件和人员,以及系统的物理环境和外部因素。通过执行仿真实验和测试,系统设计团队可以识别和解决潜在的问题和风险,并确定系统的优化方案,以得到最佳性能和可靠性。

本章基于滑翔炸弹系统模型定义的系统行为和系统参数,使用 MATLAB 和 SysDeSim.Arch 软件分别进行系统仿真,从而验证系统的参数和行为是否符合系统需求和规范。通过系统仿真验证可以帮助设计团队测试和优化系统设计,以确保系统能够在预期的环境中完成规定的需求和功能。

## 9.1 系统参数仿真验证

### 9.1.1 系统参数建模

系统参数用于捕捉设计中系统的量化特性,它们可以满足非功能性系统需求并依据效能指标分析而得出。系统参数往往源于子系统参数,通过数学表达式建立系统参数和子系统参数之间的运算关系。计算系统参数有助于在早期阶段对系统需求进行验证。可以通过执行模型计算这些参数,以判断系统参数是否满足量化需求。

在建模工具中,系统参数可以用模块的值属性来捕获,它可以描述系统、子系统或组件的量化特性。计算系统参数所用的公式可以作为约束模块的约束表达式来捕获,可以用 SysML 的模块定义图捕获系统参数及约束表达式。

为了使约束表达式能够执行计算,需要将该约束模块的各个参数绑定在系统/子系统相对应的参数值上。可以在 SysML 参数图中使用绑定连接器实现参数的绑定。建模工具的仿真功能可以将给定的子系统参数通过计算得到系统参数。计算出系统参数后，建模工具能够自动验证该参数是否满足系统的非功能性需求。为了实现自动化需求验证，需要将捕获系统参数的值属性与适当的系统需求相关联并指定它们之间的满足关系。系统参数的建模步骤如下。

**步骤1　为 S-P 梳理模型**

首先要计算滑翔炸弹的总质量，由于该系统参数与整个系统相关，而不是与某个子系统或组件相关，因此需要指定每个子系统的参数。如图 9-1 所示，捕获的系统参数可以存储在"4 系统参数"包中，该包直接放在系统配置模型中的"3 系统配置"包下。

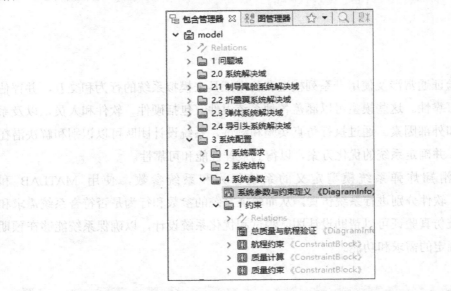

图 9-1　系统参数的包结构

注：计算滑翔炸弹的总质量需要知道每个子系统的总质量，它们来自各子系统的方案域模型的子系统参数。为了使用这些参数来计算滑翔炸弹的总质量，必须在系统配置模型中使用每个子系统的方案域模型。

**步骤2　指定系统参数以捕获总质量**

系统需求和效能指标决定了捕获滑翔炸弹总质量的系统参数规范。系统参数被捕获为相关模块的值属性。在这种情况下，应该在系统配置模型中为"滑翔炸弹集成方案"模块创建一个值属性。使用建模工具的继承功能可以更方便地获取值属性，捕获"滑翔炸弹集成方案"模块总质量参数的步骤如下。

（1）创建用于捕获系统参数的模块定义图：首先右击步骤 1 创建的"4 系统参数"包，然后选择"创建图"选项；单击"模块定义图"按钮，完成创建，并键入"系统参数与约束定义"，以指定新图的名称。

（2）在模型浏览窗口"1 问题域"→"1 黑盒"→"4 效能指标"包下选中"MoEs Holder"

模块，并将其拖入（1）中创建的模块定义图中。

（3）在图上显示滑翔炸弹配置模块：在"3 系统配置"包下选中"滑翔炸弹集成方案"模块，将该模块拖到图窗口中。

（4）建立"滑翔炸弹集成方案"模块和"MoEs Holder"模块之间的泛化关系：单击图面板上的"泛化"按钮；单击"滑翔炸弹集成方案"模块的图块；单击"MoEs Holder"模块的图块，"MoEs Holder"模块成为"滑翔炸弹集成方案"模块的父类，这意味着后者继承了前者的所有值属性。

（5）在"滑翔炸弹集成方案"模块的图块上显示继承的值属性：单击模块左上角的"显示"快捷按钮，选择"值属性"选项，"滑翔炸弹集成方案"模块的继承值属性将显示在其图块上，如图 9-2 所示。

### 步骤 3　捕获计算总质量的公式

可以将计算 TotalMass 值属性的数学表达式捕获为存储在约束模块中的约束表达式，因此本步骤应该定义一个约束模块并指定一个约束表达式来计算滑翔炸弹的总质量。假设滑翔炸弹的总质量是其所有子系统的质量的总和。约束表达式可以定义如下：

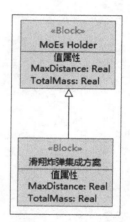

图 9-2　继承值属性

$$TotalMass=TM\_BombBody+TM\_GuidanceTail+TM\_FoldingWing+$$
$$TM\_Seeker$$

TotalMass、TM_BombBody、TM_GuidanceTail、TM_FoldingWing、TM_Seeker 等通常被称为约束参数，需要将其绑定到模型中相应的值属性上。计算捕获滑翔炸弹总质量的公式步骤如下。

（1）创建一个约束模块：打开步骤 2 创建的"系统参数与约束定义"模块定义图；首先单击图面板上的"约束模块"按钮，然后单击该图窗口的空白处，创建一个未命名的约束模块；在该约束模块的图块上键入"质量计算"以指定其名称。

（2）指定一个约束表达式来捕获上面定义的公式：双击"质量计算"约束模块上的空约束表达式的符号，切换到编辑模式；键入 TotalMass=TM_BombBody+TM_GuidanceTail+TM_FoldingWing+TM_Seeker。

（3）指定约束参数：首先选择"质量计算"约束模块的图块，然后单击其智能操纵器工具栏上的"解析表达式并且创建参数"按钮，约束参数自动从约束表达式中提取并显示在图块上的参数分隔框中。

"质量计算"约束模块的图块如图 9-3 所示。

（4）将"质量计算"约束模块拖到模型中的"1 约束"包下。

### 步骤 4　指定子系统参数以捕获总质量

"质量计算"约束模块的约束表达式有 5 个参数，其中 4 个是子系统参数，每个参数捕获一个子系统的总质量。每个子系统的参数都在相关子系统的方案域模型中。例如，捕获制导尾舱总质量的值属性应在制导尾舱的方案域模型中被定义。指定子系统的参数如图 9-4 所示，其为"制导尾舱子系统设计"模块创建的"TM_GuidanceTail"值属性。

图 9-3　"质量计算"约束模块的图块

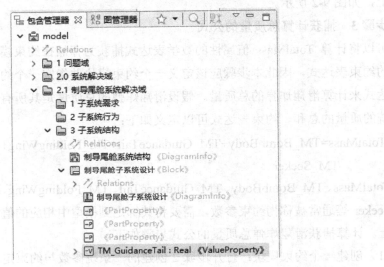

图 9-4　指定子系统的参数

捕获制导尾舱的总质量参数步骤如下。

（1）打开"制导尾舱系统解决域"模型。

（2）在模型浏览窗口中，选择"制导尾舱子系统设计"模块。

（3）为"制导尾舱子系统设计"模块指定"TM_GuidanceTail"值属性：右击"制导尾舱子系统设计"模块并选择"创建元素"选项；单击"ValueProperty"按钮；输入值属性的名称及其属性值的类型"TM_GuidanceTail:Real"。

按照上述步骤，可以适当捕获其他子系统的总质量。

**步骤 5　将约束参数绑定到系统/子系统参数**

可以使用绑定连接器建立值属性和约束参数之间的绑定，绑定关系可以通过为"滑翔炸弹集成方案"模块创建参数图来捕获。将"质量计算"约束模块的约束参数绑定到相应的值属性步骤如下。

（1）找到"滑翔炸弹集成方案"模块。

（2）为"滑翔炸弹集成方案"模块创建一个 SysML 参数图：右击"滑翔炸弹集成方案"模块，选择"创建图"选项；单击"参数图"按钮，将会打开"参数/部件显示"对话框；选择所有子系统的"PartProperty"和"质量"值属性，选中的值属性显示在图窗口上，并且在打开名称编辑模式的模型浏览窗口中选中图；键入"滑翔炸弹参数计算与验证"来命名图。

（3）找到"质量计算"约束模块。

（4）将"质量计算"约束模块拖到"滑翔炸弹参数计算与验证"参数图上，系统将会为"滑翔炸弹集成方案"模块创建一个未命名的约束属性，这意味着该约束模块已应用于滑翔炸弹配置模块。将所有相对应的参数进行绑定，如图 9-5 所示。

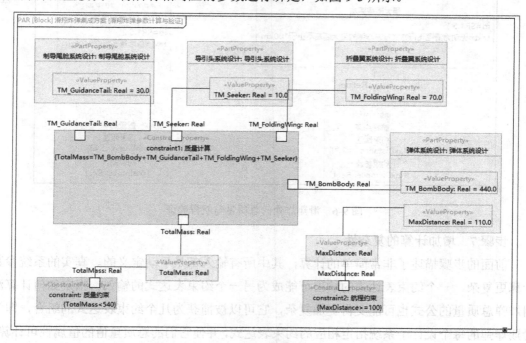

图 9-5　滑翔炸弹参数计算与验证的参数图

现在可以运行模拟、提供输入值并查看计算结果。

**步骤 6　为自动化需求验证做好准备**

计算出系统参数后，可以验证 TotalMass 是否满足系统需求。建模工具能够自动执行此验证，建模步骤如下。

（1）将捕获"最大总质量"系统需求细化为约束表达式。首先创建一个约束模块，约束表达式是"TotalMass<540"，该不等式是"最大总质量"系统需求的细化。然后在该"质量约束"模块和"最大总质量"系统需求之间建立细化关系。

（2）在捕获系统参数的"TotalMass"值属性与"最大总质量"系统需求之间建立满足关系。

（3）用同样的方式完成其他参数的验证关系，建模结果如图 9-6 所示。

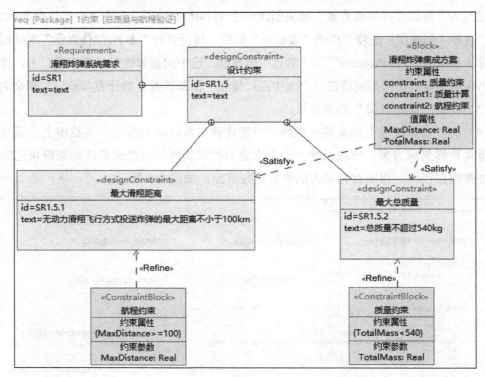

图 9-6　滑翔炸弹的总质量与航程验证

### 步骤 7　增加计算的复杂性

前面的步骤描述了非常简单的计算，其中所有输入都是手动定义的。真实的系统参数计算更复杂，一个约束表达式的输出可能成为另一个约束表达式的输入。指定如何计算滑翔炸弹总质量的公式也可能变得更加复杂，它可以被捕获为几个约束表达式的组合，即为滑翔炸弹的每个设计子系统指定相应的约束表达式，并使它们的总质量值的值属性可计算，而不是手动定义。计算滑翔炸弹总质量的约束模块在滑翔炸弹系统配置模型中被定义，而计算制导尾舱总质量的约束模块应在制导尾舱的方案域模型中被定义。捕获制导尾舱组件质量值的值属性也应在该模型中被定义。

## 9.1.2　基于 MATLAB 的系统参数仿真建模

SysDeSim.Arch 支持在参数图中集成 M 文件功能，支持在参数图中调用 M 文件进行求解计算及完成其他复杂功能，M 文件的编写方法如下。

在 MATLAB 中新建函数，在函数文件中的 "function TM = TotalMass（TM_BombBody, TM_GuidanceTail, TM_FoldingWing, TM_Seeker）" 和 "end" 之间编写函数，如图 9-7 所示，其是实现滑翔炸弹系统总质量计算的函数。

```
1  function TM = TotalMass(TM_BombBody,TM_GuidanceTail,TM_FoldingWing,TM_Seeker)
2  TM=TM_BombBody+TM_GuidanceTail+TM_FoldingWing+TM_Seeker;
3  end
4
```

图 9-7　总质量计算的 M 文件

"TM_BombBody"、"TM_GuidanceTail"、"TM_FoldingWing" 和 "TM_Seeker" 是函数的输入参数，"TM" 是函数的返回值，将输入参数值传入该函数的对应参数，通过函数的计算将计算结果返回（此案例是一个简单的质量相加，对于复杂的参数计算，可以编写更为复杂的计算函数）。将 M 文件保存命名为 "TotalMass.m"（注意：M 文件名应与函数名一致，存放路径应与工程存放路径一致）。基于 MATLAB 的系统参数建模步骤如下。

**步骤 1　为参数仿真验证梳理模型**

假设要指定如何计算滑翔炸弹的总质量，系统参数的建模存储在 "4 MATLAB 参数求解与验证" 包中，将约束模块放在 "约束模块" 包中，如图 9-8 所示。

图 9-8　参数仿真验证包结构

**步骤 2　指定系统组成及参数**

系统参数被捕获为相关模块的值属性。在这种情况下，应该在系统配置模型中为滑翔炸弹模块创建一个值属性。

指定滑翔炸弹总质量和各子系统的系统参数。

（1）创建用于捕获系统参数的模块定义图：首先右击步骤 1 创建的 "4 MATLAB 参数求解与验证" 包，然后选择 "创建图" 选项；首先单击 "模块定义图" 按钮，然后按 "Enter" 键。图表已创建，重命名为 "系统模块定义图"。

（2）单击图面板上的 "模块" 按钮，然后单击该图窗口上的空白处，则新的模块创建成功，将其命名为 "滑翔炸弹"，重复此步骤完成 "制导尾舱系统" "折叠翼系统" "弹体系统" 和 "导引头系统" 四个模块的创建。

（3）首先选中 "滑翔炸弹" 模块，然后在智能操纵器工具栏上单击 "组成关联" 按钮，如图 9-9 所示，最后单击 "制导尾舱系统" 模块，完成 "滑翔炸弹" 模块与 "制导尾舱系统" 模块之间的组成关联创建，重复此步骤完成其他子系统的组成关联创建。

（4）首先单击"滑翔炸弹"模块，然后单击模块右上角的"+"号打开快捷工具栏，选择"值属性"选项，新的值属性已添加，双击默认创建的值属性进入编辑模型，将其重命名为"TotalMass:Real"，如图 9-10 所示。

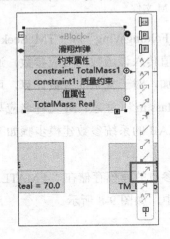

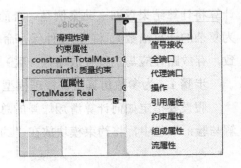

图 9-9　创建组成关联　　　　　　　　　　　　　图 9-10　添加值属性

（5）重复上述步骤，完成各子系统的"TM_GuidanceTail"、"TM_FoldingWing"、"TM_BombBody"和"TM_Seeker"值属性的创建。

（6）在工具栏上选择约束模块并拖进图中，将其命名为"质量约束"，双击"约束属性"按钮，编辑为"TM<=540"完成质量约束的创建。系统架构及其参数定义如图 9-11 所示。

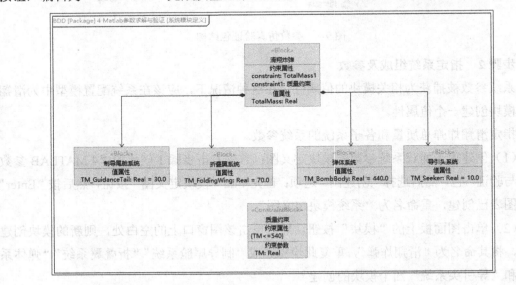

图 9-11　系统架构及其参数定义

### 步骤 3　创建参数图与计算总质量的约束模块

"TotalMass"值属性代表系统总质量的系统参数。因此，下一步需要指定计算该值属性的数学表达式，通过 M 文件的总质量计算函数可以在运行参数图时调用 M 文件并将计算结果返回。

在这一步中，应该定义一个约束模块来计算滑翔炸弹的总质量。假设滑翔炸弹的总质量是其所有子系统的质量总和。质量计算函数的表达式可以定义为

TM=TM_BombBody+TM_GuidanceTail+TM_FoldingWing+TM_Seeker

TM_BombBody、TM_GuidanceTail、TM_FoldingWing、TM_Seeker 等通常被称为约束参数，应该绑定模型中指定的相应值属性。

用于质量计算的 M 文件内容如图 9-12 所示。

```
1  function TM = TotalMass(TM_BombBody,TM_GuidanceTail,TM_FoldingWing,TM_Seeker)
2  TM=TM_BombBody+TM_GuidanceTail+TM_FoldingWing+TM_Seeker;
3  end
4
```

图 9-12　用于质量计算的 M 文件内容

首先将 M 文件拖进参数图即可自动生成约束模块，然后可以将该约束模块移动到"约束模块"包下。

获取计算滑翔炸弹总质量的约束模块步骤如下。

（1）右击"滑翔炸弹"模块，选择"创建图"选项，单击"参数图"按钮，将参数图重命名为"MATLAB 参数求解与验证"。

（2）单击工具栏上的"展示部件/端口"按钮，勾选"TotalMass"值属性和各子系统组成属性及其值属性前的复选框，单击"确定"按钮。在参数图中显示子系统的 PartProperty 及其属性值如图 9-13 所示。

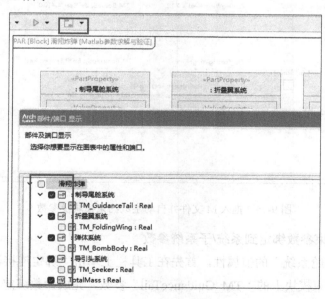

图 9-13　在参数图中显示子系统的 PartProperty 及其属性值

（3）将"质量约束"模块拖入参数图，如图 9-14 所示，质量约束属性在参数图中显示。

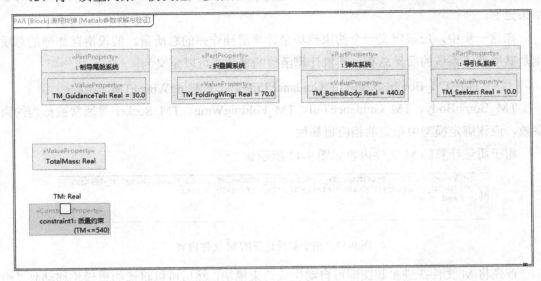

图 9-14 将"质量约束"模块拖入参数图

（4）将 M 文件拖入参数图，质量计算的约束模块及参数自动生成，如图 9-15 所示，将质量计算约束模块拖到"约束模块"包下。

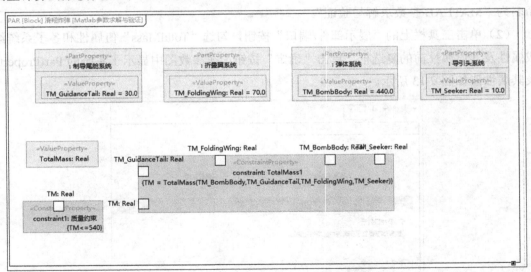

图 9-15 拖入 M 文件并自动生成约束模块及参数

**步骤 4　将约束参数绑定到系统/子系统参数**

选择"制导尾舱系统"的值属性，首先在工具栏上单击"绑定连接器"按钮，然后单击"质量计算"约束模块上的"TM_GuidanceTail"参数，完成参数绑定，重复此方法完成其他参数的绑定，如图 9-16 所示。

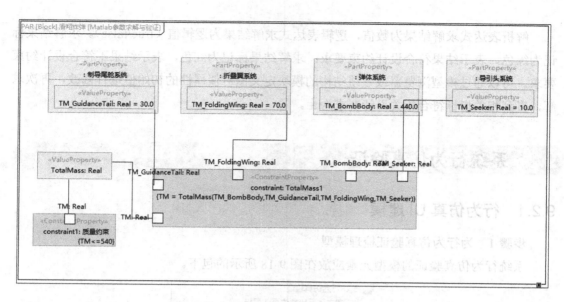

图 9-16　绑定参数

## 9.1.3　系统参数仿真计算与验证

在参数图上方单击图工具栏上的"仿真"按钮，SysDeSim.Arch 将会执行参数计算或调用 MATLAB 执行 M 文件，从绑定的子系统参数上获取输入参数，并将 M 文件的计算结果返回，赋值给系统的 TotalMass 参数。在仿真窗口可以看到求解出的结果，仿真视图默认在屏幕下方，可以通过拖曳仿真视图框改变仿真视图的显示位置。求解结果如图 9-17 所示。

图 9-17　求解结果

解析表达式求解结果为数值，逻辑表达式求解结果为逻辑值（true/false）。求解结果标记为绿色，表示结果符合设计约束要求；求解结果标记为红色，表示结果不符合设计约束要求。可以通过模型浏览器或系统结构的模块定义图对值属性的初始值进行修改，再次求解，直到相关指标符合相关设计要求为止。

## 9.2 系统行为仿真验证

### 9.2.1 行为仿真 UI 建模

**步骤 1　为行为仿真验证梳理模型**

系统行为仿真验证的模型元素应放在图 9-18 所示的包下。

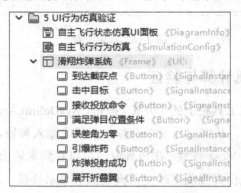

图 9-18　行为仿真验证包结构

**步骤 2　行为仿真的 UI 建模**

（1）在模型浏览窗口中单击 "Model" 按钮，并选择 "创建元素" 选项，创建 "5 UI 行为仿真验证" 包。

（2）选中 "5 UI 行为仿真验证" 包，右击 "创建图" → "仿真 UI 图"，将仿真 UI 图名称设置为 "自主飞行状态仿真 UI 面板"，如图 9-19 所示。

（3）通过图元素工具栏，在仿真 UI 图中创建框架和按钮。在模型浏览器中，选中将要仿真的模块元素，即 "滑翔炸弹系统"，将其拖曳到 "框架" 元素符号中，并将对应信号分别拖曳到相应的 "按钮" 元素符号中。

（4）在模型浏览器中，选中包元素 "5 UI 行为仿真验证"，右击，在弹出的快捷菜单中选择 "创建元素" → "SimulationConfig" 选项，设置该元素名称为 "自主飞行行为仿真"，在该元素上右击，在弹出的快捷菜单中选择 "特征属性" 选项，将 "execution Target" 属性选择为模块元素 "滑翔炸弹系统"；将 UI 属性选择为 "滑翔炸弹系统"，分别如图 9-20 和图 9-21 所示。

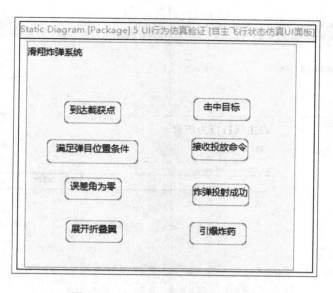

图 9-19  自主飞行状态仿真 UI 面板

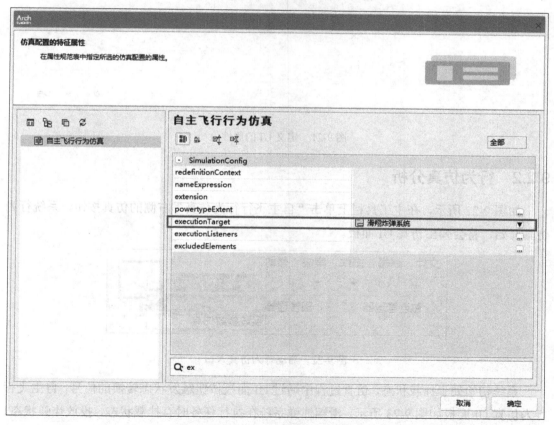

图 9-20  定义 execution Target 的属性值

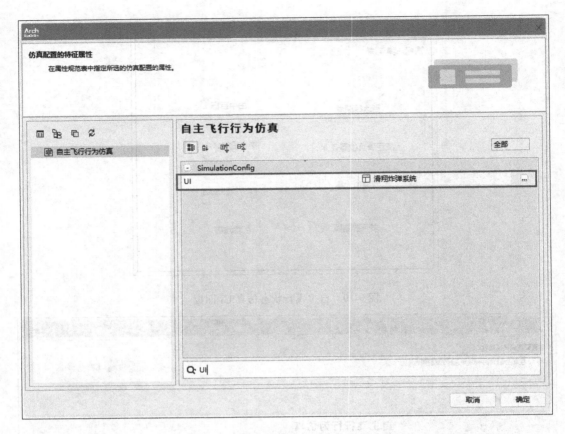

图 9-21　定义 UI 的属性值

## 9.2.2　行为仿真分析

如图 9-22 所示，在主工具栏上单击"自主飞行行为仿真"右侧的仿真按钮，系统行为仿真开始，将会弹出仿真 UI 面板。

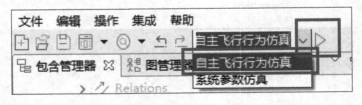

图 9-22　启动行为仿真入口

系统初始处于挂载状态，仿真过程中通过 UI 面板按钮触发状态转换的信号，自主飞行行为仿真 UI 面板如图 9-23 所示。滑翔炸弹系统在执行任务时有挂载状态、投放炸弹状态、稳定飞行状态、滑翔状态、调整状态、中末制导交接状态和末制导状态。每个状态内都嵌入了相应的系统行为，以下是滑翔炸弹系统行为仿真运行的过程。

图 9-23 自主飞行行为仿真 UI 面板

滑翔炸弹初始状态是挂载在执行任务的飞机（载机）上，处于挂载状态。

当载机发送投放炸弹的命令被执行后，滑翔炸弹接收到投放命令时，则进入投放炸弹状态。如图 9-24（a）所示，在投放炸弹状态执行以下行为：制导尾舱接收投放命令，报告最终状态，最后传递对准信息，并激活电池，启动投放炸弹程序；接着弹体与载机挂载的接口弹开，炸弹脱离载机并发射炸弹投放成功信号。

滑翔炸弹接收到炸弹投放成功信号之后，进入自主飞行状态，在此状态下又有一个子状态。首先进入稳定飞行状态，如图 9-24（b）所示，弹体在空气动力的作用下稳定飞行，制导尾舱获取飞行参数，根据参数判断是否满足折叠翼的展开条件，如果满足展开条件，则展开折叠翼，进入滑翔状态；如果不满足展开条件，则制导尾舱将会判断舵面零位，产生过载参数，调整弹体过载，通过弹体进行姿态调整，调整后继续进入稳定飞行状态。制导尾舱继续获取飞行参数，直到满足折叠翼展开条件为止，发送展开折叠翼信号，稳定飞行状态结束，进入下一个状态。

滑翔炸弹接收到展开折叠翼信号之后，进入滑翔状态。如图 9-25 所示，首先制导尾舱发送展开折叠翼指令，折叠翼接收指令后并展开折叠翼，弹体依靠展开的折叠翼进行滑翔。然后制导尾舱计算炸弹与目标的相对位置，根据相对位置判断当前位置是否满足弹目相对条件，如果不满足弹目相对条件，那么制导尾舱将并行计算垂直和水平视线角、垂直和水平角速度、调整弹道倾角和偏角、计算纵向和横向过载控制指令，最终确定弹道角，交由弹体进行相应的姿态调整，调整完毕后继续滑翔，计算弹目位置，直到满足弹目相对条件为止，发送满足弹目位置条件信号，滑翔状态结束，进入下一个状态。

基于 MBSE 的复杂装备系统设计——理论与实践

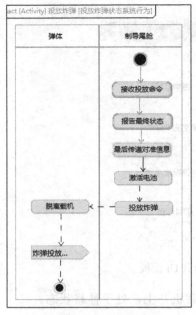

（a）投放炸弹状态

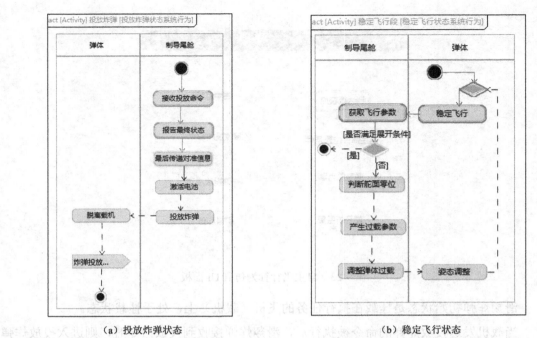

（b）稳定飞行状态

图 9-24　投放炸弹和稳定飞行的系统行为

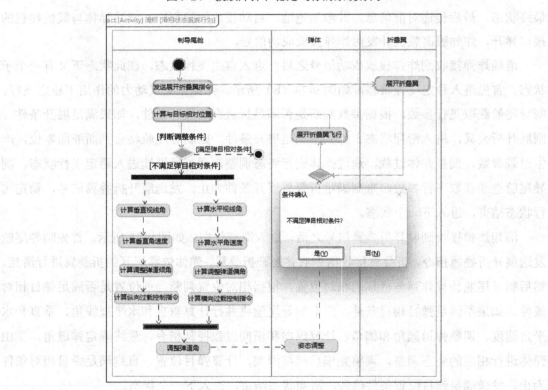

图 9-25　滑翔状态系统行为

· 222 ·

滑翔炸弹接收到满足弹目位置条件信号之后，进入调整状态。如图 9-26 所示，首先制导尾舱计算截获点位置坐标，据此计算虚拟目标的位置，判断交接条件，如果未到达允许截获点，则进行比例制导，弹体依据比例制导进行姿态调整，继续依靠折叠翼飞行，制导尾舱继续判断交接条件，直到到达允许截获点为止，发送到达允许截获点信号，调整状态结束，进入下一个状态。

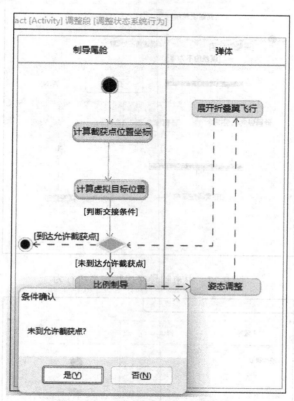

图 9-26  调整状态系统行为

滑翔炸弹接收到到达允许截获点信号之后，进入中末制导交接状态。如图 9-27 所示，在该状态下，首先由制导尾舱计算误差角，然后判断误差角是否为零，如果误差角不为零，那么制导尾舱并行计算纵向调整指令和横向调整指令，获得角度调整指令，弹体依据指令调整姿态，调整后弹体依靠折叠翼继续飞行，直到误差角为零为止，发送误差角为零信号，进入下一个状态。

滑翔炸弹接收到误差角为零信号之后，进入末制导状态。如图 9-28 所示，在该状态下，首先开启导引头，然后导引头捕获目标，根据目标信息进行末端制导，接着制导尾舱依据制导信息计算调整参数，最后由弹体来根据调整参数进行姿态调整，依靠折叠翼继续飞行，直到击中目标为止，引爆炸药，发送击中目标信号，任务结束。

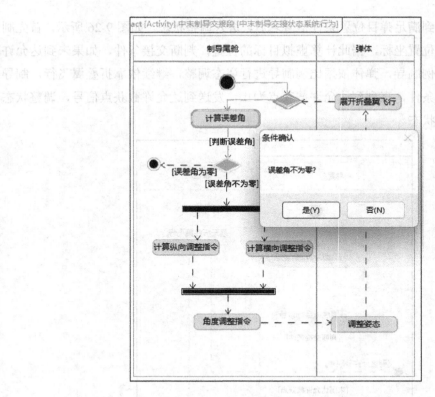

图 9-27　中末制导交接状态系统行为

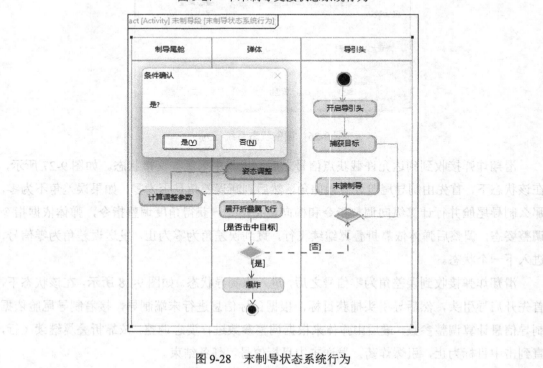

图 9-28　末制导状态系统行为

滑翔炸弹自主飞行状态的仿真视图如图 9-29 所示。

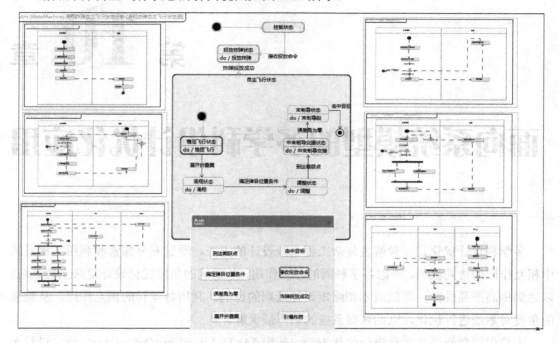

图 9-29 滑翔炸弹自主飞行状态的仿真视图

第 **10** 章

# 面向系统模型的多学科设计优化应用

多学科设计优化是一种解决复杂工程系统设计的方法，通过充分探索和利用工程系统中相互作用的协同机制，考虑各学科间的相互作用，从系统的角度优化设计复杂工程系统，以达到提高产品性能、降低成本和缩短设计周期的目的。利用各学科的相互作用，从整体的角度对系统进行优化，以期获得系统的整体最优解。

本章以滑翔炸弹多学科设计优化为例，使用 MATLAB 和 SysDeSim.Arch 软件进行多学科设计优化分析。从多学科设计优化问题定义、基于遗传算法的多学科设计优化求解流程和基于 SysML 模型的多学科设计优化求解三个方面进行讲述，介绍完整的多学科设计优化步骤。

## 10.1 基于 SysML 模型的多学科设计优化

### 10.1.1 多学科设计优化问题定义

在滑翔炸弹的设计优化中，弹体和折叠翼子系统是两个重要的子系统，而导弹的总体质量是导弹性能的一个重要指标，不仅关系到研制成本，还对导弹的飞行性能等有重要影响。为此，本节构建了考虑弹体（结构子系统）和折叠翼子系统的导弹的设计优化问题，直接使用系统设计模型中学科的划分方式，选择弹体（结构子系统）和折叠翼子系统两个子系统进行多学科设计优化。结构子系统主要考虑导弹结构重量，折叠翼子系统主要考虑动力性能，构建的优化模型表述如下。

#### 1. 优化变量

选择弹长、弹径、翼长、长弦比、装药外径、装药壁厚、装药总长等 13 个参数作为设计变量。其中翼长受风速和大气摩擦生热等影响具有随机性，令其为随机设计变量。导弹多学科设计优化变量如表 10-1 所示。

**表 10-1 导弹多学科设计优化变量**

| 序号 | 变量名称 | 英文缩写 | 代号 | 变量类型 | 相关属性 | 单位 |
|------|----------|----------|------|----------|----------|------|
| 1 | 弹长 | Length_m | $x_1$ | 连续变量 | [1.5,3] | 米（m） |
| 2 | 弹径 | Diameter_m | $x_2$ | 连续变量 | [0.15,0.2] | 米（m） |
| 3 | 翼长 | Length_w | $x_3$ | 随机变量 | [200,340] | 毫米（mm） |
| 4 | 长弦比 | Aspect_ratio | $x_4$ | 连续变量 | [0.5,1] | — |
| 5 | 装药外径 | Diameter_c | $x_5$ | 连续变量 | [0.1,0.15] | 米（m） |
| 6 | 装药壁厚 | Thickness_c | $x_6$ | 连续变量 | [0,0.1] | 米（m） |
| 7 | 装药总长 | Length_c | $x_7$ | 连续变量 | [1,2] | 米（m） |
| 8 | 炸药箱长度 | Length_at | $x_8$ | 连续变量 | [0.5,1.5] | 米（m） |
| 9 | 弹翼展弦比 | Wingspan_chord | $x_9$ | 连续变量 | [0.1,0.5] | — |
| 10 | 弹翼根稍比 | Wing_root | $x_{10}$ | 连续变量 | [0.5,1.5] | — |
| 11 | 前缘后掠角 | Sweep_angle | $x_{11}$ | 连续变量 | [20,40] | 度（°） |
| 12 | 根弦长 | Root_chord | $x_{12}$ | 连续变量 | [400,500] | 毫米（mm） |
| 13 | 稍弦长 | Slightly_chord | $x_{13}$ | 连续变量 | [100,400] | 毫米（mm） |

**2. 优化目标**

根据上述优化变量及滑翔炸弹飞行中的环境参量，来确立满足性能指标要求的优化目标特性。为保证滑翔炸弹系统的效能最高，应以整个滑翔炸弹的起飞质量最小作为优化目标函数。由滑翔炸弹结构和折叠翼子系统的基本公式可推得优化目标函数为

$$f = 202.849 x_1^{0.64} x_2^{1.77} + 33.0752 \frac{x_3^{2.04}}{x_4^{0.66}} + 10466 x_5^2 x_6 + 8666 x_5 x_6 (x_7 + x_8) + \frac{2757}{x_9} +$$

$$2.8 x_5^2 (135.5 x_5 + 212.5 x_8 + 397.25 x_7) \left[ 1 + \frac{1}{63 x_{10} \left( \frac{x_{11}}{220} + \frac{x_{10} x_{12}}{205 x_{13}} \right)} \right] + 882.413$$

**3. 优化约束**

约束条件对设计质量起着检验作用，使得所设计的滑翔炸弹性能好，成本低，满足使用要求。为此，应使这些约束表达式具体化，并能在寻优过程中以某函数表达式对寻优域给以约束。导弹多学科优化约束如表 10-2 所示。

**表 10-2 导弹多学科优化约束**

| 序号 | 约束名称 | 约束计算公式 | 约束范围 | 所属学科 |
|------|----------|--------------|----------|----------|
| 1 | 打击能力约束 | $\frac{0.882 x_5}{x_4} - 300$ | [300,+∞) | 弹体 |
| 2 | 载荷约束 | $50 - 5233 x_5^2 - 8666 x_5 x_6 x_7$ | [50,300] | 弹体 |
| 3 | 药箱余量约束 | $400 - 247.24 x_5^3 - 1112.3 x_7 x_5^2$ | [0,400] | 折叠翼子系统 |

续表

| 序号 | 约束名称 | 约束计算公式 | 约束范围 | 所属学科 |
|---|---|---|---|---|
| 4 | 内部尺寸约束 | $2.5-\dfrac{88.3x_5+397.25x_7}{47.2x_5+212.5x_8}$ | [2.5,4] | 折叠翼子系统 |
| 5 | 飞行性能约束 | $1-\dfrac{x_3^2}{x_4}$ | [1,10] | 弹体 |

## 10.1.2　基于遗传算法的多学科设计优化求解流程

当涉及复杂的优化问题时，遗传算法（Genetic Algorithm，GA）是一种常用且强大的优化方法。遗传算法灵感来自生物进化理论，通过模拟生物进化过程中的遗传、交叉和变异等机制，以搜索和优化问题的解空间。

遗传算法有许多优点，可应用于各种类型的优化问题，包括连续优化、离散优化和组合优化等；能够在解空间中进行全局搜索，有助于找到更优的解；算法具有并行性，可以同时评估多个个体的适应度，加速优化过程；对初始解的选择不敏感，能够处理具有多个局部最优解的问题。但遗传算法也有一些不足，遗传算法包含许多参数，如种群大小、交叉概率和变异概率等，这些参数的选择对优化结果影响较大，需要经验或通过试错进行调整；在处理大规模问题时，遗传算法可能需要大量的计算资源和时间；遗传算法有时可能陷入寻找局部最优解，但无法找到全局最优解的困境。

### 1. 遗传算法的基本概念

（1）基因（Gene）：生物界中表现生物体性状特征的一种遗传因子。在遗传算法中，基因的表示方法常常采用二进制数、整数或某种字符来进行表达。

（2）染色体（Chromosome）：生物界中的生物体是表现遗传类特征的一种物质，也就是说它是基因存储的一种载体。

（3）个体（Individual）：所表现出来的是生物体带有特征的实体。在遗传算法进行遗传优化的过程中所优化的基本对象就是个体。

（4）种群（Population）：个体的集合。

（5）群体规模（Population Size）：整个种群中所有的个体数量总和。

（6）适应度（Fitness）：个体优良的参考值。

（7）编码（Coding）：DNA 中的遗传信息按某种方式陈列在一个长链上。在遗传算法中，这实际上是一个映射过程，即先验参数到遗传参数的映射。

（8）选择（Selection）：描述的是"物竞天择，适者生存"的概念。在遗传算法中，参考个体适应值进行选择的过程。

（9）复制（Reproduction）：DNA 复制。在遗传算法中，对个体进行选择时，往往会根据群体规模来进行优良个体的复制。

（10）交叉（Crossover）：杂交，是两个同源染色体在配对时，相互交换基因的过程。在遗传算法中，表示的是两个随机选择的个体进行信息互换的过程。

　　（11）变异（Mutation）：细胞在进行复制的时候，会出现很小概率的差错，使得子染色体与母染色体不同，即发生变异。在遗传算法中，变异是随机地对个体中的信息进行改变的过程。

### 2．遗传算法步骤

　　遗传算法流程图如图 10-1 所示，其详细步骤如下。

　　（1）初始化种群：随机生成一组初始解（个体）作为种群，每个个体对应问题的一个可能解。这些个体通常是随机生成的，根据问题的特性和要求，可以根据合理的策略进行初始化。

　　（2）评估适应度：对每个个体计算适应度值，衡量其在问题中的优劣程度。适应度函数可以根据优化问题的具体目标进行定义，如最小化或最大化目标函数的值。

　　（3）选择：根据适应度值，采用选择算子（如锦标赛选择等）选择优秀个体作为下一代的父代。选择算子倾向于选择适应度较高的个体，以增加其在下一代的出现概率。

　　（4）交叉：对选出的父代个体进行交叉操作（也称为杂交），通过交换或组合父代个体的基因信息，产生子代个体。交叉操作有多种方法，如单点交叉、多点交叉和均匀交叉等。

　　（5）变异：对子代个体进行变异操作，即对其基因进行随机变化。变异操作有助于引入新的基因信息，以增强解空间的探索能力。变异操作的概率通常较低，以避免过度扰乱种群。

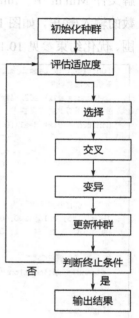

图 10-1　遗传算法流程图

　　（6）更新种群：用子代替代原始种群中的部分个体，形成新种群。新种群中的个体包含经过选择、交叉和变异操作的优秀解。

　　（7）判断终止条件：检查是否满足终止条件，如达到最大迭代次数、适应度值收敛到某个阈值或达到预定的优化目标等。如果满足终止条件，则停止优化过程，返回找到的最优解或近似最优解。

　　（8）重复执行（2）～（7），直至满足终止条件。

　　总之，遗传算法是一种强大且广泛应用的优化方法，可以用于解决各种复杂的优化问题。通过合理定义适应度函数、选择合适的遗传算子和调整算法参数，可以提升遗传算法的性能和效果。在实际应用中，根据具体问题的特点和需求，可以对遗传算法进行定制和改进，以获得更好的优化结果。

### 10.1.3　基于 SysML 模型的多学科设计优化求解

SysDeSim.Arch 软件支持在参数图中调用 MATLAB 编写的多学科设计优化 M 文件，在参数图中绑定系统模型的系统参数和约束后，调用 MATLAB 多学科设计优化算法库进行优化求解计算，返回最优化计算结果。

在 MATLAB 中新建名字为 Min.m 的多学科设计优化求解文件。在多学科设计优化求解文件 Min.m 中"function"和"end"之间编写多学科设计优化求解的算法，并定义好参数的输入/输出，如图 10-2 所示，把滑翔炸弹质量最小作为优化目标函数，优化变量及其范围、优化约束参见 10.1.1 节。图 10-2 中仅截取展示了部分代码，完整代码请参考本书附件。

```matlab
function [TM, Length_m, Diameter_m, Length_w, Aspect_ratio, Diameter_c, Thickness_c, Length_c, Length_at, Wingspan_c
% 定义目标函数
objFunc = @(x) 202.849*(x(1)^0.64)*(x(2)*1.77)+33.0752*(x(3)^2.04)/(x(4)^0.66)+10466*(x(5)^2)*x(6)+8666*x(8
% 定义不等式约束条件
nonlcon = @(x) deal([0.882*x(5)/x(4) - 300;      % 不等式约束 1: 0.882*x(5)/x(4) <= 300
                   50 - 5233*x(5)^2 - 8666*x(5)*x(6)*x(7);    % 不等式约束 2: 5233*x(5)^2 + 8666*x(5)*x(6
                   400 - 247.24*x(5)^3 - 1112.3*x(7)*x(5)^2;    % 不等式约束 3: 247.24*x(5)^3 + 1112.3*x(
                   (88.3*x(5)+397.25*x(7))/(47.2*x(5)+212.5*x(8))-2.5;    % 不等式约束 4: (88.3*x(5)+397.
                   (x(3)^2)/x(4) - 1], []);    % 不等式约束 5: (x(3)^2)/x(4) >= 1

% 定义优化变量的上下界
lb = [1.5; 0.15; 200; 0.5; 0.1; 0; 1; 0.5; 0.1; 0.5; 20; 400; 100];    % 优化变量的下界
ub = [3; 0.2; 340; 1; 0.15; 0.1; 2; 1.5; 0.15; 1.5; 40; 500; 400];    % 优化变量的上界

% 设置遗传算法参数
options = optimoptions('ga', 'Display', 'iter', 'PopulationSize', 100, 'MaxGenerations', 200, 'PlotFcn', @g

% 运行遗传算法
[x, fval, exitflag, output] = ga(objFunc, 13, [], [], [], [], lb, ub, nonlcon, options);

% 输出结果
if exitflag == 1
    disp('优化成功!');
    disp(['优化目标函数的最小值: ', num2str(fval)]);
    disp('最优解:');
    disp(x);
```

图 10-2　多学科综合优化求解的算法

如图 10-3 所示，通过优化求解将优化目标函数的最小值返回给 TM，将 13 个优化变量的最优解返回给 13 个参数。将 M 文件保存命名为"Min.m"（注意：M 文件命名应与函数名一致）。

如图 10-4 所示，定义滑翔炸弹系统及其各子系统的参数，以及参数的范围，即优化变量的范围。

```
TM=num2str(fval)
Length_m=x(1);
Diameter_m=x(2);
Length_w=x(3);
Aspect_ratio=x(4);
Diameter_c=x(5);
Thickness_c=x(6);
Length_c=x(7);
Length_at=x(8);
Wingspan_chord=x(9);
Wing_root=x(10);
Sweep_angle=x(11);
Root_chord=x(12);
Slightly_chord=x(13);
```

图 10-3　将优化结果赋值给函数的输出

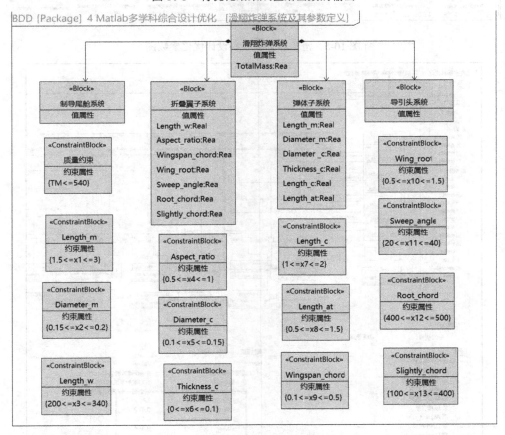

图 10-4　滑翔炸弹子系统及其优化变量的定义

　　如图 10-5 所示，将多学科设计优化求解的 M 文件拖到滑翔炸弹多学科设计优化的参数图里，根据该 M 文件的输入和输出自动生成约束模块并生成约束参数。将约束参数绑定在子系统相对应的值属性上，完成优化建模。

　　如图 10-6 所示，在图工具栏上单击"运行仿真"按钮，则软件会自动调用多学科设计优化求解的 M 文件进行优化求解计算，并返回优化求解结果。

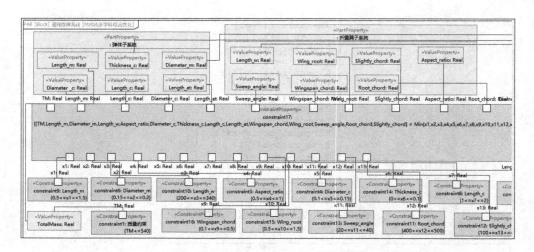

图 10-5　滑翔炸弹多学科设计优化参数图

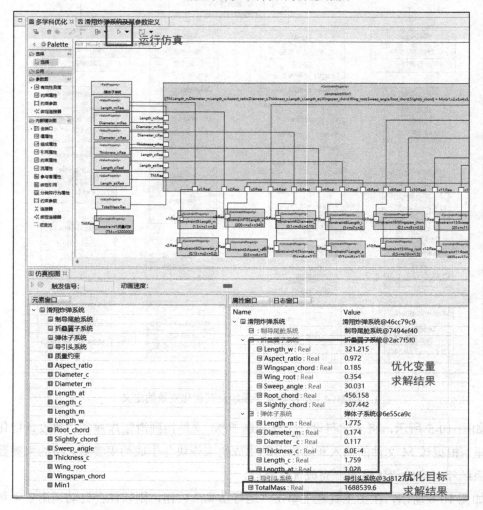

图 10-6　滑翔炸弹多学科设计优化结果

优化结果在图 10-6 中的"属性窗口"中展示，从"属性窗口"中可以看到 13 个优化变量的最优解和优化目标的最优值。优化仿真的结果在"属性窗口"显示后，还需要将仿真结果输出到实例，并将实例生成实例表，具体操作如下。

　　右击"4 多学科综合设计优化"包，在快捷菜单中选择"创建元素"选项，选择创建 package 元素后命名为"仿真结果"，如图 10-7 所示。

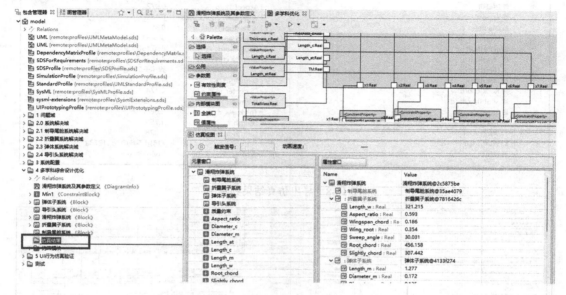

图 10-7　创建"仿真结果"包

　　右击图 10-7 下方"仿真视图"区域中"属性窗口"内的"滑翔炸弹系统"按钮，在快捷菜单中选择"导出到实例"选项，如图 10-8 所示。在弹出的窗口中找到并选中上一步所创建的"4 多学科综合设计优化"包中的"仿真结果"，如图 10-9 所示，在"仿真结果"包中导出了刚才运行的优化仿真结果的实例。

　　右击"4 多学科综合设计优化"包，在快捷菜单中选择"创建图"选项，选择创建"实例表"并命名为"仿真结果实例表"。在"分类器"中选中并添加"4 多学科综合设计优化"中的"滑翔炸弹系统"模块、"折叠翼子系统"模块、"弹体子系统"模块、"引导头系统"模块和"制导尾舱系统"模块，在"范围"中选中并添加"仿真结果"包中的所有实例，即可自动生成仿真结果的实例表，如图 10-10 所示。

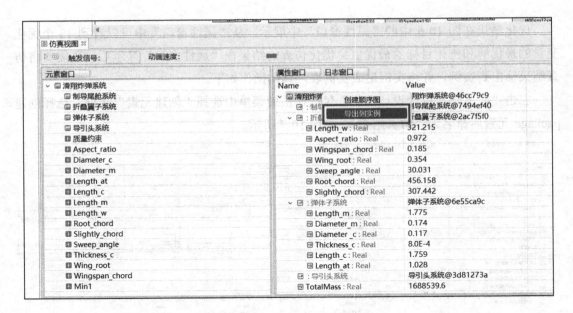

图 10-8　导出仿真结果到实例

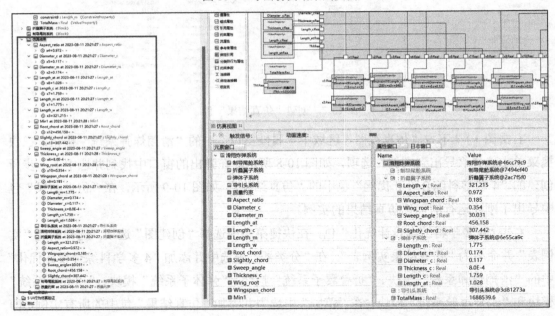

图 10-9　仿真结果实例

优化结果在图 10-10 所示的仿真结果实例表中展示，从实例表中可以看到 13 个优化变量的最优解和优化目标的最优值。滑翔炸弹的总质量是炸弹性能的一个重要指标，不仅关系到研制成本，还对滑翔炸弹的飞行性能等有重要影响。因此，在系统概念设计阶段通过优化手段可以有效提高复杂产品的研制质量和研制效率。

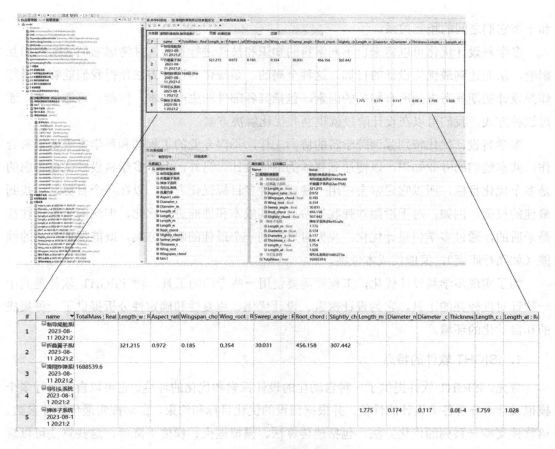

| # | name | TotalMass : Real | Length w : R | Aspect rati | Wingspan cho | Wing root : R | Sweep angle : F | Root chord : | Slightly ch | Length m | Diameter n | Diameter c | Thickness | Length c : | Length at : R |
|---|------|------------------|--------------|-------------|--------------|---------------|-----------------|--------------|-------------|----------|------------|------------|-----------|------------|----------------|
| 1 | 制导尾舱系 2023-08-11 20:21:2 | | | | | | | | | | | | | | |
| 2 | 折叠翼子系 2023-08-11 20:21:2 | | 321.215 | 0.972 | 0.185 | 0.354 | 30.031 | 456.158 | 307.442 | | | | | | |
| 3 | 滑翔炸弹系 2023-08-11 20:21:2 | 1688539.6 | | | | | | | | | | | | | |
| 4 | 号引头系统 2023-08-1 1 20:21:2 | | | | | | | | | | | | | | |
| 5 | 弹体子系统 2023-08-1 1 20:21:2 | | | | | | | | | 1.775 | 0.174 | 0.117 | 8.0E-4 | 1.759 | 1.028 |

图 10-10　仿真结果实例表

## 10.2　基于多学科设计优化工具的优化求解

### 10.2.1　多学科设计优化工具简介

在现实的工程设计问题中，不同学科、不同子系统之间的高度耦合是很常见的。例如，在飞机系统设计中，气动系统将载荷传给结构系统，这些载荷导致结构变形并反馈回气动系统，然而，载荷也是结构变形的函数，因此对每种设计方案的评估都需要在这两个系统之间进行迭代。一个结构系统性能最好的设计方案未必会满足气动系统的要求，反之亦然，因此，不同设计目标之间存在着冲突。类似的关系在控制系统与结构系统，控制系统与气动系统之间也存在。这种不同学科设计目标之间的冲突问题，以及设计方案的权衡问题通常是在会议室里解决的，这里，不同学科的代表陈述他们的方案，并声明为什么他们的要求应该是整个系统设计的原始驱动力。这种过程不仅耗时、低效，而且常常导致折中设计，而不是优化设计。为解决这些问题，有必要对不同工程或科学规律进行有效集成，以获知和平衡它们之间的相互关系。

多学科设计优化可以将来自不同学科的知识和技能进行整合，并考虑它们之间的相互影响，从而达到最优化设计的目标。这种全局的、系统化的设计方法使得我们能够在滑翔炸弹设计初期就考虑到所有相关的因素，包括其各部件的生产成本、性能、可靠性等。通过这种方式，我们可以在设计阶段就识别并优化解决方案。

多学科设计优化特别强调跨学科的协同工作，不同专业的工程师和科学家需要紧密合作，共享他们的专业知识，以便达到整体的最优设计。另外，由于多学科设计优化考虑的是多个优化目标，所以它通常会使用一种或多种多目标优化方法，以在各个目标之间找到最佳的权衡。例如，对于滑翔炸弹我们希望对其成本和性能进行优化，但这两个目标往往是矛盾的，通过多学科设计优化，我们可以找到一个最佳的解决方案，既能保证产品的性能（如飞行距离），又能使成本低廉。

为了实现多学科设计优化，工程师需要使用一些专门的工具，而 iSIGHT 软件是其中一款针对性较强的工具，它为设计探索、设计优化、重复性和确定性分析提供了一种集成的和自动化的环境。

### 1. iSIGHT 软件的特点

首先，iSIGHT 软件提供了一种自动化的设计探索和优化的环境。它可以自动运行多个模拟设计，分析各个设计的性能，并根据预设的优化目标和约束，自动搜索最优设计参数。该软件支持一系列的优化方法，包括遗传算法、模拟退火、梯度下降等，这些算法可以解决各种复杂的优化问题。

其次，iSIGHT 软件还提供了一种自动化的重复性和确定性分析环境。这些分析对于理解系统的稳定性和可靠性至关重要。例如，我们可以通过这些分析来了解设计在面对不同的输入参数时，其输出会发生怎样的变化，这对于评估设计的性能是非常重要的。

再次，iSIGHT 软件还提供了跨学科模型集成的功能。这个功能使得工程师可以将来自不同学科的模型集成到一个统一的工作环境中，这大大简化了跨学科的设计和优化工作。在该软件的环境中，工程师可以方便地使用各种工具和方法进行设计和优化，而不需要在不同的软件和环境之间进行切换。

最后，iSIGHT 软件还提供了丰富的可视化工具和报告生成工具。这些工具可以帮助工程师更好地理解优化结果，也使得他们可以更方便地与其他人共享他们的发现。例如，工程师可以通过该软件生成的图表和报告，直观地了解设计的性能，以及各个设计参数对性能的影响。

总的来说，该软件为工程设计提供了较为专业的多学科优化环境，不仅提高了设计的效率，还提高了设计的质量。

## 2．iSIGHT 软件的功能

iSIGHT 软件主要有以下功能。

（1）过程集成（Process Integration）：完整的设计综合环境。

- 多学科代码集成+流程自动化。
- 层次化、嵌套式任务组织管理。
- 实时监控+后处理。
- 脚本语言+API 定制+MDOL 语言二次开发。

（2）设计优化（Design Optimization）：先进的探索工具包。

- 试验设计+数学规划+近似建模+质量设计。
- 知识规则系统+多准则权衡。
- 开放架构：第三方（优化/试验）算法嵌入、多学科设计优化策略研究和实现。

（3）网络功能。

- 并行计算+分布计算服务。
- 远程部署和调用。
- CORBA 调用。

······

iSIGHT 软件是一个开放的、基于图形用户界面的体系结构，其内部体系结构图如图 10-11 所示。

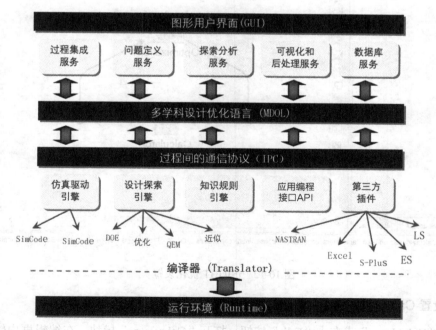

图 10-11  iSIGHT 内部体系结构图

### 10.2.2　基于多学科设计优化工具的优化建模实例

iSIGHT 软件可集成 MATLAB、Abaqus、Adams 等仿真软件，在此我们不集成其他软件，在软件内建模仿真实现滑翔炸弹的优化实例。

#### 1．创建优化框架

如图 10-12 所示，在软件界面中选中"Process Components"选项卡，拖动 Optimization1 到 Task1 处。在"Application Components"选项卡中，拖动 Calculator 到 Begin 至 End 的数据流线上，以便后续参数设置。

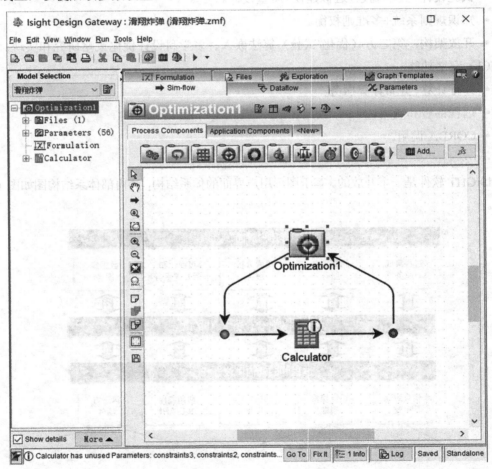

图 10-12　iSIGHT 优化设置

#### 2．设置 Calculator 属性

双击"Calculator"或右击"Edit"按钮，打开"Calculator"模块，在编辑框内输入目标函数及不等式约束，如图 10-13 所示。

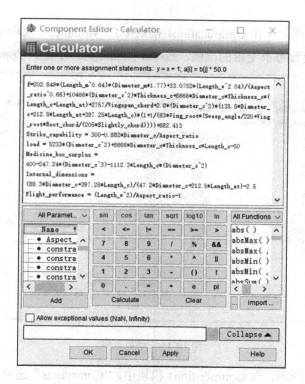

图 10-13　设置目标函数及不等式约束

### 3. 设置 Optimization1 模块属性

（1）如图 10-14 所示，在 Optimization1 模块中，"General"选项卡可选择我们使用的多学科设计优化算法，注意区分单目标优化及多目标优化。在页面的右边文本框中，我们可以看到对选择的优化算法的内容、原理、优缺点、应用场合等的介绍。

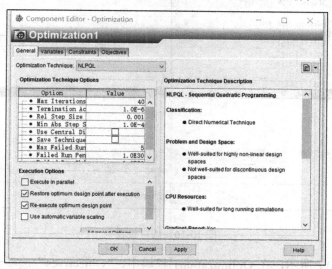

图 10-14　优化算法选择

（2）如图 10-15 所示，在 Optimization1 模块中，"Variables"选项卡页可选择我们设置的变量，在后方可设置每个变量的范围，Lower Bound 为最小值，Upper Bound 为最大值。

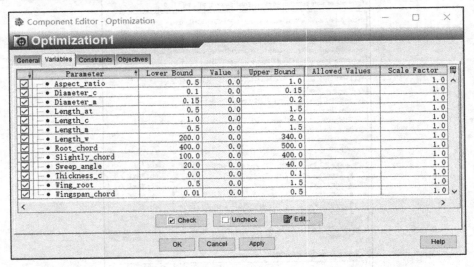

图 10-15　变量设置

（3）如图 10-16 所示，在 Optimization1 模块中，"Constraints"选项卡可选择我们设置的变量，同样在后方可设置每个变量的范围，Lower Bound 为最小值，Upper Bound 为最大值。

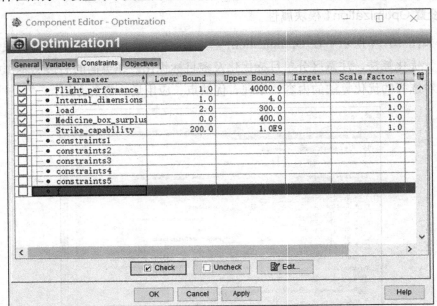

图 10-16　约束设置

（4）如图 10-17 所示，在 Optimization1 模块中，"Objectives"选项卡可选择我们设置的输出，同样在后方可设置输出的希望值，如最大值或最小值。

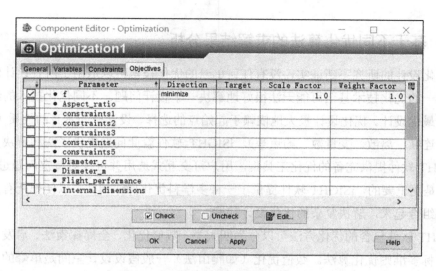

图 10-17　输出设置

## 4．运行仿真

如图 10-18 所示，将算法、参数及约束设置完毕后，单击主界面的运行按钮进行仿真。

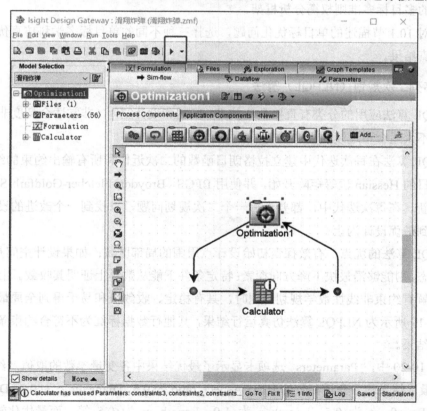

图 10-18　运行仿真

### 10.2.3　基于不同优化算法的求解结果分析

对优化设计的研究不断证实，没有任何单一的优化技术可以适用于所有设计问题。实际上，单一的优化技术甚至可能无法很好地解决一个设计问题。不同优化技术的组合最有可能发现最优设计。优化设计极大地依赖于起始点的选择、设计空间本身的性质（如线形、非线形、连续、离散、变量数、约束等）。iSIGHT 软件就此问题提供了两种解决方案。其一，iSIGHT 软件提供完备的优化工具集，用户可交互式选用并可针对特定问题进行定制。其二，也是更重要的，iSIGHT 软件提供了一种多学科优化操作模式，以便把所有的优化算法有机地组合起来，解决复杂的优化设计问题。

iSIGHT 软件包含的优化方法可以分为四大类：数值优化、全局探索法、启发式优化算法和多目标多准则优化算法。数值优化（如爬山法）一般假设设计空间是单峰的、凸起的和连续的，本质上是一种局部优化技术。全局探索法则避免了局限于局部区域，一般通过评估整个设计空间的设计点来寻找全局最优。启发式优化算法按用户定义的参数特性和交叉影响方向寻找最优方案。多目标多准则优化算法需要权衡，iSIGHT 软件正是提供了一种易于使用的多目标多准则权衡分析框架。

在此对 10.1 节描述的单目标优化问题，选择三种不同的单目标多学科仿真优化算法，分析其仿真结果。

#### 1．序列二次规划（NLPQL）算法

NLPQL 算法应用的分类有直接数值技术、问题和设计空间（非常适合高度非线性的设计空间，不太适合不连续的设计空间）。

NLPQL 算法在每次迭代中建立拉格朗日函数的二次近似和所有输出约束的线性近似，从拉格朗日的 Hessian 恒等矩阵开始，并使用 BFGS（Broydon-Fletcher-Goldfarb-Shanno）方法逐步更新。在每次迭代中，都要求解一个二次规划问题，以找到一个改进的设计，直到最终收敛到最优设计为止。

NLPQL 算法的优点：有效探索初始设计点周围的局部区域；如果设计空间是连续的、单峰的形态，则能够沿最快下降方向探索；特定条件下能从数学上证明其收敛。因此 NLPQL 算法在求解有约束非线性数学规划问题时，具有稳定、收敛快和易于得到全局最优解等优点。图 10-19 所示为 NLPQL 算法仿真运行结果，其他行数据标红为不符合约束条件及变量上下限的结果。

在图 10-20 中，"Parameters" 选项卡显示了最优结果中各变量参数的取值及约束值。由此可见，最优结果的各变量参数的取值：Aspect_ratio 为 0.5，Diameter_c 为 0.1，Diameter_m 为 0.15，Length_at 为 0.5，Length_c 为 1.0，Length_m 为 0.5 等。而最优化输出为 f＝2860582.2177781607。

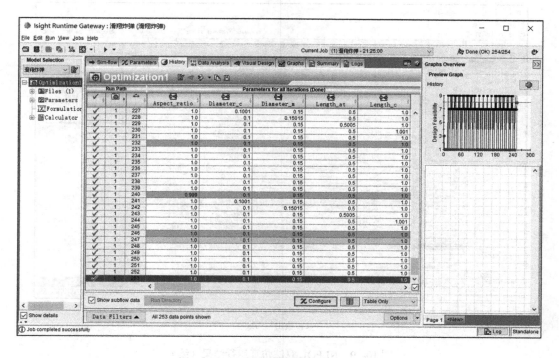

（a）优化变量

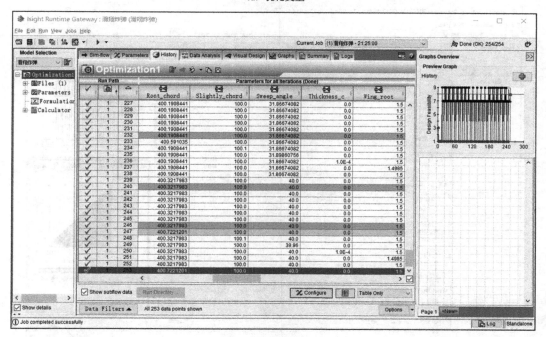

（b）耦合变量

图 10-19　NLPQL 算法仿真运行结果

基于 MBSE 的复杂装备系统设计——理论与实践

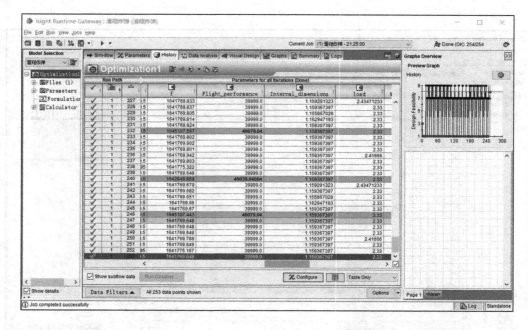

（c）输出与约束

图 10-19　NLPQL 算法仿真运行结果（续）

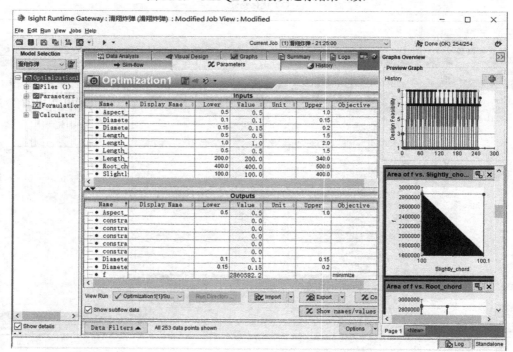

图 10-20　NLPQL 算法仿真运行参数值

图 10-21 所示为 NLPQL 算法仿真运行日志，可从中读取该仿真过程的各种信息。

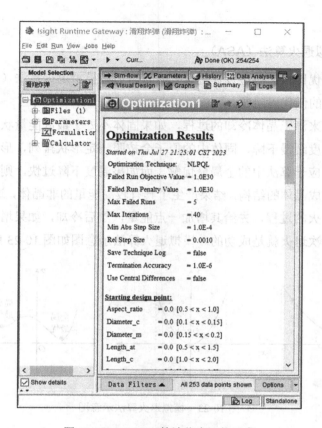

图 10-21　NLPQL 算法仿真运行日志

在图 10-22 中，以各变量参数为横轴，以优化目标结果为纵轴，建立各面积坐标图，以便清晰直观地看出各变量参数与优化目标结果的关系。

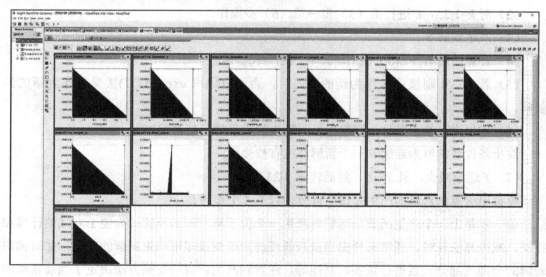

图 10-22　NLPQL 算法各变量参数与优化目标结果的关系

### 2. 自适应模拟退火算法（ASA）

当发现全局最优比快速改进设计更重要时，自适应模拟退火算法（ASA）非常适合解决具有高度非线性的低代码问题。

模拟退火算法来源于晶体冷却的过程，如果固体不处于最低能量状态，那么给固体加热再冷却，随着温度缓慢下降，固体中的原子会按照一定形状排列，形成高密度、低能量的有规则晶体，对应于算法中的全局最优解。而如果温度下降过快，则可能导致原子缺少足够的时间来排列成晶体的结构，结果产生了具有较高能量的非晶体，这就是局部最优解。因此，可以根据退火的过程，先给其增加一点能量，然后冷却，如果增加能量，跳出了局部最优解，那么这次退火就是成功的。模拟退火算法示意图如图 10-23 所示。

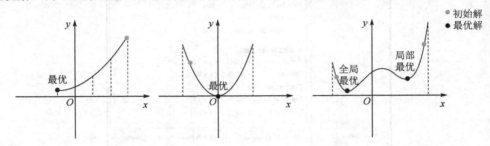

图 10-23　模拟退火算法示意图

模拟退火算法的主要流程如下。

（1）初始化：初始温度 $T$（充分大），初始解状态 $S$（算法迭代的起点），每个 $T$ 值的迭代次数 $L$。

（2）对 $k=1,2,\cdots,L$ 进行第（3）步～第（6）步操作。

（3）产生新解 $S'$。

（4）计算增量 $\Delta T=C(S')-C(S)$，其中 $C(S)$ 为代价函数。

（5）若 $\Delta T<0$ 则接受 $S'$ 作为新的当前解，否则以概率 $\exp(-\Delta T/T)$ 接受 $S'$ 作为新的当前解。

（6）如果满足终止条件，则输出当前解作为最优解，结束程序。

终止条件通常取为连续若干个新解都没有被接受。

（7）$T$ 逐渐减少，且 $T\rightarrow 0$，然后转第（2）步。

模拟退火算法新解的产生和接受可分为以下 4 个步骤。

第一步是由一个产生函数从当前解产生一个位于解空间的新解；为便于后续的计算和接受，减少算法耗时，通常选择由当前新解经过简单变换即可产生新解的方法，如对构成新解的全部或部分元素进行置换、互换等，注意到产生新解的变换方法决定了当前新解的邻域结构，因而对冷却进度表的选取有一定的影响。

第二步是计算与新解所对应的目标函数差。因为目标函数差仅由变换部分产生，所以目标函数差的计算最好按增量计算。事实表明，对大多数应用而言，这是计算目标函数差的最快方法。

第三步是判断新解是否被接受，判断的依据是一个接受准则，最常用的接受准则是 Metropolis 准则：若 $\Delta T<0$，则接受 $S'$ 作为新的当前解 $S$，否则以概率 $\exp(-\Delta T/T)$ 接受 $S'$ 作为新的当前解 $S$。

第四步是当新解被确定接受时，用新解代替当前解，这只需要将当前解中对应产生新解时的变换部分予以实现，同时修正目标函数值即可。此时，当前解实现了一次迭代。可在此基础上开始下一轮试验。而当新解被判定为舍弃时，则在原当前解的基础上继续下一轮试验。

模拟退火算法与初始值无关，算法求得的解与初始解状态 $S$（算法迭代的起点）无关；模拟退火算法具有渐近收敛性，已在理论上被证明是一种以概率 1 收敛于全局最优解的全局优化算法；模拟退火算法具有并行性。

ASA 是一种基于模拟退火技术的优化算法，它模拟了固体物质受热时的物理过程，并以此为基础逐步优化设计。该算法具有全局搜索能力和对非线性问题的适应性，可以广泛应用于优化设计领域。ASA 仿真运行结果如图 10-24 所示。

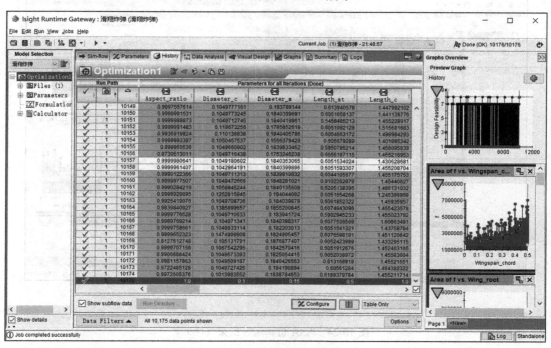

（a）输入变量

图 10-24　ASA 仿真运行结果

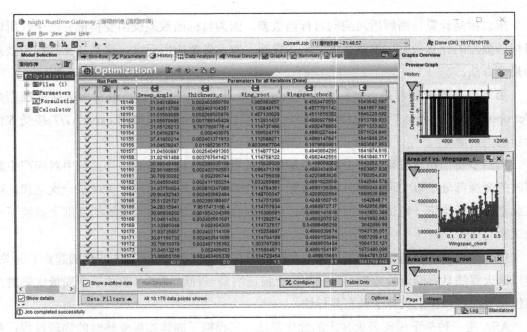

（b）耦合变量

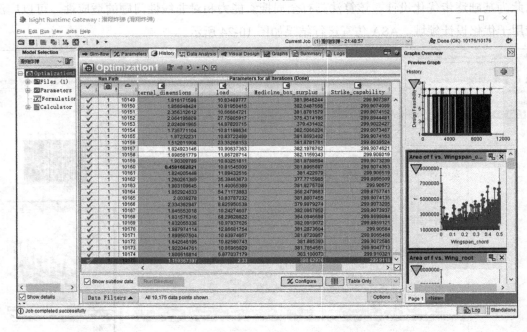

（c）输出变量

图 10-24　ASA 仿真运行结果（续）

在图 10-25 中，"Parameters"选项卡显示了最优结果中各变量参数的取值及约束值。由此可见，最优结果的各变量参数的取值：Aspect_ratio 为 1.0，Diameter_c 为 0.1，Diameter_m 为 0.15，Length_at 为 0.5，Length_c 为 1.0，Length_m 为 0.5 等。而最优化输出为 f＝1641769.6。

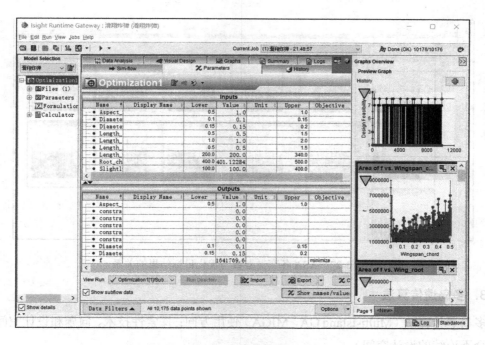

图 10-25　ASA 仿真运行参数值

图 10-26 所示为 ASA 仿真运行日志，可从中读取该仿真过程的各种信息。

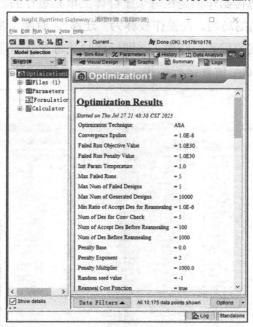

图 10-26　ASA 仿真运行日志

在图 10-27 中，以各变量参数为横轴，以优化目标结果为纵轴，建立各面积坐标图，以便清晰直观地看出各变量参数与优化目标结果的关系。

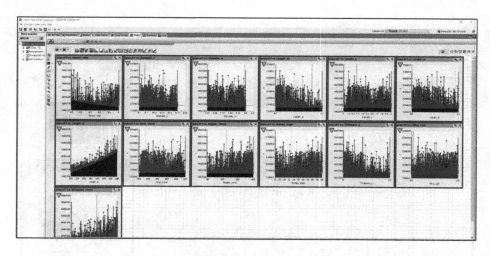

图 10-27　ASA 各变量参数与优化目标结果的关系

### 3. 多岛遗传算法

多岛遗传算法（Multi-Island GA，MIGA）使用方向：探索性技术、问题和设计空间（非常适合不连续的设计空间）。

多岛遗传算法与传统遗传算法的区别在于，每个群体都被划分为几个被称为"岛屿"的子群体。所有传统的遗传操作都是在每个子群体上单独进行的。从每个岛屿中选择一些个体，并定期迁移到不同的岛屿。此操作被称为"迁移"。有两个参数控制着迁移过程：迁移间隔，即每次迁移之间的代数；迁移率，即迁移时从每个岛屿迁移的个体的百分比。

图 10-28 所示为 MIGA 仿真运行结果。

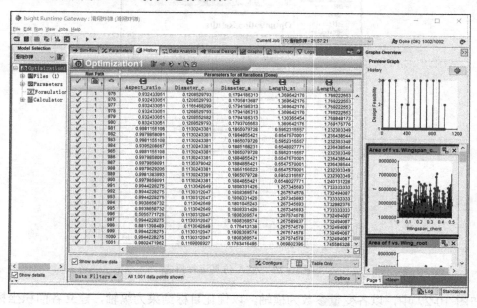

图 10-28　MIGA 仿真运行结果

在图 10-29 中，"Parameters"选项卡显示了最优结果中各变量参数的取值及约束值。由此可见，最优结果的各变量参数的取值：Aspect_ratio 约为 0.980，Diameter_c 约为 0.117，Diameter_m 约为 0.176，Length_at 约为 1.070，Length_c 约为 1.746，Length_m 约为 0.758等。而最优化输出为 f=1687240.9。

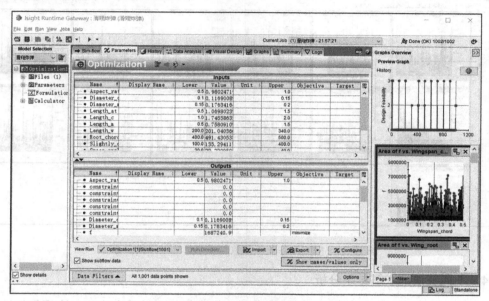

图 10-29　MIGA 仿真运行参数值

图 10-30 所示为 MIGA 仿真运行日志，可从中读取该仿真过程的各种信息。

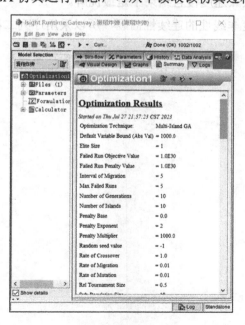

图 10-30　MIGA 仿真运行日志

在图 10-31 中，以各变量参数为横轴，以优化目标结果为纵轴，建立各面积坐标图，以便清晰直观地看出各变量参数与优化目标结果的关系。

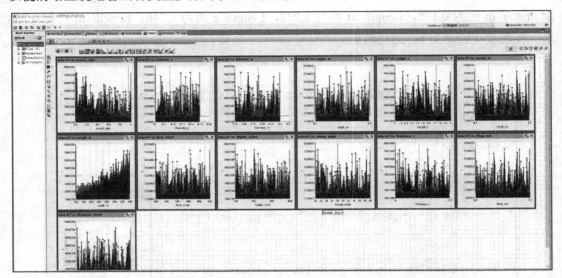

图 10-31　MIGA 各变量参数与优化目标结果的关系

### 4．不同算法的求解结果分析

通过对上述各图中显示的不同算法的求解结果分析，可以看出序列二次规划算法收敛速度最快，得到的优化结果最好；自适应模拟退火算法收敛速度较快，但优化结果为局部最优解；多岛遗传算法收敛速度慢且结果不是最优解。

本节实例问题为高度非线性的连续性问题，所以采用序列二次规划算法进行优化求解的效果最优。

# 第**11**章

# 与系统模型结合的需求管理工具应用

本章以滑翔炸弹需求管理为例，使用需求管理软件完成对滑翔炸弹的需求获取与管理。需求管理部分以滑翔炸弹的用户需求和系统需求作为关注点，重点演示了用户需求与系统建模软件的同步和获取、基于"五值"的指标体系的构建、用户需求与系统需求的追溯关系建立、需求变更与基线管理等与需求管理相关的操作流程，实现了对复杂产品需求的有效收集、分析和跟踪，并确保需求的一致性和完整性。

## 11.1 需求表达

### 11.1.1 需求条目编写

#### 1. 需求管理软件界面

以下是需求管理软件的交互界面。图 11-1 所示为项目文件夹的操作界面，包括左侧树结构、工具栏、数据列表和操作栏。图 11-2 所示为项目文件的操作界面，包括左侧树结构、菜单栏和操作栏。

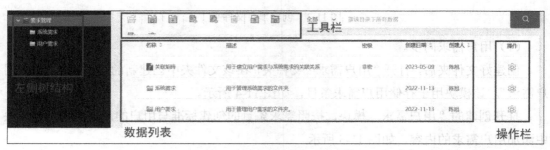

图 11-1　项目文件夹的操作界面

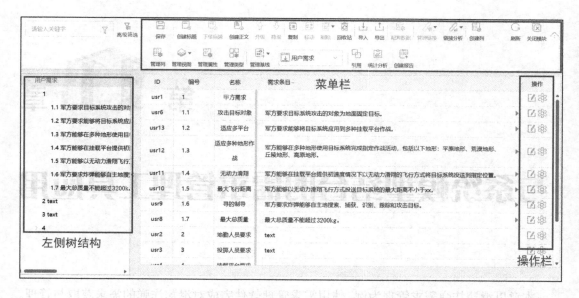

图 11-2　项目文件的操作界面

## 2. 需求管理软件与 Arch 软件集成

需求管理软件与 Arch 软件能够集成，以实现用户需求和系统需求在两个软件间的同步。要实现需求在两个软件间的同步，首先需要在需求软件中创建两个文件夹：用户需求与系统需求，如图 11-3 所示。

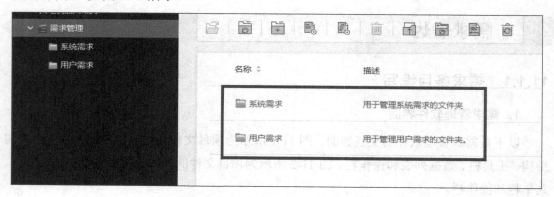

图 11-3　创建项目文件夹

（1）用户需求同步。

创建好文件夹后，打开"用户需求"文件夹，在该文件夹中创建新的模块，命名为"用户需求"。该模块用于存储用户需求条目，如图 11-4 所示。

打开创建的"用户需求"模块，按照需求条目的创建标准与用户的需求内容，在模块中添加用户需求的内容，如图 11-5 所示。

图 11-4　创建"用户需求"模块

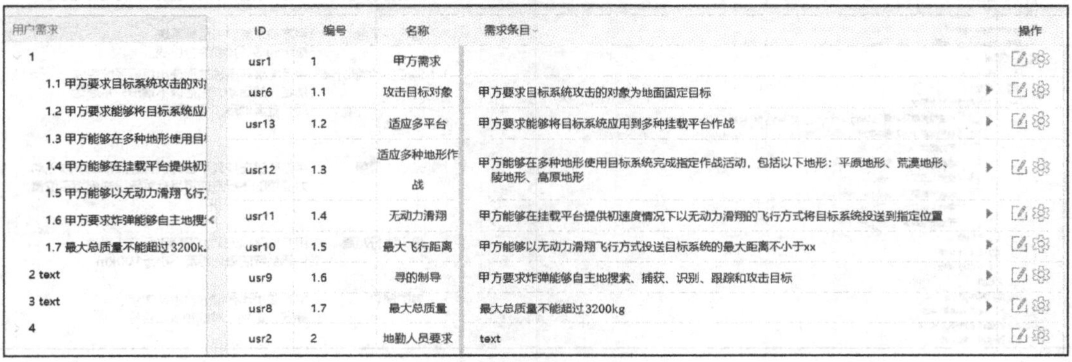

| 用户需求 | ID | 编号 | 名称 | 需求条目 | | 操作 |
| --- | --- | --- | --- | --- | --- | --- |
| 1 | usr1 | 1 | 甲方需求 | | ▶ | |
| 1.1 甲方要求目标系统攻击的对 | usr6 | 1.1 | 攻击目标对象 | 甲方要求目标系统攻击的对象为地面固定目标 | ▶ | |
| 1.2 甲方要求能够将目标系统应 | usr13 | 1.2 | 适应多平台 | 甲方要求能够将目标系统应用到多种挂载平台作战 | ▶ | |
| 1.3 甲方能够在多种地形使用目 | usr12 | 1.3 | 适应多种地形作战 | 甲方能够在多种地形使用目标系统完成指定作战活动，包括以下地形：平原地形、荒漠地形、丘陵地形、高原地形 | ▶ | |
| 1.4 甲方能够在挂载平台提供初速行 | usr11 | 1.4 | 无动力滑翔 | 甲方能够在挂载平台提供初速度情况下以无动力滑翔的飞行方式将目标系统投送到指定位置 | ▶ | |
| 1.5 甲方要求以无动力滑翔飞行 | usr10 | 1.5 | 最大飞行距离 | 甲方能够以无动力滑翔飞行方式投送目标系统的最大距离不小于xx | ▶ | |
| 1.6 甲方要求炸弹能够自主地搜 | usr9 | 1.6 | 寻的制导 | 甲方要求炸弹能够自主地搜索、捕获、识别、跟踪和攻击目标 | ▶ | |
| 1.7 最大总质量不能超过3200k | usr8 | 1.7 | 最大总质量 | 最大总质量不能超过3200kg | ▶ | |
| 2 text | usr2 | 2 | 地勤人员要求 | text | | |
| 3 text | | | | | | |
| 4 | | | | | | |

图 11-5　用户需求内容示例

完成"用户需求"模块的创建后，需要把用户需求同步到 Arch 软件。首先需要完成需求管理软件与 Arch 软件的集成。在 Arch 软件的工具栏中找到"操作"选项，并选择"环境配置项"选项，在"需求系统"中添加环境配置，如图 11-6 所示。

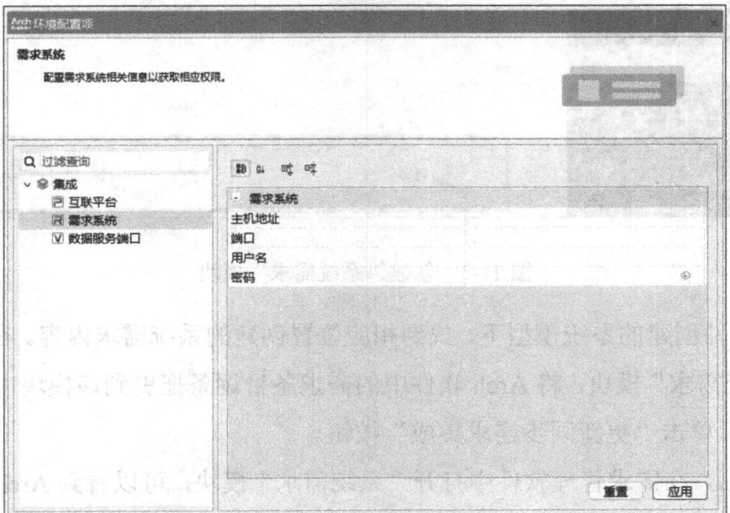

图 11-6　集成环境配置窗口

　　配置好环境后，在 Arch 软件工具栏中选择"集成"选项，单击"需求集成"按钮即可打开需求集成界面。在需求集成界面中打开"用户需求"文件夹中的"用户需求"模块，即可看到在需求管理软件中创建的用户需求的条目内容。将用户需求条目逐条拖入所建系统模型的相应位置，即可实现用户需求的同步，如图 11-7 所示。

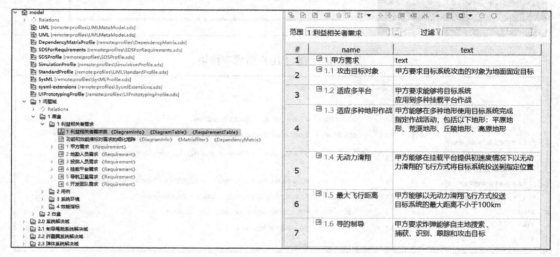

图 11-7　用户需求同步至 Arch 软件示例

（2）系统需求同步。

　　首先，在创建好的"系统需求"文件夹中，创建"系统需求"模块，如图 11-8 所示，此时该模块中的内容为空。

图 11-8　创建"系统需求"模块

　　在 Arch 软件创建的系统模型下，找到相应位置创建的系统需求内容。在需求集成界面中，选中"系统需求"模块，将 Arch 软件中的需求条目逐条拖曳到该模块中，如图 11-9 所示，全部完成后单击"更新同步需求集成"按钮。

　　同步完成后，在需求管理软件中打开"系统需求"模块，可以看到 Arch 软件中的系统需求内容已经全部同步到了需求管理软件中，如图 11-10 所示。至此，实现了需求管理软件中的需求条目编写及与 Arch 软件的需求同步功能。

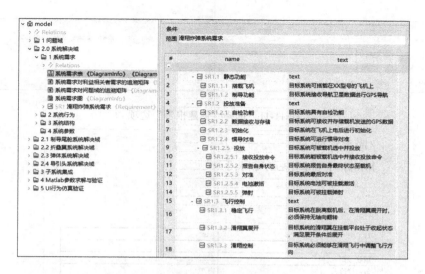

图 11-9　Arch 软件中的系统需求同步

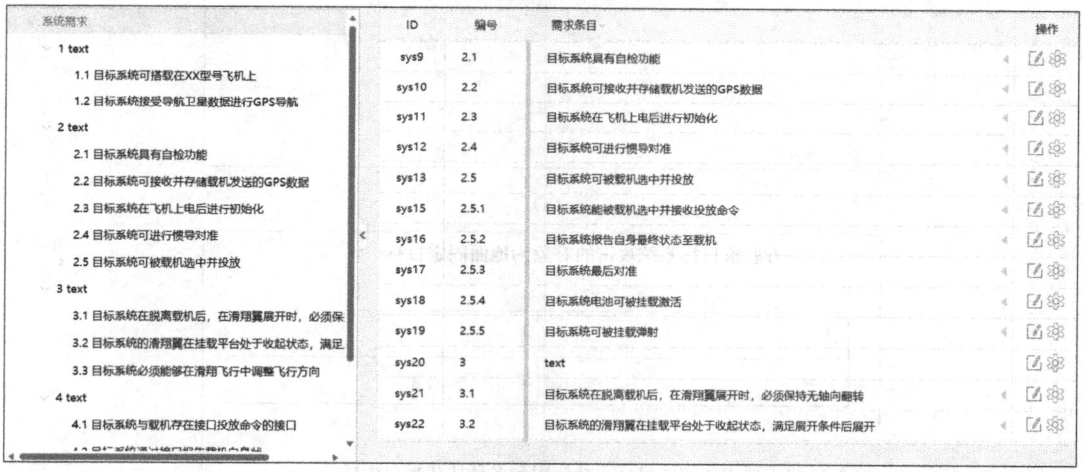

图 11-10　系统需求同步至需求管理软件

## 11.1.2　需求文档生成

### 1. 需求文档创建

单击"关闭模块"旁的扩展箭头，选择"创建报告"选项，如图 11-11 所示。在"创建报告"窗口选择视图后，单击"下一步"按钮，选择创建报告所使用的模板（该模板是生成文档的报告模板，由系统管理员创建），单击"下一步"按钮，输入创建报告的名称，单击"创建"按钮。如果不勾选"下载至本地"复选框，则在项目文件夹"管理报告"中可再次进行下载。

创建的用户需求文档如图 11-12 所示，该图中的报告模板使用的是系统默认的基础模板，如果需要使用定制化模板，则需要由系统管理员创建特定报告模板才可使用。

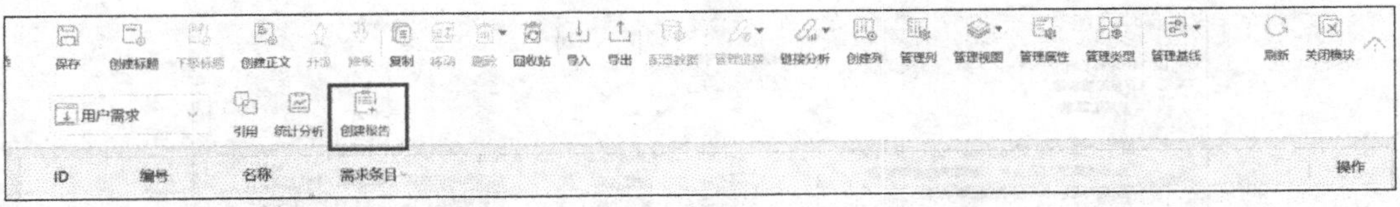

图 11-11　选择"创建报告"选项

## /需求管理

### 用户需求[/需求管理用户需求/]

　　用于存储用户需求条目。

| ID 前缀 | usr |
|---|---|
| 创建人 | 陈旭 |
| 创建日期 | 2022-11-13 |
| 最后修改人 | 陈旭 |
| 最后修改日期 | 2022-12-08 |

版本：当前版本

（a）

▪1.1　甲方要求目标系统攻击的对象为地面固定目标。

| ID | 6 |
|---|---|
| 名称 | 攻击目标对象 |

▪1.2　甲方要求能够将目标系统应用到多种挂载平台作战。

| ID | 13 |
|---|---|
| 名称 | 适应多平台 |

▪1.3　甲方能够在多种地形使用目标系统完成指定作战活动,包括以下
　　　地形：平原地形、荒漠地形、丘陵地形、高原地形。

| ID | 12 |
|---|---|

（b）

图 11-12　创建的用户需求文档

**2. 需求文档管理**

选择项目文件夹操作栏"管理报告"选项，在管理报告窗口勾选相应报告复选框，单击"下载"或"删除"按钮，如图 11-13 所示。

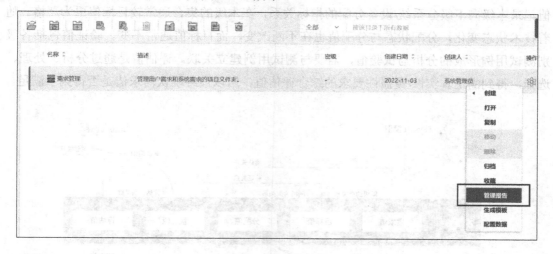

（a）

（b）

图 11-13　需求文档管理

## 11.1.3　基于"五值"的指标体系

**1. 基本概念**

随着设计过程的逐步深入，每项指标都要求包括需求值、目标值、分配值、验证值和评估值，如图 11-14 所示。在 SysML 模型中，可以使用元素 ValueProperty 表达指标，使用元素 Requirement 表达需求。

需求值是外部用户或上级向本级输入的要求值，也是最后用以确认是否满足要求的标准。目标值作为设计方案的目标输入，通常依据需求值确定，且较需求值更为严格。分配值记录本级向下级分系统/设备分配的指标关系，在本级的集合通常较目标值更为严格。随着技术状态变化，分配状态与分配值也在不断改变，而目标值通常不变。验证值包括各级别测试用例形成的分析与试验值，需要与测试用例建立关联。评估值是通过分析、处理、选择，得到满足真实性/覆盖性要求的综合评估值，用以最终确认需求值是否得到了满足。

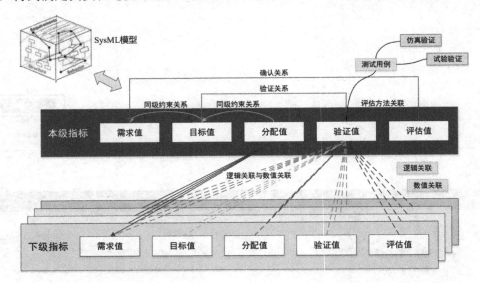

图 11-14　基于"五值"的指标体系模型构建技术

在指标体系中，除了存储指标的五类值，还应存储指标间的五种关系。第一种关系是同一指标的同级约束关系。例如，目标值应较需求值更为严格、分配值应较目标值更为严格，当指标的目标值超过需求值上下限，或者分配值超过目标值上下限时，则应进行告警提示。第二种关系是本级指标与下级指标间的分配关系。本级指标分配值既记录上下级指标间的约束关系，又记录下级指标综合形成的上级指标值，并通过是否分配、是否验证、是否可计算等状态字进行标记。分配到下级的指标值将作为下级分系统/设备的需求值在下一级进行存储与管理。约束关系又分为逻辑关联与数值关联，前者通过 SysML 模型中的关联、泛化、依赖等关系进行定义与维护，后者通过绑定计算模板实现自动计算。同样地，在验证时也可以通过同一套上下级指标间约束关系实现自下而上的关联验证。第三种关系是评估值与验证值间的关联。通过不同评估方法对各类验证值进行分析、处理、选择，从而最终得到满足真实性/覆盖性要求的综合评估值。最后两种关系分别是验证值与目标值之间的验证关系、评估值与需求值之间的确认关系。验证是逐步细化的，可以逐次代入下一级需求值、目标值、分配值、验证值与评估值进行验证，用以回答设计方案是否满足了设计目标。评估值也是有阶段的，随着设计的逐步细化而不断演进，最终得到唯一的评估值，用以最终确认需求值是否得到了满足。

通过扩展指标概要文件（Profile）与指标构造型（Stereotype）实现对指标"五值"的管理。为 SysML 元素值类型（Value Type）扩展需求值、目标值、分配值、验证值、评估值 5 个值属性（Value Property），用于存储指标"五值"，通过指标构造型对其进行标识。例如，在模型中创建一个名为"总质量"的指标，则其将自动拥有需求值、目标值、分配值、验证值、评估值 5 个值属性。在名为"飞行器"的模块中创建一个名为"总质量"的值属性，并将其类型指定为指标"总质量"，则该值属性可索引到该指标的"五值"，且"五值"均可参与参数求解，并且可以应用参数图基于需求值和分配值进行指标分配方案的初步校验。

### 2．QFD 与"五值"指标体系

"五值"指标管理系统可以与 QFD 方法相结合，以加强产品开发过程。在本书理论篇中已经简要介绍，QFD 是一种结构化的方法，通过将客户的意见融入产品开发过程，使产品和服务的设计满足客户的要求。QFD 是一种系统的、面向团队的方法，利用矩阵将客户要求转化为产品规格。"五值"指标管理系统可用于开发和管理与 QFD 过程相关的指标。随着设计过程的进行，每个指标要求将包括总共 5 种类型的值：要求值、目标值、分配值、验证值和评估值。这些值可以用来定义客户需求，并利用 QFD 过程将其转化为产品规格。

"五值"指标管理系统中的需求值与 QFD 过程中的客户需求矩阵相对应。客户需求矩阵是 QFD 过程中的一个重要工具，因为它以结构化的形式捕捉到了客户的声音，可以很容易地转化为产品规格。需求值是用来确认需求是否被满足的最终标准。

"五值"指标管理系统中的目标值与 QFD 过程中的产品设计矩阵相对应。产品设计矩阵是一种工具，有助于将客户需求转化为具体的设计特征和产品特性。目标值通常是在需求值的基础上确定的，并且比需求值更加严格。

"五值"指标管理系统中的分配值与 QFD 过程中的技术要求、工程规范和制造工艺规范相对应。这些规范通常是在产品开发过程的较低层次上设定的，比在较高层次上设定的目标值更严格。分配值记录了这一层次分配的指标与较低层次的子系统/设备的关系。

"五值"指标管理系统中的验证值与各层测试用例形成的分析值和试验值相对应。这些值需要与 QFD 过程中的测试用例相关联。验证值为设计过程提供反馈，有助于确保产品设计满足客户要求。

"五值"指标管理系统中的评估值与 QFD 过程中的综合评估值相对应。评估值是通过分析、处理和选择，满足真实性/覆盖性要求的综合评估值。评估值是用来最终确认是否满足要求值的。

### 3. 实例演示

滑翔炸弹系统构成如图 11-15 所示，将滑翔炸弹与组成部分属性关系、系统及分系统的值属性、约束属性、约束参数在模块定义图中定义，创建值类型为"指标"的元素，将需要使用"五值"进行计算的指标用元素命名，并将各个系统及分系统下的"值属性"更改为对应的指标《ValueType》名称，才可在参数图中进行计算。

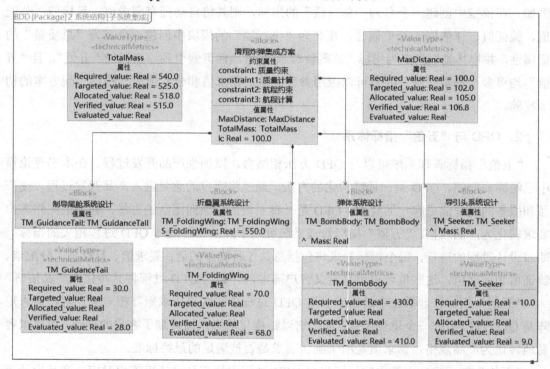

图 11-15　滑翔炸弹系统构成

对各个分系统值属性指标中的需求值进行赋值，并在参数图中进行计算。通过各个分系统提供的分系统质量等的需求值，使用质量计算和航程计算公式计算出总质量和航程的分配值。总体设计师根据用户提出的需求值，经过分析制定系统总质量和航程的目标值，分系统设计师经过论证得到分系统的需求值，总体设计师根据分系统的需求值得到系统的分配值，在前期论证阶段，分配值可能不满足目标值，需要分系统设计师对分系统的需求值不断修正，直到分配值在目标值范围内为止，如图 11-16 所示。

经过不断迭代，对需求值进行调整之后，经过计算得到的分配值满足目标值，此时可将分配值下发给各分系统设计师，用同样的方式在评估值和验证值之间进行验证，通过分系统设计与评估得到评估值。

在通过参数图计算得到分配值和验证值之后，建立指标表，如图 11-17 所示。通过选择模型中的元素，自动生成值属性及"五值"，清晰地展示在项目研制的各个阶段所得到的计算值，使项目研制的整个周期都在严格的指标控制范围内。

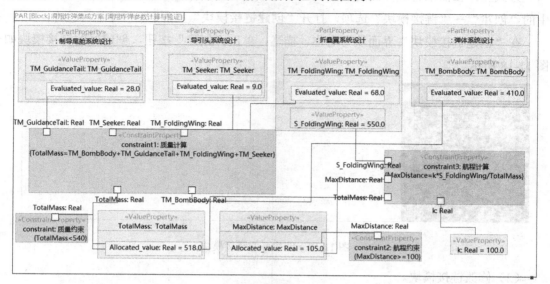

图 11-16　参数图计算指标分配值

| # | name | Required_value | Targeted_value | Allocated_value | Verified_value | Evaluated_value |
|---|---|---|---|---|---|---|
| 1 | - 制导尾舱系统设计 | | | | | |
| 2 | TM_GuidanceTail | 30.0 | | | | 28.0 |
| 3 | - 滑翔炸弹集成方案 | | | | | |
| 4 | MaxDistance | 100.0 | 102.0 | 105.0 | 106.8 | |
| 5 | TotalMass | 540.0 | 525.0 | 518.0 | 515.0 | |
| 6 | - 折叠翼系统设计 | | | | | |
| 7 | TM_FoldingWing | 70.0 | | | | 68.0 |
| 8 | - 弹体系统设计 | | | | | |
| 9 | TM_BombBody | 430.0 | | | | 410.0 |
| 10 | - 导引头系统设计 | | | | | |
| 11 | TM_Seeker | 10.0 | | | | 9.0 |

图 11-17　案例指标表

# 11.2　需求追溯

## 11.2.1　需求链接管理

### 1. 链接模块管理

（1）创建链接模块。

创建链接模块有以下三种方式。

方式一：在需求管理界面的左侧树结构中选中有创建权限的节点时，在右键快捷菜单中选择"创建"→"链接模块"选项，打开"创建链接模块"界面。

方式二：在需求管理界面的数据列表中选中有创建权限的项目文件夹时，单击工具栏中的"创建链接模块"按钮，打开"创建链接模块"界面。

方式三：在需求管理界面的数据列表中选中有创建权限的项目文件夹时，选择操作栏中的"创建"→"链接模块"选项，打开"创建链接模块"界面。

在"创建链接模块"界面填写名称、描述，单击"创建"按钮，创建好的链接模块如图 11-18 所示。

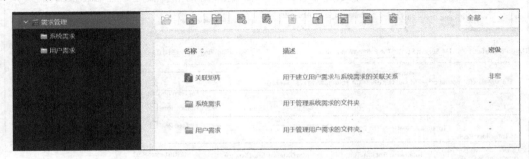

图 11-18　创建好的链接模块

（2）修改链接模块。

在需求管理界面的数据列表中，选择链接模块操作栏中的"配置数据"选项时，打开"配置数据"界面，选择"基础数据"选项卡。编辑名称、描述，单击"修改"按钮，如图 11-19 所示。

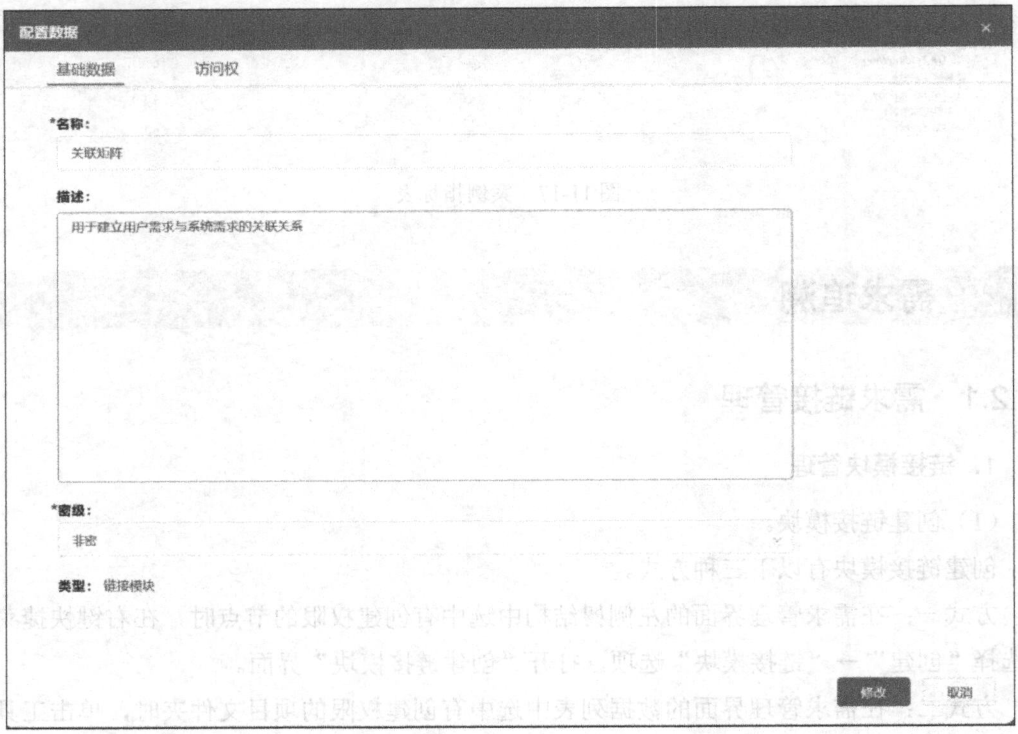

图 11-19　"配置数据"界面

### 2. 链接管理

（1）创建链接集。

打开链接模块界面，单击右上角的"创建链接集"按钮，选中源模块和目标模块，单击"创建"按钮，创建链接集完成，如图 11-20 所示。

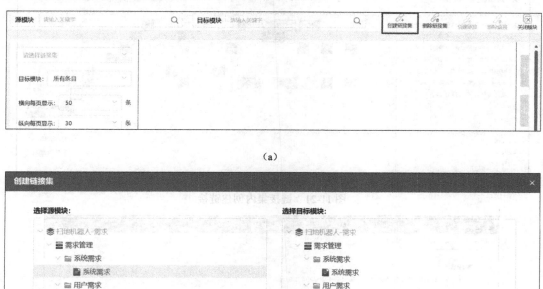

（a）

（b）

图 11-20　链接集创建示例

（2）创建链接。

在链接模块内，创建链接集后，在需求追溯矩阵内的方格内右击，在快捷菜单中选择"创建链接"选项，如图 11-21 所示。

还可以在需求模块中直接创建链接。在需求模块中创建链接有两种方式，分别是逐条创建和通过属性映射创建。

逐条创建需要在需求模块中选中需求条目，单击菜单栏中的"管理链接"右侧下拉三角，选择"创建链接"选项，在"创建链接"界面选择"链接集"→"条目"选项，单击"创建"按钮。或者在需求模块中选中需求条目，单击菜单栏中的"配置数据"按钮，选择"管理链接"选项，单击右下角的"创建链接"按钮，在"创建链接"界面选择"链接集"→"条目"选项，单击"创建"按钮，操作界面如图 11-22 所示。

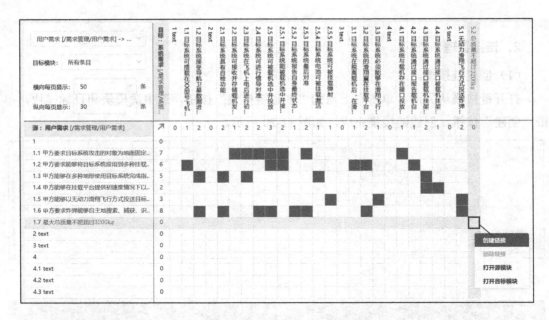

图 11-21　链接集内创建链接

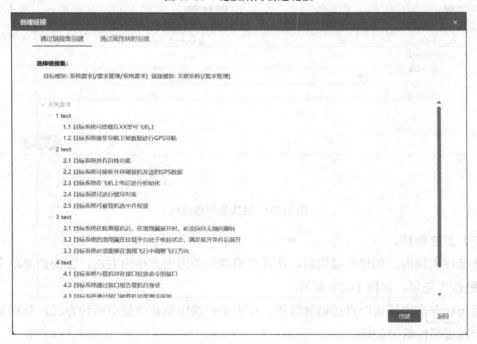

图 11-22　通过链接集创建链接

通过属性映射创建链接是在模块中的管理属性界面创建作用于条目的一个文本类型的属性，并添加列到模块编辑界面，将在需求条目对应的该属性值设置为要链接条目的 ID（ID 值不包含 ID 前缀），单击菜单栏中的"创建链接"按钮，进入"创建链接"界面，如图 11-23 所示，选择链接集和属性。单击"创建"按钮，完成创建。

图 11-23　通过属性映射创建链接

（3）管理链接。

在需求模块中，选中条目，单击菜单栏中的"配置数据"按钮，"配置数据"选择"管理链接"选项卡，可以在管理链接窗口单击"创建链接"或"删除"按钮，如图 11-24 所示。

| 出/入 | 模块 | 条目ID | 链接模块 | 操作 |
|---|---|---|---|---|
| 出 | 系统需求[/需求管理/系统需… | sys10 | 关联矩阵[/需求管理] | 打开模块 |
| 出 | 系统需求[/需求管理/系统需… | sys11 | 关联矩阵[/需求管理] | 打开模块 |
| 出 | 系统需求[/需求管理/系统需… | sys13 | 关联矩阵[/需求管理] | 打开模块 |
| 出 | 系统需求[/需求管理/系统需… | sys15 | 关联矩阵[/需求管理] | 打开模块 |
| 出 | 系统需求[/需求管理/系统需… | sys17 | 关联矩阵[/需求管理] | 打开模块 |
| 出 | 系统需求[/需求管理/系统需… | sys12 | 关联矩阵[/需求管理] | 打开模块 |
| 出 | 系统需求[/需求管理/系统需… | sys25 | 关联矩阵[/需求管理] | 打开模块 |

图 11-24　需求模块中管理链接

## 11.2.2　需求链接分析

在需求模块中，单击菜单栏中的"链接分析"按钮，弹出"链接分析"对话框，选择链接方向、链接深度、分析模块、链接模块，单击"确定"按钮，如图 11-25 所示，进入链接分析结果界面。

链接分析可支持树状图形和表格两种可视化方式进行分析，需求链接可视化分析结果如图 11-26 所示。

图 11-25  创建需求链接分析

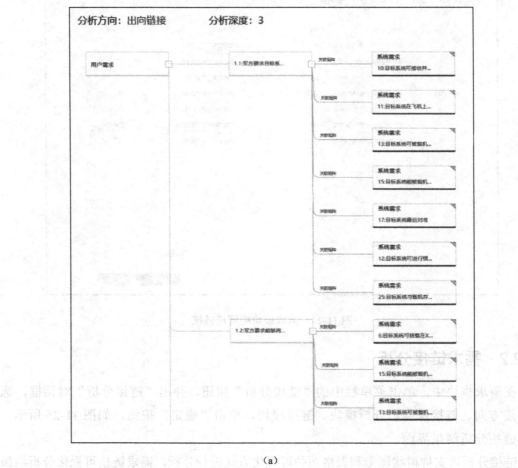

(a)

图 11-26  需求链接可视化分析结果

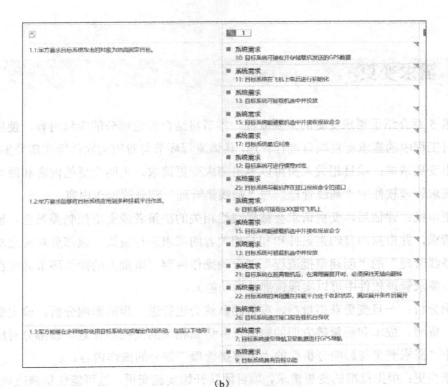

(b)

图 11-26　需求链接可视化分析结果（续）

## 11.2.3　追溯链管理

在需求模块中，选中有链接标识的需求条目，单击菜单栏中的"链接分析"右侧下拉三角，选择"追溯链"选项，即可分析出与该需求条目关联的全追溯链，如图 11-27 所示。

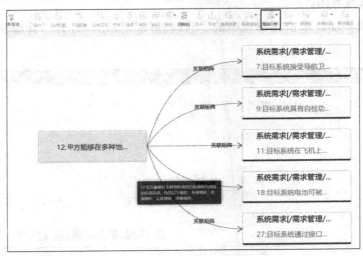

图 11-27　需求链接分析可视化

## 11.3  需求变更

在第 5 章介绍了需求变更的主要流程。本节将结合理论部分的流程内容，使用需求管理软件对工程中的需求变更项目进行管理，具体流程环节与对应的软件操作部分如下所示。

提出变更请求：项目相关人员可以提出需求变更请求，说明变更的内容和原因。该部分对应需求管理软件中"基线管理"与"基线集管理"部分的操作内容。

变更审批：评估后，变更请求会被提交给相关的决策者或变更控制委员会，他们会审查变更请求，并根据项目约束条件和利益相关者的需求进行决策。该部分对应需求管理软件中"基线管理"的"创建审批流程"部分的操作内容（审批人的操作环节并未在本书中提及，但需求管理软件中可以实现该部分的功能）。

影响分析：一旦变更获得批准，项目团队就会进行进一步的影响分析，确定变更对项目进度、资源、成本和质量等方面的影响，并更新相关的文档和计划。该部分对应需求管理软件中"需求变更与影响分析"的"可链接管理"部分的操作内容。

实施变更：根据批准的变更请求，项目团队开始实施变更。这可能包括修改项目计划、进行额外的开发或测试工作，并与利益相关者进行沟通和协调，并将最终的变更结果同步到 Arch 软件中。该部分对应需求管理软件中"需求变更与影响分析"的"需求变更同步"部分的操作内容。

### 11.3.1  基线管理

（1）管理基线界面。

在模块编辑界面，单击菜单栏中的"管理基线"按钮，打开"管理基线"界面，如图 11-28 所示。

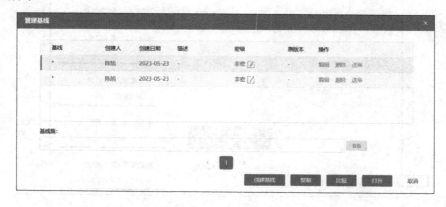

图 11-28  "管理基线"界面

（2）创建基线。

创建基线有两种方式。

方式一：在需求编辑界面，单击菜单栏中的"管理基线"下拉三角，选择"创建基线"选项，打开"创建基线"界面。

方式二：在需求编辑界面菜单栏中单击"管理基线"按钮，在"管理基线"界面单击"创建基线"按钮，打开"创建基线"界面。

在"管理基线"界面单击"创建基线"按钮如图 11-29 所示。

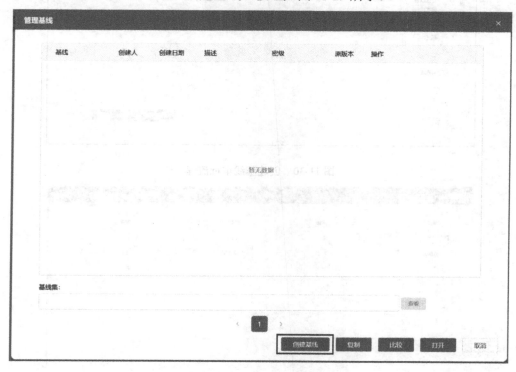

图 11-29　在"管理基线"界面单击"创建基线"按钮

当创建基线审批流程在功能配置中"启用"时，选择版本、填写后缀、填写描述、选择审批流程，单击"创建"或"创建并送审"按钮，如图 11-30 所示。

当创建基线审批流程在功能配置中"禁用"时，选择版本、填写后缀、填写描述，单击"创建"按钮。

（3）比较基线。

单击"管理基线"界面的"比较"按钮，打开"比较基线"界面，如图 11-31 所示。选择要比较的基线版本，单击"比较"按钮，在确认提示框中单击"确认"按钮，进入显示差异内容界面。其中 ID 列前的颜色代表进行了不同类型的修改，黄色代表进行需求条目内容编辑，蓝色代表需求条目新增，红色代表需求条目删除。

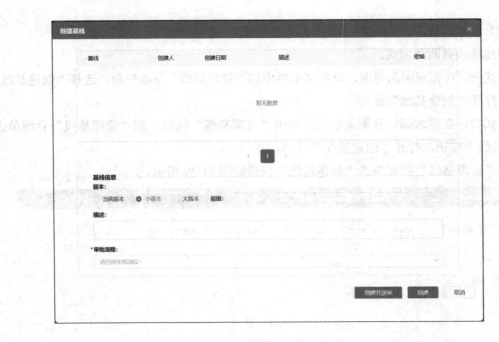

图 11-30　创建基线审批流程

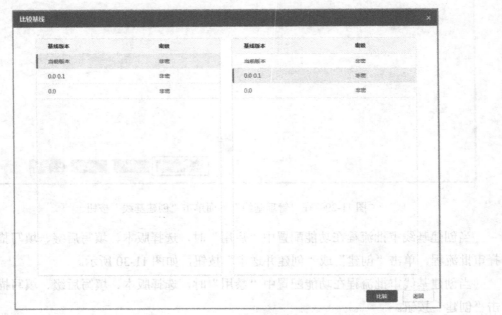

图 11-31　比较基线界面

（4）变更基线。

已完成创建基线审批流程的基线才能进行基线变更。在"管理基线"界面，单击要编辑基线操作栏中的"变更"按钮，打开"变更基线"界面，如图 11-32 所示。

当变更基线审批流程在功能配置中"启用"时，选择版本、填写后缀、填写描述、填写变更内容、选择审批流程，单击"确定"按钮。

当变更基线审批流程在功能配置中"禁用"时，选择版本、填写后缀、填写描述、填写变更内容，单击"确定"按钮，此时不需要经过审批流程。

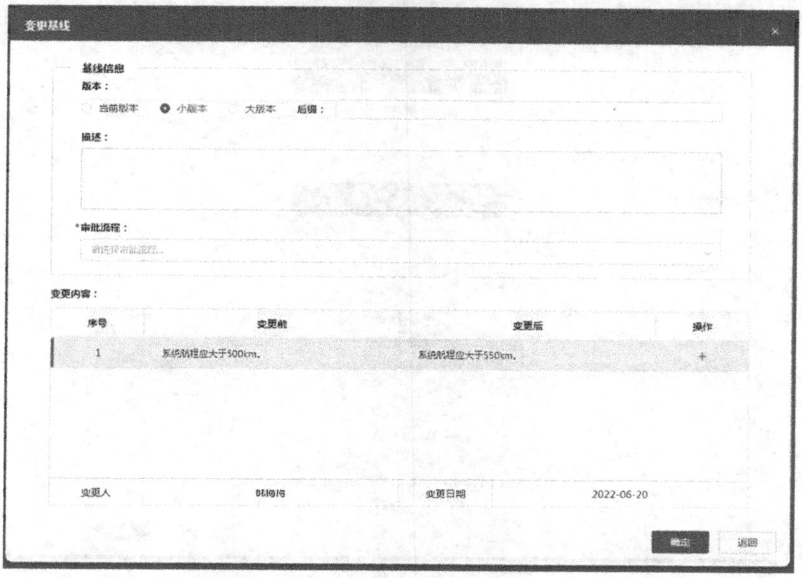

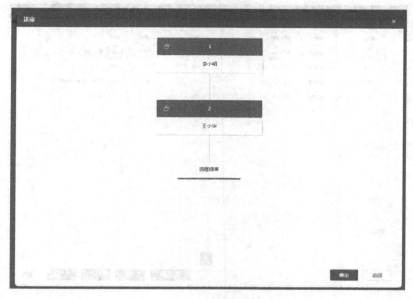

图 11-32　"变更基线"界面

（5）送审基线。

在"管理基线"界面，单击要送审基线操作栏中的"送审"按钮，打开"送审"界面，如图 11-33 所示。选择审批人，单击"确定"按钮。

图 11-33　"送审"界面

（6）查看进度。

在"管理基线"界面，单击已送审基线操作栏中的"查看进度"按钮，打开"查看审批进度"界面，如图 11-34 所示。

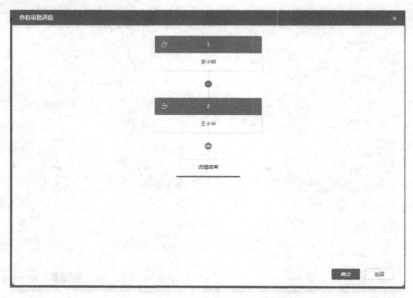

图 11-34　"查看审批进度"界面

（7）撤回基线。

基线送审后，如果要取消送审流程，在"管理基线"界面，单击已送审基线操作栏中的"撤回"按钮即可，如图 11-35 所示。

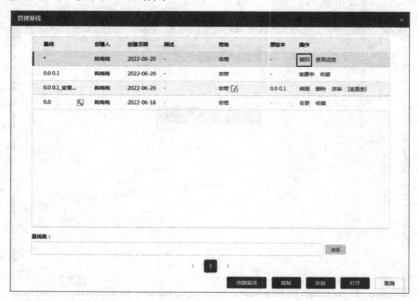

图 11-35　撤回基线

### 11.3.2　基线集管理

#### 1. 基线集定义

（1）基线集定义界面。

在项目文件夹的"配置数据"界面选中"基线集定义"选项卡，如图 11-36 所示。

图 11-36　选中"基线集定义"选项卡

（2）创建基线集定义。

在"基线集定义"选项卡，单击"创建"按钮，打开"创建基线集定义"界面，如图 11-37 所示。为基线集定义添加模块，单击"创建"按钮。

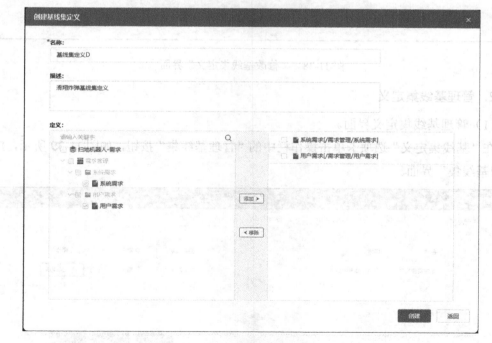

图 11-37　"创建基线集定义"界面

（3）修改基线集定义。

在"基线集定义"界面数据列表中选中要修改的数据，单击"修改"按钮，打开"修改基线集定义"界面，如图 11-38 所示。添加或移除模块，单击"修改"按钮。

图 11-38　"修改基线集定义"界面

## 2. 管理基线集定义

（1）管理基线集定义界面。

在"基线集定义"选项卡单击操作栏中的"管理基线集"按钮，如图 11-39 所示，打开"管理基线集"界面。

图 11-39　单击"管理基线集"按钮

（2）创建基线集。

需要在建立的基线集定义中添加功能基线、分配基线和产品基线三个基线集。在"基线集定义"选项卡中单击操作栏中的"管理基线集"按钮，打开"管理基线集"界面，单击"创建基线集"按钮，打开"创建基线集"界面，如图 11-40 所示，其中创建了功能基线。

图 11-40　"创建基线集"界面

当创建基线集审批流程在功能配置中"启用"时，选择版本、填写后缀、填写描述、选择审批流程，单击"创建"按钮。

当创建基线集审批流程在功能配置中"禁用"时，选择版本、填写后缀、填写描述，单击"创建"按钮，不需要经过审批流程。

在"管理基线集"界面，单击"创建基线集"按钮，进入"创建基线集"界面，单击操作栏中的"添加"按钮，打开为基线集添加模块或基线界面，如图 11-41 所示。为基线集添加模块或基线，单击"确定"按钮。在"管理基线集"界面操作栏单击"关闭"按钮，关闭后，不可在该基线集审批过程中添加需求模块。关闭后可单击操作栏"送审"按钮，进行送审。

在"管理基线集"界面，单击操作栏中的"送审"按钮，打开"送审"界面，选择审批人，单击"确定"按钮，如图 11-42 所示。

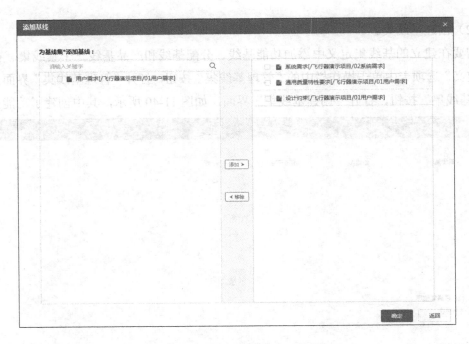

图 11-41　为基线集添加模块或基线界面

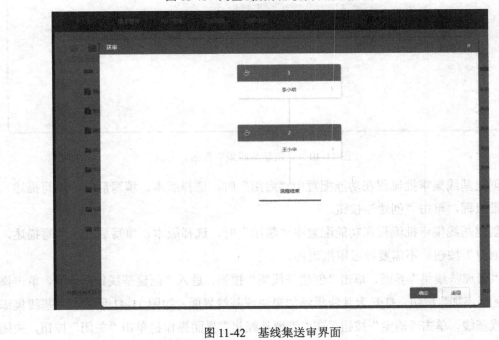

图 11-42　基线集送审界面

（3）查看基线集。

在需求模块内的"需求编辑"界面，选择菜单栏中的"管理基线"选项，在"管理基线"界面显示与基线关联的基线集。在"管理基线"界面数据列表中，当选中关联基线集的基线数据行时，单击"查看"按钮，打开相应的"查看基线集"界面，如图 11-43 所示。

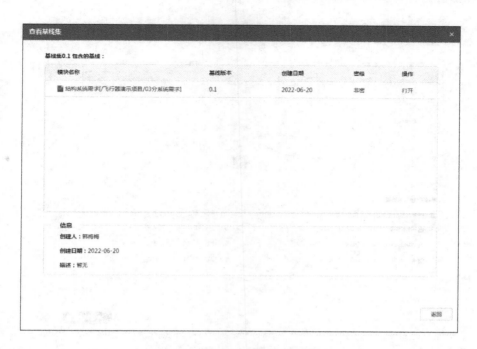

图 11-43　"查看基线集"界面

在"需求管理"界面，单击项目文件夹名称前面的展开图标，显示当前项目文件夹中已创建成功的基线集数据，如图 11-44 所示。单击基线集数据行前面的展开图标，显示当前基线集中包含的基线数据，双击基线数据行或单击操作栏"打开"按钮时，打开相应的"查看基线集"界面。

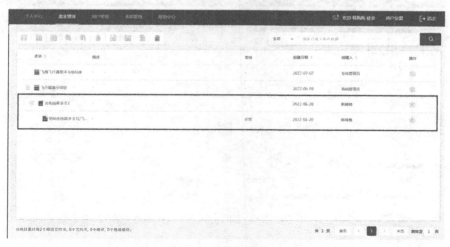

图 11-44　快速查看基线界面

（4）查看进度。

在"管理基线集"界面，单击操作栏中的"查看进度"按钮，如图 11-45 所示，打开"查看基线集审批进度"界面。

图 11-45　单击操作栏中的"查看进度"按钮

（5）查看审批人。

在"管理基线集"界面，单击创建人前面的"查看审批人"图标，如图 11-46 所示，打开"查看基线集审批人"界面。

图 11-46　单击创建人前面的"查看审批人"图标

### 11.3.3 需求变更与影响分析

#### 1. 可疑链接与影响分析

当需求条目内容发生更改时，对其他与此条需求条目存在链接关系的需求条目进行可疑链接分析，从而完成需求条目变更影响分析。单击菜单栏中的"链接分析"右侧的下拉三角，选择"可疑链接"选项，在需求条目列前增加可疑链接标识列，在有可疑链接的需求条目前显示可疑链接标识。单击需求条目前的可疑链接标识（包括出向、入向），打开该需求条目的"可疑链接"界面，如图 11-47 所示。

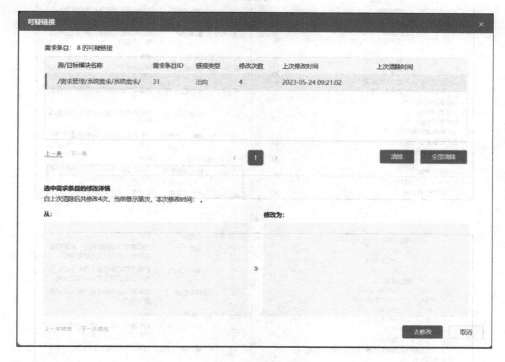

图 11-47 "可疑链接"界面

选中要清除的可疑链接行，单击"清除"按钮，即可清除单条可疑链接；单击"可疑链接"界面中的"全部清除"按钮，即可清除该需求条目的所有可疑链接。

通过单击"上一条"和"下一条"按钮可切换查看模块内需求条目的可疑链接信息。单击"可疑链接"界面中的"去修改"按钮，返回"可疑链接分析结果"界面，可疑链接所属需求条目状态处于可编辑状态。在"可疑链接"界面，选择可疑链接行，可在修改详情区域查看详细修改信息。

#### 2. 需求变更结果同步

通过对可疑链接的管理和需求变更的影响分析，可得到需求变更申请的审批结果，如果审批不通过，则该变更申请无效或还需要考量后修改，并重新提交申请进行审批。如果审批通过，则需要对需求变更执行后的结果同步至 Arch 软件中。

对变更后的需求同步操作与 10.1.1 节中同步用户需求的操作基本一致。配置好环境后在 Arch 软件工具栏中单击"集成"按钮，选择"需求集成"选项即可打开"需求集成"界面。在"需求集成"界面中，选择需求变更所涉及的模块即可看到在需求管理软件中进行了变更后的需求条目内容。将变更前的需求条目删除后，再将变更后的需求条目逐条拖入所建系统模型的相应位置，即可实现需求变更结果的同步，如图 11-48 所示。

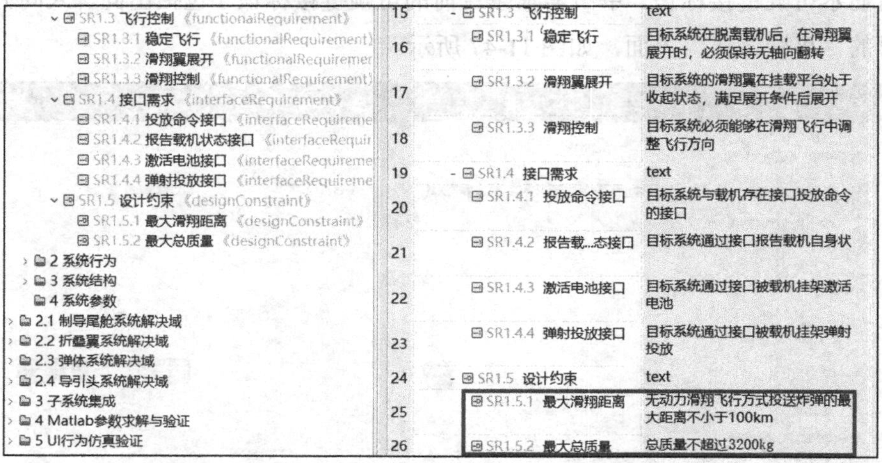

（a）

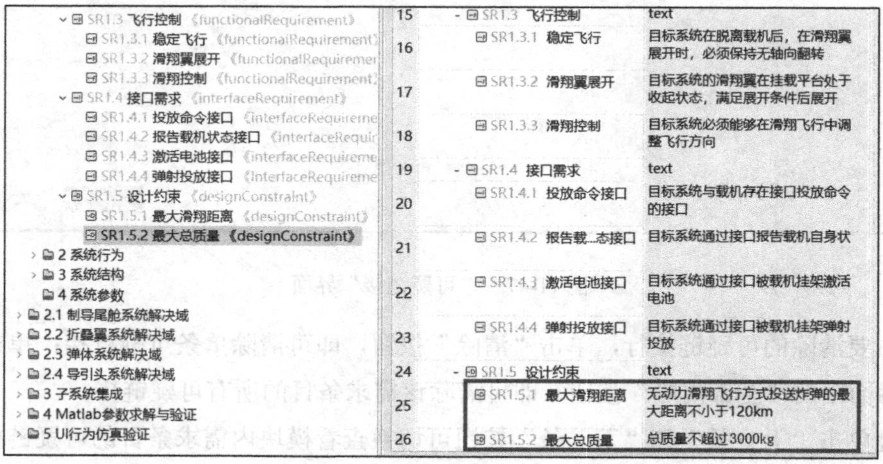

（b）

图 11-48　需求变更同步至 Arch 软件

至此，Arch 软件中的需求同步到需求管理软件，同时需求管理软件中的需求变更同步到 Arch 软件，如此形成了闭环，需求变更管理得以实现。

图 A-2 所示为 Dell Sat-77 卫星内部结构图示例，可以看到包括 LEM、地太阳传感器、高度计、飞轮质量产生器、电池、加热器等，其他节点等。在各"部分"中标准的有"流端口"，用来表示节点之间的物质流、能量流及信息流等。其中，有效载荷和微宇宙自动导航等模型节点中包含内部结构，可以点击进入下级图示。各端口有对应的输入输出类型，用图形予以区分。

（此处图像略）

附录 A 基于 Dell Sat-77 卫星系统设计的案例，使用 SysDeSim.Arch 系统建模软件，完成了该案例的系统建模。由于篇幅限制，附录 A 仅摘录了该案例有关霍曼转移（Hohmann Transfer）的部分系统模型，下面对每种 SysML 视图仅进行举例说明。

图 A-1 所示为 Dell Sat-77 卫星霍曼转移任务的需求图示例，可以看到系统需求和任务需求之间有跟踪关系，霍曼转移与系统需求之间有包含关系。推进器燃烧和测量高度两个需求条目都源于霍曼转移，最后建立测量高度用例和测量高度需求条目的细化关系，以及微宇宙自动导航系统与测量高度需求条目的满足关系。从而实现需求追溯和自动化需求验证。

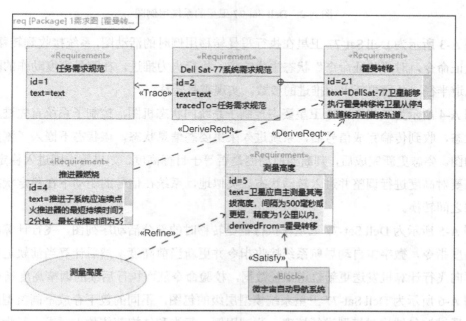

图 A-1　Dell Sat-77 卫星霍曼转移任务的需求图示例

图 A-2 所示为 Dell Sat-77 卫星的系统用例图，可以看到，环境测试工程师和太阳模拟室完成"从太阳能板产生电力"的用例执行。飞行控制器"执行霍曼转移"用例，有效载荷操作员执行"将红外传感器对准目标"用例和"获取有效载荷的健康状况和状态"用例。各种用例之间有包含关系、继承关系等。

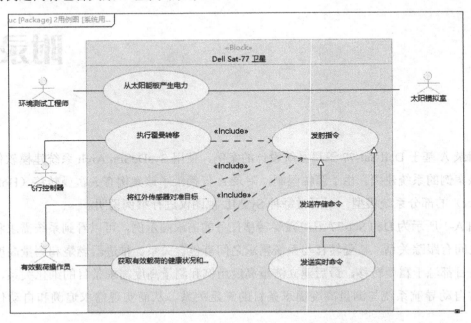

图 A-2　Dell Sat-77 卫星的系统用例图

图 A-3 所示为 Dell Sat-77 卫星在执行霍曼转移用例时的活动图，系统接收到转移命令，经过验证命令，对"验证命令"状态生成响应，执行火力推进，在测量高度动作的配合下更新轨道半径，从而更新火力推进的参数，实现霍曼转移。

图 A-4 所示为 Dell Sat-77 卫星姿态控制子系统的状态机图，控制子系统首先进入轨道注入状态，收到传输完成信号后，系统进入采集姿态信息状态，该状态下嵌入了测量高度的活动图。姿态更新完成后，判断当前高度是否等于目标高度，如果等于则进入稳定状态，否则需要对高度进行调整并进入转动状态。类似地，系统在信号的驱动下在稳定状态和安全状态之间转换。

图 A-5 所示为 Dell Sat-77 卫星在执行霍曼转移时的部分活动序列图，飞行计算机发出测量高度指令，微宇宙自动导航系统接收指令并更新当前高度，然后计算当前轨道半径。完成后向飞行计算机发送更新轨道半径数据，校验命令从而执行后续的调整高度指令。

图 A-6 所示为 Dell Sat-77 卫星系统模型层级的包图，不同的包下存放不同类型的模型元素，通过该包结构对模型进行梳理。测试用例、行为和结构都依赖于需求。行为的包下分为"制造用例""发射用例"和"操作用例"。结构的包下分为"姿态和轨道控制子系统"

"环境控制子系统""通信和数据处理子系统""电源子系统"和"能量源"。

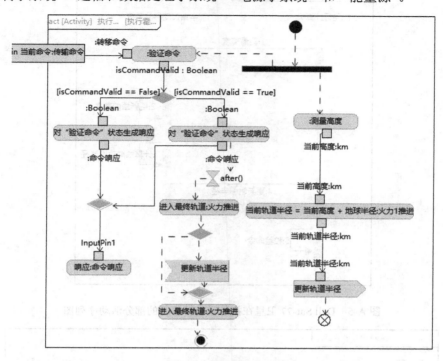

图 A-3　Dell Sat-77 卫星在执行霍曼转移用例时的活动图

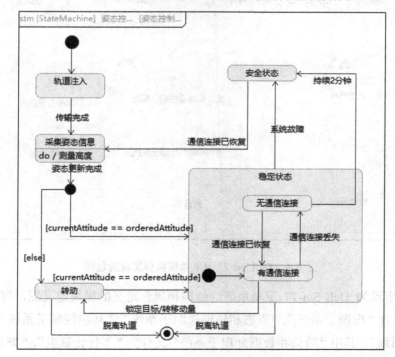

图 A-4　Dell Sat-77 卫星姿态控制子系统的状态机图

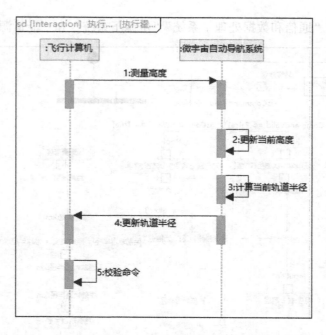

图 A-5　Dell Sat-77 卫星在执行霍曼转移时的部分活动序列图

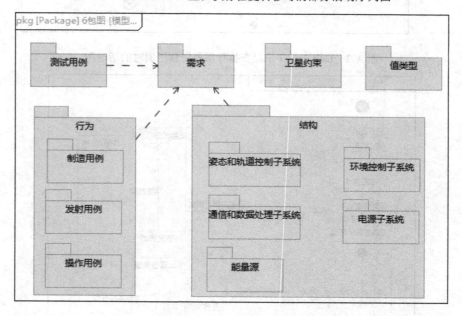

图 A-6　Dell Sat-77 卫星系统模型层级的包图

图 A-7 所示为 Dell Sat-77 卫星系统的结构和属性定义的模块定义图，可以看到 Dell Sat-77 卫星包含"电源子系统"、"姿态和轨道控制子系统"、"环境控制子系统"和"通信和数据处理子系统"。其中"通信和数据处理子系统"又分为"飞行计算机"、"调制器"和"发射器"，并定义了各个子系统的值属性。

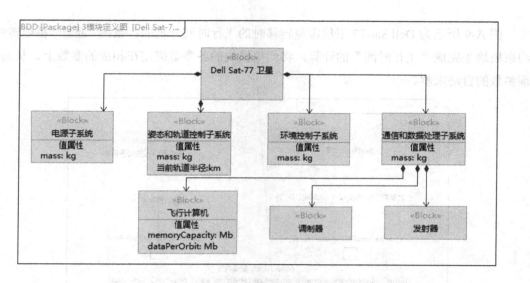

图 A-7　Dell Sat-77 卫星系统的结构和属性定义的模块定义图

图 A-8 所示为 Dell Sat-77 卫星通信和数据处理流程导向视图，展示了该子系统在数据通信时各个组件之间的交互方式和接口的作用。天线、发射器、调制器、接收器、解调器、飞行计算机之间相互配合完成通信服务。

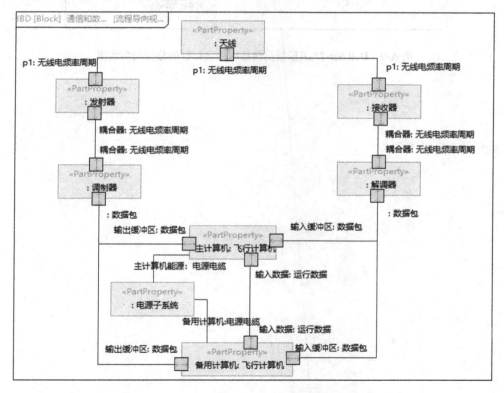

图 A-8　Dell Sat-77 卫星通信和数据处理流程导向视图

图 A-9 所示为 Dell Sat-77 卫星霍曼转移时的飞行时间分析的参数图，通过"霍曼转移"约束模块来完成"飞行时间"的计算，将约束模块的各参数绑定在相应的参数上，从而实现参数的自动求解。

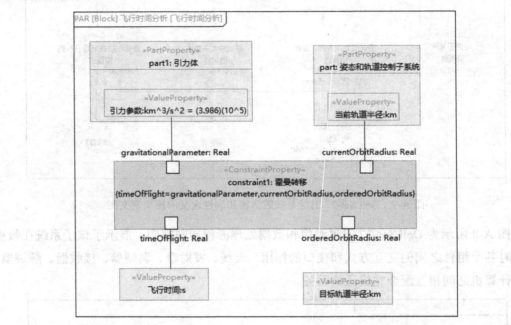

图 A-9　Dell Sat-77 卫星霍曼转移时的飞行时间分析的参数图

# 附录 B

　　附录 B 提供了由国际系统工程理事会（INCOSE）需求工程组（RWG）编写的《需求写作要求指南》（*Guide for Writing Requirements*）的部分内容。该指南特别介绍了如何在系统工程的文档中表达文本需求，其目的是将现有标准（如 ISO-29148），以及作者和审稿人的建议汇集成一个统一和全面的特征、规则和属性集。本书选取了该指南中第 4 章"需求陈述和需求集"的内容作为阅读参考，详细内容如附录 B 正文所示。

　　定义了各个需求陈述和需求集的规则，这些规则有助于制定需求陈述和需求集。每条规则都包含了对规则的解释和规则应用的示例，并跟踪到规则所支持的特征。除了本节中的规则，还鼓励读者遵循良好的技术写作原则，如简化技术英语规范（ASD-STE100）中概述的原则。

## 明确

### 1．R1-/Precision/UseDefiniteArticles

使用定冠词 The 而不是不定冠词 a。

（1）细化（Refine）。

　　定冠词是"The"，不定冠词是"a"。不定冠词的使用会导致歧义。例如，如果需求指的是"一个用户"，就不清楚它是指任何用户，还是系统为之设计的已定义用户之一。这在验证中造成了进一步的混乱。例如，婴儿可以说是婴儿食品的用户，但如果测试机构试图验证婴儿是否可以订购、接收、打开和提供（甚至独立消费）婴儿食品，系统就会失败。另外，如果需求指的是"用户"，则该引用明确指向了术语表中定义的用户的性质。

（2）例子。

- 不可接受：系统应提供时间显示［这是不可接受的，因为它是模棱两可的——任何时间显示都可以吗？时间的一次性显示是否令人满意？作者的意图最有可能是希望系统连续显示当前时间，然而，如果开发人员提供了"上午 10：00"的持续显示（甚至是任何时间的一次性显示），那么他们可以辩称（尽管不合理）他们已经满足了要求；然而，他们显然未能满足客户的需求和意图]。

- 可接受：系统将显示 Current_Time（注意，"Current_Time"必须在术语表中定义，因为更一般的术语"当前时间"有许多可能的含义）。

（3）由本规则建立的特征。

C3——明确无误的。

C7——可验证的。

### 2．R2-/Precision/UseActiveVoice

使用主动语态，并明确识别主语。

（1）细化。

主动语态要求执行动作的行为人/实体是句子的主语，因为满足要求的责任在主语身上，而不是句子的宾语。如果对系统负责的行为人/实体没有明确识别，那么谁/什么应该执行动作就不清楚了。进一步说，需求的验证是非常困难的，很大程度上是因为负责的参与者/实体是验证活动的主体。主体还有助于确保需求在与参与者名称一致的适当级别上被陈述（参见 R3-/Precision/Subject）。通常，当短语"shall be（应该被）"被使用时，该陈述是被动语态。

（2）例子。

- 不可接受：客户的身份应得到确认（这是不可接受的，因为它没有确定谁/什么负责/负责确认身份）。
- 可接受：会计系统应确认客户的身份（注意，"会计系统"、"身份"、"确认"和"客户"必须在术语表中定义，因为这些术语有多种可能的解释）。

（3）由本规则建立的特征。

C3——明确无误的。

C7——可验证的。

### 3．R3-/Precision/Subject

使需求的主题适合于需求存在的层。

（1）细化。

需求陈述的主题是其水平的指示器。系统需求用"<系统>应……"确保需求的主题是正确的，或者需求是在较低或较高的层次上更好地表达。还要问一下，这是否是验证需求已被满足的合适级别？

（2）例子。

- 带有"<系统>应……"的系统需求。

- 带有"<子系统>应⋯⋯"的子系统需求。

（3）由本规则建立的特征。

C2——合适的。

### 4．R4-/Precision/UseDefinedTerms

仅使用术语表中定义的术语。

（1）细化。

大多数语言都非常丰富，几乎每个单词都有许多同义词，每个同义词的意思都有微妙的不同。在要求中，不同的含义很可能会导致歧义和难以验证。术语表的使用允许有需求的读者确切地知道作者在选择某个特定单词时的意思。

为了使术语表术语的使用在需求文本中是可识别的，应该商定一个标准。例如，术语表项可以大写，单个术语中的多个单词可以用下划线连接（如"Current_Time"）。这对于一致性至关重要，以避免使用与其一般含义相同的单词。

（2）例子。

- 不可接受：抵达面板应连续显示当前时间（这是不可接受的，因为它是模棱两可的。什么是"当前"？在哪个时区？到什么程度的准确性？以什么格式）。
- 可接受：Arrivals_Board 应显示 Current_Time（注意，"Arrivals_Board 和 Current_Time"必须在术语表中定义。Current_Time 是根据准确性、格式和时区定义的）。

（3）由本规则建立的特征。

C3——明确无误的。

C7——可验证的。

C11——一致的。

C13——可理解的。

C14——能够被验证的。

### 5．R5-/Precision/Quantify

精确地量化需求。

（1）细化。

需求应该精确地被量化。避免使用提供模糊量化的词语，如"一些"、"任何"、"几个"、"许多"、"很多"、"大约"、"几乎总是"、"非常接近"、"几乎"、"接近"、"大致"、"显著"、"灵活"、"可扩展"、"典型"、"充分"、"适当"、"高效"、"有效"、"熟练"和"合理"。要注意避免使用不明确的单位和不明确的取值范围。

（2）例子。

- 不可接受：Flight_Information_System 应以大约 1m 的分辨率显示当前高度（这是不

可接受的，因为它不精确。在距离为 1m 的情况下，什么是"大约"？谁有权决定什么是"约"？如何验证"大约"）。

- 可接受：Flight_Information_System 应显示当前高度 1m（注意，"当前高度"必须在术语表中定义，因为这个术语有多种可能的解释）。

（3）由本规则建立的特征。

C3——明确无误的。

C7——可验证的。

### 6. R6-/ Precision /Units

在说明数量时，使用适当的单位，带公差或限制。

（1）细化。

所有数字都应该有明确的单位，还应注意确保单位用公差或极限进行量化。这样做的原因有两个：几个需求可能必须相互交易，提供容差或限制是描述交易空间的一种方式。需求中的数量很少是绝对的。一个范围的值通常是可以接受的，提供不同的性能水平。针对单个绝对值的验证通常是不可能的，或者最多是非常昂贵和耗时的，而针对具有上限和下限的定义值范围的验证使验证更易于管理。

（2）例子。

- 不可接受：电路板的储存温度应小于 30℃（这是不可接受的，因为所使用的单位是不完整的。测量温度的系统是什么？摄氏度、华氏度、开尔文等）。
- 可接受：电路板应具有小于 30℃的储存温度。
- 不可接受：系统将在 10s 内建立至少 4 个连接（这是不可接受的，因为使用的单位是不完整的。"4"的单位是什么？而且 10s 没有容错和限制；每次精确到 1s，实现和验证都是非常困难和昂贵的。快于 10s 是否可以接受）。
- 可接受：系统应在小于或等于 10s 内与至少 4 颗卫星建立连接。

（3）由本规则建立的特征。

C3——明确无误的。

C4——完成的。

C7——可验证的。

C8——正确的。

### 7. R7-/Precision/AvoidAdverbs

避免使用副词。

（1）细化。

副词在某种程度上限定动作。避免使用含糊的副词，如"通常""大约""足够"和

"一般"。副词会导致模棱两可、无法验证的需求,不能准确地反映涉众的期望。应该避免使用以"-ly"结尾的词。

(2)例子。

- 不可接受:Flight_Information_System 通常应在线(这是不可接受的,因为"通常"是模棱两可的)。

- 可接受:在至少 1000 小时的时间内,飞行信息系统的可用性应至少为 99.9%(注意,"可用性"必须在术语表中定义,因为有许多可能的计算方法)。

(3)由本规则建立的特征。

C3——明确无误的。

C4——完成的。

C7——可验证的。

### 8.R8-/Precision/AvoidVagueAdjectives

避免使用含糊的形容词。

(1)细化。

形容词在某种程度上限定实体。避免使用模糊的形容词,如"辅助的"、"相关的"、"常规的"、"常见的"、"一般的"和"习惯的"。形容词会导致模棱两可的、无法验证的需求,不能准确地反映涉众的期望。

(2)例子。

- 不可接受:Flight_Information_System 应显示相关飞机的跟踪信息(这是不可接受的,因为它没有明确说明哪些飞机是相关的。此外,该声明允许开发人员决定哪些是相关的;这样的决定属于客户的范围,客户应该明确地表达需求)。

- 可接受:飞行信息系统应显示距离机场小于或等于 20km 的每架飞机的跟踪信息(现在很清楚需要显示哪架飞机的信息了。注意,"飞机>"跟踪信息"和"机场"必须在术语表中定义)。

(3)由本规则建立的特征。

C3——明确无误的。

C4——完成的。

C7——可验证的。

### 9.R9-/Precision/NoEscapeClauses

避免使用转义子句。

(1)细化。

免责条款给了供应商一个借口,即不去理会某个需求。它们提供了模糊的条件或可能性，使用如"尽可能"、"尽可能少"、"尽可能多"、"如果证明有必要"、"如果可能"和"如果可行"等短语。免责条款会导致模棱两可的、无法验证的需求，不能准确地反映涉众的期望。

（2）例子。

- 不可接受：GPS 应在有足够空间的地方显示 User_Location（这是不可接受的，因为是否有足够的空间是模糊的、模棱两可的、不可验证的。没有了免责条款，要求就更清楚了）。

- 可接受：GPS 应显示 User_Location（注意，"GPS"和"User_Location"必须在术语表中定义。还需要定义具体的性能要求，如在什么时间内、格式和精度）。

（3）由本规则建立的特征。

C3——明确无误的。

C4——完成的。

C7——可验证的。

### 10．R10-/Precision/NoOpenEnded

避免开放式从句。

（1）细化。

开放式条款说的是需要更多，而不是确切地说明是什么。避免使用"包括但不限于"和"等等"这样的短语。

开放式条款会导致模棱两可、无法验证的需求，不能准确反映涉众的期望。开放式条款的使用违反了单一思想规则和单一特征。如果需要更多的情况，那么包括明确陈述这些情况的附加要求。

（2）例子。

- 不可接受：ATM 将显示客户 Account_Number、Account_Balance 等（这是不可接受的，因为它包含一个要显示的内容的打开列表）。

- 可接受：ATM 将显示 CustomerAccount_Number、ATM 将显示 CustomerAccount_Balance、ATM 将显示 CustomerAccount_Type、ATM 将显示"客户 Account_Overdraft_limit"、ATM 将显示客户……（分解成尽可能多的需求以使其完整。注意，要显示的客户信息需要在术语表中定义）。

（3）由本规则建立的特征。

C3——明确无误的。

C4——完成的。

C5——单一的。

C7——可验证的。

## 简洁

### 1．R11-/Concision/NoInfinitives

避免多余的不定式。

（1）细化。

我们有时会看到一个需求包含了比描述一个基本动作所需要的更多的动词，如"系统应该被设计成能够……"或"系统应被设计成能够……"，而不是简单地说"系统应……"提前思考验证。如果系统能够，或者有能力做某件事一次，但失败了 99 次，那么系统满足要求了吗？没有。

注意，在企业层和业务层，对实体"提供一种能力"的需求是可以接受的。在能力由人、过程和产品组成的情况下，这些需求将被分解，以解决人方面（技能集、培训、角色等）、过程方面（程序、工作指令等）和产品（硬件和软件系统）。顶层需求将根据需要分配给人员、过程和产品。当为所有三个领域实现最终的需求集时，将存在满足实体需求的能力。

（2）例子。

- 不可接受：武器子系统应该能够储存所有军械的位置［这是不可接受的，因为它包含了多余的不定式"beableto（能够）"］。

- 可接受：武器子系统应该储存所有军械的位置［注意，术语"The Weapon-Subsystem（武器子系统）"和"Ordnance（军械）"必须在术语表中定义）。

（3）由本规则建立的特征。

C3——明确无误的。

### 2．R12-/Concision /SeparateClauses

为每个条件或限定使用一个单独的从句。

（1）细化。

每个需求都应该有一个主要动词来描述基本功能或需求。主句可以用从句来补充，提供条件（表现价值或限制）。对于所表达的每个条件或限定条件，都应该使用一个清晰可识别的从句。

（2）例子。

- 不可接受：在港进港机动（HHA）期间，导航信标应以 20m 或更低的精度向每个 Maritime_User 提供 Augmentation_Data（这是不可接受的，因为它以这样一种方式插入从句，句子的宾语与动词分离）。

- 可接受：导航信标（The Navigation_Beacon）应向每个从事港进港机动（HHA）的 Maritime_User 提供 Augmentation_Data，精度不超过 20m。这将基本功能放在一个完整的子句中，后面跟着描述性能的子句［注意，"Navigation_Beacon"、"Maritime_User"

和"harbor_harbor_approach_maneuver（HHA）"必须在术语表中定义。这两个量（准确性和数据可用性）不能独立验证，因此在一个要求中要保持一致]。

（3）由本规则建立的特征。

C3——明确无误的。

## 无歧义

### 1. R13-/NonAmbiguity/CorrectGrammar

使用正确的语法。

（1）细化。

我们根据语法规则解释语言。不正确的语法会导致歧义，影响理解。当要求接收者使用特定的语法规则将该语言作为第二语言来学习时，情况尤其如此。如果不遵守这些规则，那么接收者可能会误解要求的意思。

当将需求要求从一种语言翻译成另一种语言时，当句子结构因原始需求要求的书写语言而不同时，必须特别小心。标点符号因语言而异，甚至在同一种语言的不同方言之间也有所不同。当要求必须翻译时，要非常谨慎。

（2）例子。

- 不可接受：武器子系统应储存所有武器的位置（这是不可接受的，因为语法错误导致含义不确定）。
- 可接受：武器子系统（The Weapon_Subsystem）应储存所有军械的位置（注意，"Ordnance"必须在术语表中明确定义武器和弹药的类型）。

（3）由本规则建立的特征。

C3——明确无误的。

C9——一致性的。

### 2. R14-/NonAmbiguity/CorrectSpelling

使用正确的拼写。

（1）细化。

不正确的拼写会导致歧义和混乱。有些单词听起来可能是一样的，但根据拼写的不同，会有完全不同的意思。例如，"red"和"read"，或者"ordinance"和"ordnance"。在这些情况下，拼写检查器不会发现错误。

除了拼写错误，这条规则还指正确使用首字母缩写中的大写字母：避免在同一规范中出现"SYRD"和"SYRD"；其他非首字母缩写概念中使用大写字母：避免在同一规范中使用"Requirements-Working-Group"和"Requirements-working-group"。

（2）例子。

- 不可接受：武器子系统应储存所有条例的位置［这是不可接受的，因为"条例"一词意味着法规或法律。武器子系统不太可能对条例（法规）的位置感兴趣。在武器子系统的语境中，作者想要使用的是武器弹药中的"军械"，而不是"条例"］。
- 可接受：武器子系统（The Weapon_Subsystem）应储存所有军械的位置（注意，"Ordnance"必须在术语表中明确定义武器和弹药的类型）。

（3）由本规则建立的特征。

C3——明确无误的。

### 3．R15-/NonAmbiguity/CorrectPunctuation

使用正确的标点符号。

（1）细化。

不正确的标点符号会导致需求子句之间的混淆。还要注意的是，需求陈述中的标点符号越多，产生歧义的机会就越大。

（2）例子。

- 不可接受：导航信标应在至少 99.7%的时间内以 20m 或更低的精度向每个从事港进港机动（HHA）的 Maritime_User 提供增强数据（这是不可接受的，因为这句话中不正确放置的逗号混淆了意思，导致读者认为精度与机动有关，而不是与增强数据有关）。
- 可接受：导航信标应向每个从事港进港机动（HHA）的 Maritime_User 提供 Augmentation_Data，至少 99.7%的时间精度为 20m 或更低（现在逗号的定位清楚地表明，准确性和可用性与数据有关）。

（3）由本规则建立的特征。

C3——明确无误的。

### 4．R16-/NonAmbiguity/Connection

使用逻辑结构"[X and Y]"而不是"both X and Y"。

（1）细化。

逻辑表达"[X and Y]"应该理解为两者的意思，而不必加上"both"这个词。加上"both"这个词可能会让读者认为它的意思不同。

与其他规则和特征一样，我们希望保持需求陈述作为一个带有单数陈述的思想。因此，当涉及将两个思想联系在一起时，我们避免使用"和"。然而，当谈论多个适用于动词的条件时，在逻辑意义上使用"and"是可以接受的。

将连词用斜体或全部大写（AND，OR，NOT）来表示作者希望该连词在某个条件中发挥作用。将条件放置在方括号内，同样使用方括号来控制它们的范围。例如，"[x AND y]"，也可参见 R20 和 R21。

（2）例子。

- 不可接受：当巡航控制处于工作状态且驾驶员使用加速器时，引擎管理系统应脱离速度控制子系统（这是不可接受的，因为使用了"两者"。应该使用逻辑表达式［X 和 Y］的形式）。
- 可接受：引擎管理系统应脱离速度控制子系统，当巡航控制处于工作状态且驾驶员正在使用加速器时。

（3）由本规则建立的特征。

C3——明确无误的。

### 5．R17-/NonAmbiguity/AvoidAndOr

避免使用"X and/or Y"。

（1）细化。

"and/or"的使用是模棱两可的。表达"and/or"最常见的解释是作为一个包含或：X 或 Y 或两者。如果这是意图，那么它应该被写成两个需求，每个需求都可以分别验证。

如果是逻辑上的"和"，那么请参见 R16。

如果是逻辑排他的"或"是指 X or Y，但不是两者，那么写逻辑语句［X or Y］。注意：在你的术语表中明确，当使用［X or Y］时，它意味着"或"的排他性版本。另见 R20 和 R21。

（2）例子。

- 不可接受：当离合器脱离和/或驾驶员踩下刹车时，引擎管理系统将脱离速度控制子系统。这是不可接受的，因为使用了"和/或"。如果是"和"的意思，就把这两个想法分成不同的需求；如果是"或"的意思，则将要求写成排他性的"或"。
- 可接受的两个要求如下。

当离合器脱离时，引擎管理系统应脱离速度控制子系统。

当驾驶员踩下制动踏板时，引擎管理系统应脱离速度控制子系统。

如果是排他性的"或"，则当［离合或驾驶员制动］时，引擎管理系统应脱离速度控制子系统。

（3）由本规则建立的特征。

C3——明确无误的。

### 6．R18-/NONAMBIGUITY/Inclined

避免使用斜线（"/"）符号。

（1）细化。

斜线符号（或"/"）有很多可能的含义，应该避免使用。斜线符号（就像 R17 中讨论的结构"and/or")会导致模棱两可的要求,不能准确反映客户的真实需求。

本规则的一个例外是斜线符号在国际单位制中的使用,如"km/h"。参见 R20。

(2)例子。

- 不可接受:User_Management_System 应该在 1s 内打开/关闭 User_Account(这是不可接受的,因为它不清楚是什么意思:打开、关闭,或者两者)。
- 可接受(分为两个需求):User_Management_System 需要在 1s 内打开 User_Account。User_Management_System 将在 1s 内关闭 User_Account。

(3)由本规则建立的特征。

C3——明确无误的。

## 简单

### 1. R19-/Singularity/SingleSentence

写一个单一的、简单的、肯定的陈述句,用相关子句进行条件限定。

(1)细化。

写一个简单的肯定陈述句,只有一个主语、一个主要动作动词和一个宾语,由一个或多个子句组成。

ISO/IEC29148 规定,功能要求的典型句式是"当<条件从句>时,<主语从句>应<动词从句><宾语从句><可选限定从句>"。然而,这种风格的使用意味着所有的需求都不是以标准构造"The"开始的。因此,为了保留这种结构,还有其他常用的风格,如下。

一些风格保留了标准结构"<subjectclause>应……",并将条件句紧接在动词从句之后("当<条件从句>时,<主语从句>应<动词从句><宾语从句><可选限定从句>"),因为条件从句是动词的限定词,因此应该紧接在动词从句之后。有些句式允许条件从句出现在主语和动词之间("<主语从句>,当<条件从句>时,应<动词从句><宾语从句><可选限定从句>")。其他类型的要求可能有稍微不同的形式,如<单一主语从句>,<主要动词从句>,<单一宾语从句>和任何限定子条款。

然而,一些文体指南为了避免这种格式,宁愿在开头不中断<主语从句>、<动词从句>和<宾语从句>的顺序,因此保留了"<主语从句>应……"的结构,并将条件从句放在句末("<主语从句>应<动词从句><宾语从句><可选限定从句>,当<条件从句>时")。虽然这保留了主语从句、动词从句和宾语从句之间的亲密关系,但有些风格不喜欢在动词从句和与其相关的条件从句之间有这么大的分离。

一些文体指南允许在要求的开头使用条件从句:"当<条件从句>时,<主语从句>应<动词从句><宾语从句><可选限定从句>。"<动词从句>可以是"呈现"的形式,而<宾语从句>是"被呈现"的形式。例如,"应具有×××的可靠性"或"应符合 EPA 对材料使用的所有限制"。

尽管 ISO/IEC29148 风格在国际上是一致性的首选，但只要在整个需求集中一致地使用相同的结构，任何一种风格都是可以接受的。为了确保在你的组织和领域内的一致性，你的组织的需求开发和管理过程需要包括单个需求声明的允许形式的定义。

（2）例子。

- 不可接受：Control_Subsystem 将关闭 Inlet_Valve，直至温度降低到 85℃，这时它将重新打开。这是不可接受的，因为这句话包含两个要求。此外，它包含了两个代词"t"含糊地指代不同的事物（参见规则 26），术语"降低"是模棱两可的，行为动词必须是"应该"，而不是"将"。

- 可接受（分为两个要求并量化性能）：当锅炉内的水温度大于 85℃时，Control_Subsystem 应在 3s 内关闭 Inlet_Valve。当锅炉内水温小于或等于 85℃时，控制子系统应在 3s 内打开进口阀门（注意，使用术语表来定义术语）。

- 其他可接受的形式如下。

当锅炉内的水温小于或等于 85℃时，Control_Subsystem 应在 3s 内打开进气阀。

- 例外情况和关系如下。

每个需求都应该有一个主句和一个主动词。然而，附加的带有助动词的子句可以用来限定具有性能属性的需求。

这样的子句不能孤立地加以验证，因为离开主句是无法理解的，需要与其他子条款分开验证，应表示为单独的要求。

例如，"TheAmbulance_Control_System 应将 Incident_Details 传达给司机"是一个完整的、可理解的语句，只有一个主动词。可以添加一个辅助子句来提供一个约束"TheAmbulance_Control_System 应将 Incident_Details 传达给司机，同时保持与通信员的通信"。

请注意，如果性能属性需要单独验证，则应在单独的需求中表示为子从句。

（3）由本规则建立的特征。

C3——明确无误的。

C5——简洁的。

C9——一致性的。

C13——可理解的。

## 2. R20-/Singularity/AvoidCombinators

避免连词。

（1）细化。

连词是连接子句的词，如"and"、"or"、"then"、"unless"、"but"、"but also"、"while"、"whether"、"meanwhile"、"on the other hand"和"else"。在一个需求中出现连词通常表明

需要编写多个需求。

例外：AND、OR、NOT 可以作为逻辑条件和限定符在需求中使用，参见 R16、R17、R18、R21。

（2）例子。

- 不可接受：用户要么被信任，要么不被信任这是不可接受的原因。其意图是，一个用户应该以两种方式之一进行分类，但这也是一个被动的要求（R2），而且是模棱两可的。如果系统选择将所有用户都视为受信任的，那么这个要求仍然可以被满足。
- 可接受：Security_System 应将每个用户归类为受信任或不受信任。
- 不可接受："命令侧灯"功能知道车灯、前雾灯、后雾灯的需求，保证车灯点火的监管一致性。在侧灯、车灯、雾灯、后雾灯或这些灯的组合点火期间，保持侧灯的点火。同样，这是不可接受的，因为它是非单数的，使用可疑的语法，包含有目的的元素，并且通常令人困惑。

"Control_Sidelights 函数将照亮侧灯，同时以下条件的任何组合都成立：侧灯被照亮，头灯被照亮，前雾灯被照亮，后雾灯被照亮"。规则 R21 也被应用于删除连词并澄清确切的条件。

（3）由本规则建立的特征。

C3——明确无误的。

C5——简洁的。

### 3. R21-/Singularity/AvoidCombinators/ExceptInConditions

使用约定的排版装置指示使用命题连词来表达需求中的逻辑条件。

（1）细化。

有时使用"and"或"or"是不可避免的。这是因为有时需要同时出现几样东西才能达到正确或期望的结果。当必须定义复合条件时，通常就是这种情况。如果必须使用这样的连词，那么应该在需求文档的开头或术语表中明确地约定这种用法。通常，当需要使用连词时，可以像 R16 和 R17 中讨论的那样，用逻辑表达式来表示。

（2）例子。

- 不可接受：当锅炉水的温度超过 95℃时，控制器应关闭值 Valvl 和 Valv2 或 Valv3。这是不可接受的，因为连词的使用不明确。为了消除歧义，用逻辑表达式表示。
- 可接受：当锅炉水的温度大于 95℃时，控制器应关闭以下阀门：[EITHER [Valvl AND Valv2] OR Valv3]。在本例中，"when"子句被放置在动词之后，允许阀门表达式放置在最后。注意使用术语表来定义术语。
- 例外和关系。

虽然规则 R20：/Singularity/AvoidCombinators 声明要避免使用"and"和"or"，但可以

使用这样的词来表达单个需求中的逻辑条件，如本规则、R16 和 R17 中所述。

虽然规则 R23：/Singularity/AvoidParentheses 声明圆括号或方括号是要避免的，但本规则表明，方括号可以避免逻辑条件中出现歧义。

（3）由本规则建立的特征。

C3——明确无误的。

C5——简洁的。

### 4．R22-/Singularity/AvoidPurpose

避免使用表明需求目的的短语。

（1）细化。

需求的文本不需要携带额外的包袱，如它存在的目的。目的的表达通常由"为了""这样"和"因此允许"这样的短语来表示。这些额外的信息应该包含在需求属性 A1——基本原理中。

（2）例子。

- 不可接受：为了满足审计员的需求，数据库应存储 Account_Balance 信息至少 10 年（这是不可接受的，因为"为了"后面的所有文本都是基本原理）。
- 可接受：Audit_System 应至少储存过去 10 年的 Account_Balance 信息。"为了……"应该包括在基本原理声明中。

（3）由本规则建立的特征。

C5——简洁的。

### 5．R23-/Singularity/AvoidParentheses

避免包含从属文本的圆括号和方括号。

（1）细化。

如果需求的文本包含圆括号或方括号，那么它通常表明存在可以简单删除或在基本原理中交流的多余信息。其他时候，括号会带来歧义。

如果括号或方括号中的信息有助于理解需求的意图，那么这些信息应该包含在需求属性 A1——意图中。

使用圆括号或方括号的约定可能是为了特定的目的而达成一致的，但是这样的约定应该在需求文档的开头被记录下来。

（2）例子。

- 不可接受：当水温超过 85℃时，ControlUnit 应断开锅炉电源（通常在沸腾周期结束时）。这是不可接受的，因为出现了从属文本的圆括号及模棱两可的"通常"一词。
- 可接受：当水温超过 85℃时，Control_Unit 应断开锅炉电源。

- 可接受：（如果出于特定目的同意）当水温超过 85℃（185℉）时，控制单元应断开锅炉电源。

（3）异常和关系。

R23：/Singularity/AvoidParentheses 指出要避免括号。

R21：/Singularity/AvoidCombinators/ExceptInConditions 表明括号可以用作消除不明确条件的约定的一部分。

（4）由本规则建立的特征。

C5——简洁的。

### 6. R24-/Singularity/Enumeration

显式枚举实体集，而不是使用泛化。

（1）细化。

如果给出了项目列表，则应该为每个项目写一个要求。概括是不明确的。

（2）例子。

- 不可接受：热控制系统应管理系统温度。例如，更新当前温度的显示，保持系统温度，并储存系统温度的历史记录。这是不可接受的，因为"管理"是模棱两可的，作为"管理"含义示例列出的项目应在单独的需求声明中明确列举。

- 可接受的（3 项要求）：

Thermal_Control_System 应每 $10\pm1s$ 更新 Current_System_Temperature 的显示。

Thermal_Control_System 应保持 95℃～98℃ 的 Current_System_Temperature。

Thermal_Control_System 应储存 Current_System_Temperature 的历史。

注意，使用术语表来定义术语。

（3）由本规则建立的特征。

C3——明确无误的。

C5——简洁的。

### 7. R25-/Singularity/Context

当一个需求与复杂行为相关时，参考支撑图或模型。

（1）细化。

有时你会把自己搞得晕头转向，试图用语言表达一个复杂的需求，最好是简单地参考图表或模型。

（2）例子。

- 不可接受：控制系统应在温度超过 95℃ 的 5s 内关闭阀门 A 和阀门 B，并在 2s 内相互关闭。这是不可接受的，因为一组令人困惑的条件。在这种情况下，如果用图表的形式来表达，意思就很清楚了。

- 可接受：当产品温度超过 95℃时，控制系统应按照时序图 6 中的规定关闭阀门（注意，当然，这是假设时序图本身没有歧义）。

（3）由本规则建立的特征。

C3——明确无误的。

C5——简洁的。

## 完整性

### 1．R26-/Completeness/AvoidPronouns

避免使用代词。

（1）细化。

完整地重复名词，而不是使用代词来指代其他需求语句中的名词。

代词是像"它""这个""那个""他""她""他们"和"她们"这样的词。在写故事时，代词是避免词语重复的有效手段；但在编写需求时，代词实际上是对其他需求中的名词的交叉引用，因此是模棱两可的，应该避免使用。在必要的地方重复专有名词。

当需求储存在需求管理工具中，它们作为单个语句存在时，可能是无序的，这尤其正确。

（2）例子。

- 不可接受：控制员应将当天的行程发给司机。应在司机当班前至少 8h 送达。这是不可接受的，因为要求表达为两句话（R19），第二句话使用代词"它"和"他的"。
- 可接受：控制者应在司机当班前至少 8h 将当日的行程发送给司机（注意，使用术语表来定义术语，并明确说明司机、换班和特定司机的行程之间的关系）。

（3）由本规则建立的特征。

C3——明确无误的。

C4——完成的。

### 2．R27-/Completeness/UseOfHeading

避免使用标题来支持下级要求的解释。

（1）细化。

在以文档为中心的需求过程中，使用需求所在的标题来解释需求是一个常见的错误。需求本身应该是完整的，而不需要用标题来说明它的意义。当使用需求管理工具（RMT）时，这个问题发生的频率较低。

（2）例子。

示例警报蜂鸣器要求。

- 不可接受：系统应使它发出不超过 20min 的声音。这是不可接受的，因为要求使用代词"它"（R26），这要求前文理解"它"的意思。

- 可接受：系统应鸣叫警报蜂鸣器（AlertBuzzer）不超过 20min。

（3）由本规则建立的特征。

C4——完成的。

## 符合实际

避免使用无法实现的绝对。

（1）细化。

绝对的，如"100%的可靠性"，几乎是不可能实现的。提前思考验证：你将如何证明 100%的可靠性？即使你能建造这样一个系统，你能负担得起吗？

（2）例子。

- 不可接受：系统应具有 100%的可用性。这是不可接受的，因为 100%是一个绝对值，实现和验证成本非常高。
- 可接受：可用性（Availability）应大于或等于 98%（注意，使用术语表来定义术语）。

（3）由本规则建立的特征。

C6——可执行的。

C7——可验证的。

C12——可行的。

## 条件

### 1．R29-/Conditions/ExplicitState

适用性条件显示。

（1）细化。

明确陈述适用性条件，而不是让适用性从上下文中推断出来。有时要求只在某些条件下适用。如果是这样，那么条件应该在每个要求的文本中重复，而不是陈述条件，然后列出要采取的行动。

（2）例子。

- 不可接受：在发生火灾时，所有电磁防火门插销的电源均应关闭，所有安全入口应设置为 Free_Access_Mode，所有安全出口门应被解锁。这是不可接受的，因为"在发生火灾时"的条件是在要采取的行动清单之后陈述的。还要注意，这些动作都是用被动语态写的，这违反了 R2 规则。
- 可接受：

在发生火灾时，Security_System 应关闭所有电磁防火门插销的电源。

在发生火灾时，Security_System 应将所有安全入口设置为 Free_Access_Mode。

在发生火灾时，Security_System 应解锁所有安全出口门。

（3）由本规则建立的特征。

C4——完成的。

C7——可验证的。

### 2．R30-/Conditions/ExplicitLists

显式表达条件的命题性质，而不是给出条件列表。

（1）细化。

当需求中给出条件列表时，可能不清楚是所有条件都必须成立（连词）还是其中任何一个条件必须成立。要求的措辞应该明确这一点。

（2）例子。

- 不可接受：在以下情况下，Audit_Clerk 应能够更改操作项的状态。

Audit_Clerk 发起了这个项目。

Audit_Clerk 是被诉人。

Audit_Clerk 是审核员。

这是不可接受的，因为不清楚是所有的条件都必须成立（一个连词）还是其中任何一个条件（一个分离词）成立。此外，该要求包含短语"be alde to（能够）"，这违反了 R11 规则。如果解释为分离，则可接受。Audit_System 应允许 Audit_Clerk 在满足下列条件之一时更改操作项的状态。

Audit_Clerk 产生了这个项目。

Audit_Clerk 是被诉人。

Audit_Clerk 是审核员。

当以下条件同时为真时，Audit_System 应允许 Audit_Clerk 更改操作项的状态。

Audit_Clerk 发起了这个项目。

Audit_Clerk 是被诉人。

Audit_Clerk 是审核员。

（3）由本规则建立的特征。

C3——明确无误的。

C7——可验证的。

## 独特性

### 1．R31-/Uniqueness/Classify

根据需求所要解决的问题或系统的方面对需求进行分类。

（1）细化。

通过以不同的方式对需求进行分类，重新组合需求以帮助识别潜在的重复和冲突是可能的。查看需求组的能力也可以帮助识别哪些需求可能被遗漏。

（2）例子。

分类可以通过多种方式进行。在需求管理系统中，可以使用数据库中的字段（属性）将每个需求分类为一种或多种类型；然后可以获得某一类型的所有需求的报告，允许识别重复、冲突或缺少需求。

举例分功能、性能、操作、能力（可靠性、可用性、安全性、保障性等）、设计、建造标准和物理特性。有关更详细的示例，请参见属性 A36 和 R43-/Modularity/RelatedRequirements。

（3）由本规则建立的特征。

C10——完整的。

C11——一致的。

C12——可行的。

### 2. R32-/Uniqueness/ExpressOnce

将每个需求表达一次且只表达一次。

（1）细化。

应注意避免重复包含相同的要求，无论是副本还是类似的形式。完全相同的副本比较容易识别；找到措辞略有不同的相似要求则困难得多，但可通过一致使用已定义的术语和分类来辅助。

（2）例子。

通过匹配文本字符串可以找到精确的重复项，主要的问题是识别不同表达式的相似之处。例如，"系统应提供财务交易报告"和"系统应提供财务报告"是重叠的，因为前者是后者的子集。

避免重复可以通过分类来辅助，这样就可以比较需求的子集。

（3）由本规则建立的特征。

C1——必要的。

C9——一致性的。

C11——一致的。

C12——可行的。

## 抽象

### R33-/Abstraction/SolutionFree

避免陈述解决方案。

（1）细化。

关注问题的"是什么"，而不是解决方案的"如何"。

每个系统都应该有一个需求层，该需求层抓住了要解决的问题，而不涉及解决方案。系统需求应该提供总体解决方案的高级规格说明。架构的第一层可能已经布置好了，但是子系统被认为是下一层要详细阐述的黑盒。

当审查陈述解决方案的需求时，再次问自己"为了什么目的？"答案将揭示真正的需求（注意，这个问题与简单地问"为什么？"不同，鼓励关注目的而不是因果关系的回答）。这个问题的答案有可能帮助你做以下三件事。

- 根据要解决的问题重新措辞要求。
- 确定需求是否在正确的层。
- 确定这一项解决的是哪个更高层次的需求。

通常，当基本原理提供需求时，对于陈述解决方案的需求，基本原理应该回答"为了什么目的？"的问题，因此真正的需求可以从基本原理中提取出来。

（2）例子。

- 不可接受：在路口用交通灯应使用控制交通。这是不可接受的，因为"红绿灯"是一种解决方案。
- 可接受（几个要求）：

当行人被允许在路口过马路时，交通控制系统（Traffic_Control_System）应发出"步行"信号，这是激励的目的。

交通控制系统应在正常的白天交通条件下，将穿越路口的车辆的等待时间限制在 2min 以内。

- 不可接受：行人按下交通灯柱上的按钮，表示他的存在，交通灯变红，交通停止。这是不可接受的，因为这个要求包含有解决方案偏向的细节。
- 可接受：交通控制系统应允许行人发出意图过马路的信号。这一要求允许自由地确定最佳解决方案，这可能是一种自动检测手段，而不是按下按钮（注意，术语表定义应用于"行人""车辆"和"路口"）。

（3）例外和关系。

有时必须在需求中描述解决方案，即使对某一层来说非常详细，如适航当局要求对某一份报告使用特定的模板；又或者海军客户要求海军新舰艇配备特定供应商的特定炮。在这些情况下，这不是一个不成熟的解决方案，而是一个真正的利益相关者或客户的需求。

然而，如果在给定的层中表达了一些非常详细的内容而没有适当的理由，那么它可能是一个不成熟的解决方案。

## 量词

### R34-/Quantifiers/Universals

当打算进行普适量化时，使用"each"而不是"all"、"any"或"both"。

（1）细化。

"全部"、"两者"或"任何"的使用令人困惑，因为很难区分动作是发生在整个集合上，还是发生在集合中的每个元素上。"all"也很难验证，除非"all"能在一个封闭的集合中被清晰地定义。

（2）例子。

- 不可接受：Operation_Logger 应记录系统产生的任何警告消息。这是不可接受的，因为使用了"任何"一词。

- 可接受：Operation_Logger 应记录系统产生的每条 Warning_Message（注意，必须定义 Warning_Message，以便系统清楚地记录每个定义的警告消息）。

（3）由本规则建立的特征。

C3——明确无误的。

C7——可验证的。

C8——正确的。

## 容错

### R35-/Tolerance/ValueRange

定义与数量相关的可接受值的范围。

（1）细化。

在定义性能时，单点值很少是充分的，而且很难测试。问自己一个问题："如果性能比这个少一点（或多一点），我还会买吗？"如果答案是肯定的，那么改变要求来反映这一点。

这也有助于考虑潜在的目标：你是在试图最小化、最大化或优化某些东西吗？这个问题的答案将有助于确定是否存在上界、下界，或者两者都有。

（2）例子。

- 不可接受：Pumping_Station 应在 30min 内保持 120L/s 的水流。这是不可接受的，因为我们不知道一个溶液携带的水量大于或小于规定的数量具体是多少。

- 可接受：Pumping_Station 应在至少 30min 内保持（120+10）L/s 的水流。现在我们知道了可接受的流量性能范围，并且 30min 是可接受的最小性能。

（3）由本规则建立的特征。

C3——明确无误的。

C4——完成的。

C6——可执行的。

C7——可验证的。

C8——正确的。

C12——可行的。

## 量化

**1. R36-/Quantification/Measurable**

提供具体的可测量的绩效目标。

（1）细化。

有些词标志着未测量的量化，如"提示"、"快速"、"常规"、"最大"、"最小"、"最优"、"名义"、"易于使用"、"快速关闭"、"高速"、"中等规模"、"最佳实践"和"用户友好"。这些都是模棱两可的，需要用具体的、可以测量的数量来代替。

（2）例子。

- 不可接受：系统应使用最小功率。这是不可接受的，因为"最小"是模棱两可的。

- 可接受：系统应将功耗限制在当前解决方案的 50%以下。这既考虑了潜在的目标最小化功耗，也提供了一个可测量的目标。

（3）由本规则建立的特征。

C3——明确无误的。

C4——完成的。

C7——可验证的。

**2. R37-/Quantification/TemporalIndefinite**

显式定义时态依赖关系，而不使用不定时态关键字。

（1）细化。

有些词和短语表示不具体的时间，如"最终"和"最后"。这些应该被具体的时间限制取代。

（2）例子。

- 不可接受：泵的持续运行最终将导致油箱被清空。这是不可接受的，因为"最终"是模棱两可的，而且这句话的写法也不正确。它应写在"操作"上，而不应写在违反 R3 规则的对泵的要求上。

- 可接受：泵应在连续运行不超过 3 天的时间内从罐中排出至少 99%的流体。

（3）由本规则建立的特征。

C3——明确无误的。

C4——完成的。

C7——可验证的。

## 语言一致性

### 1．R38-/UniformLanguage/DefineTerms

定义一组在需求语句中使用的一致的术语。

（1）细化。

在整个需求集中，每个概念只定义和使用一个术语。同义词是不可接受的。以特殊方式使用需求集中的每个术语，而不是正常自然语义，必须在规范中的术语表或数据词典中定义。

（2）例子。

- 不可接受：一个需求使用一个术语来引用系统，而另一个需求使用另一个术语来引用同一个系统，这是不可接受的。

例如，在一个子系统规范中，以下三个需求陈述：无线电应……；接收机应……；终端……。

可能所有语句都指向同一个主语，并且必须修改语句以使用相同的单词，或者如果它们有意不同，则必须将这些单词定义为不同。

- 可接受：只确定一个术语，在术语表中定义它，然后在每个需求中一致地使用它。

（3）由本规则建立的特征。

C3——明确无误的。

C8——正确的。

C9——合格的。

C11——一致的。

C13——可理解的。

C14——能够被验证的。

### 2．R39-/UniformLanguage/DefineAcronyms

如果在需求陈述中使用了首字母缩略词，则请使用一组一致的首字母缩略词。

（1）细化。

与术语表一样，每个需求中必须使用相同的首字母缩略词；缩略词的不同版本是不可接受的。使用不同的首字母缩略词意味着所引用的两个项目是不同的。缩略词的使用不一致会导致歧义。

在基于纸张的规范中，常见的规则是第一次使用完整的术语和缩写或首字母缩略词（括号中），然后从那以后只使用缩写或首字母缩略词。在从数据库生成的需求集中，不能保证集合将以任何特定的顺序提取，因此旧的实践是没有用的。要解决问题，请确保所有首字母缩略词都定义在首字母缩略词列表或术语表中。

首字母缩略词必须在大写和句点方面保持一致。例如，总是"CMDP"而不是"cm.d.p."或"CmdP"。

（2）例子。

- 不可接受：一个要求使用首字母缩略词"CP"表示指挥所，而另一个首字母缩略词"CMDP"也表示"指挥所"，这是不可接受的。使用两个不同的首字母缩略词意味着所提及的两个系统要素是不同的。
- 可接受：只确定一个首字母缩略词，在首字母缩略词列表中定义它，然后在整个需求集中一致地使用它。

（3）由本规则建立的特征。

C3——明确无误的。

C9——合格的。

C11——一致的。

C13——可理解的。

C14——能够被验证的。

### 3. R40-/UniformLanguage/AvoidAbbreviations

避免在需求陈述中使用缩略词。

（1）细化。

缩略词的使用增加了歧义，需要避免。

（2）例子。

- 不可接受：一个要求指的是表示操作的缩略词"op"，而另一个要求指的是表示操作符的"op"，这是不可接受的。
- 可接受：避免使用缩略词，每次都使用完整的术语。

（3）由本规则建立的特征。

C9——合格的。

C11——一致的。

C13——可理解的。

C14——能够被验证的。

### 4. R41-/UniformLanguage/StyleGuide

使用项目范围的风格指南。

（1）细化。

风格指南为组织需求提供了一个模板，定义了组织选择记录每个需求的属性，并定义了需要包含的其他信息（如术语表）。风格指南还应该列出组织想要使用的规则（基于本指南）。

（2）例子。

例如，每个组织都应该有一个风格指南来解决诸如需求声明的模板、优先级的使用、标准缩写和首字母缩略词、图形和表格的布局和使用、需求文档的布局、需求编号，以及数据库的使用等问题。

（3）由本规则建立的特征。

C5——简洁的。

C9——合格的。

C11——一致的。

C13——可理解的。

C14——能够被验证的。

## 模块化

### 1．R42-/Modularity/Dependents

相互依赖的需求分组在一起。

（1）细化。

这通常意味着需求按特性分组，将功能需求与许多相关的约束和性能需求放在一起。

（2）例子。

性能需求应该与其相关的功能需求分组。

（3）由本规则建立的特征。

C9——合格的。

C11——一致的。

C13——可理解的。

### 2．R43-/Modularity/RelatedRequirements

将相关需求分组在一起。

（1）细化。

属于一起的需求应该分组在一起，这是构造需求文档的一个很好的原则。一种方法是根据需求的分类将需求分组。

（2）例子。

需求可以通过以下方式联系起来。

类型（如所有安全要求）。

场景（如由单一场景产生的要求）。

示例分类功能、性能、操作、能力（可靠性、可用性、安全性、保障性等）、设计、建造标准和物理特性。

（3）由本规则建立的特征。

C9——合格的。

C11——一致的。

C13——可理解的。

### 3. R44-/Modularity/Structured

符合定义的结构或模板。

（1）细化。

一组结构良好的需求可以让读者在没有过度认知负担的情况下理解整个需求集。

尽管已经说明了单个需求陈述的完整性，但当将需求置于其他相关需求的上下文中时，通常更容易理解需求。

无论是在文档结构中呈现，还是作为数据库查询的结果，将相关的需求组合在一起的能力是识别需求语句之间重复和冲突的重要工具。

模板有助于确保需求集的一致性和完整性。

（2）例子。

为了确保需求结构一致，组织在其需求开发和管理过程中应包含模板。模板可以来自国际标准，也可以来自组织的需求标准模板。如果使用需求管理工具，那么标准模板应该被定义为需求开发和管理过程的一部分。模板需要针对组织的领域及该领域内不同类型的产品进行定制。

（3）由本规则建立的特征。

C9——合格的。

C11——一致的。

C13——可理解的。